部分茶叶加工设备（场景）图

▲ 四川省峨眉山竹叶青茶业有限公司加工设备

▲ 四川省旭茗茶业有限公司加工设备

▲ 四川一枝春茶业有限公司加工设备

▲ 乌龙茶设施萎凋场所

▲ 茶叶连续自动揉捻机组

▲ 杭州千岛湖丰凯实业有限公司茶叶加工流水线

◀ 漳州科技学院茶叶加工实训车间

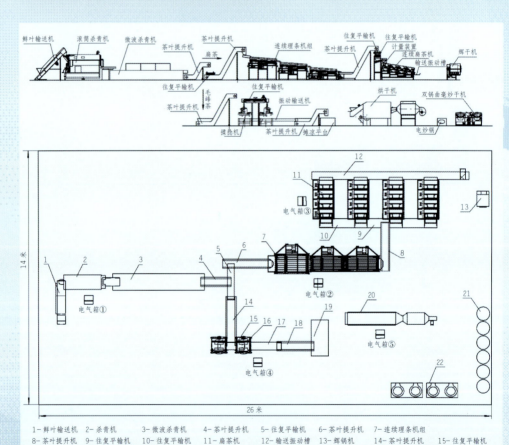

宜宾职业技术学院校内实训茶厂工艺设备流水线和设计图
（每小时处理鲜叶 50kg）

高等职业教育茶叶生产与加工技术专业教材

茶叶加工机械与设备

主　编　罗学平　赵先明
副主编　成　洲　杨双旭　唐　洪

中国轻工业出版社

图书在版编目（CIP）数据

茶叶加工机械与设备/罗学平，赵先明主编．—北京：中国轻工业出版社，2024.11

高等职业教育茶叶生产加工技术专业系列教材

ISBN 978-7-5184-0076-8

Ⅰ.①茶… Ⅱ.①罗…②赵… Ⅲ.①茶叶加工机—高等职业教育—教材 Ⅳ.①TS272.3

中国版本图书馆 CIP 数据核字（2014）第 282960 号

责任编辑：贾 磊
策划编辑：贾 磊　　责任终审：孟寿萱　　封面设计：锋尚设计
版式设计：宋振全　　责任校对：吴大朋　　责任监印：张 可

出版发行：中国轻工业出版社（北京鲁谷东街 5 号，邮编：100040）
印　　刷：三河市万龙印装有限公司
经　　销：各地新华书店
版　　次：2024 年 11 月第 1 版第 9 次印刷
开　　本：720×1000　1/16　印张：19.75
字　　数：392 千字　插页：2
书　　号：ISBN 978-7-5184-0076-8　定价：42.00 元
邮购电话：010-85119873
发行电话：010-85119832　010-85119912
网　　址：http://www.chlip.com.cn
Email：club@chlip.com.cn
版权所有　侵权必究
如发现图书残缺请与我社邮购联系调换
242178J2C109ZBW

高等职业教育茶叶生产与加工技术专业教材

编委会

主　任

罗建平　张　毅

副主任

赵先明　成　洲　罗学平　陈　林

委　员（按姓氏笔画排序）

邓小林　王　赛　刘兆斌　李丽霞
李金贵　李　清　杨凤山　杨双旭
张　京　周炎花　唐　洪　蔡红兵
廖　茜　颜泽文

本书编委会

主　编

罗学平（宜宾职业技术学院）
赵先明（宜宾职业技术学院）

副主编

成　洲（宜宾职业技术学院）
杨双旭（漳州科技学院）
唐　洪（宜宾市农业局）

参　编（按姓氏笔画排序）

李丽霞（宜宾职业技术学院）
李金贵（漳州天福茶业有限公司）
李　清（宜宾职业技术学院）
杨凤山（雅安市名山区山峰茶机厂）
周炎花（漳州科技学院）

主　审

赵先明（宜宾职业技术学院）

前　言

茶叶加工机械与设备是茶叶生产与加工技术专业的专业课，也是现在茶叶生产中发展很快的一个领域，新的设备不断开发并得以应用，因此新编的《茶叶加工机械与设备》教材必须充分反映行业的最新动态和发展趋势。

为了进一步贯彻落实《教育部关于全面提高高等职业教育质量的若干意见》（教高〔2006〕16号）和《教育部关于全面提高高等教育质量的若干意见》（教高〔2012〕4号）等文件精神，加强教育教学内涵建设，深化"校企合作、工学结合"人才培养模式改革，加强实训基地建设，树立全新的教育教学质量观，进一步提高教育质量和教学水平，编者在查阅大量教材、专著、相关文献资料、专利、互联网资料及相关科研成果和数据资料的基础上，会同部分茶叶生产企业、茶叶机械制造企业和茶学专业教师，编写了《茶叶加工机械与设备》教材。本教材力求在内容上既注重适用性，又能反映行业的发展前沿。本教材可作为茶叶生产与加工技术专业学生的教材，也可作为从事茶叶生产、加工、贮藏等方面的企事业人员的参考书。

本教材除绪论外共分七个模块，主要讲授茶叶初精制加工机械、茶叶深加工机械、茶园管理机械以及茶叶贮藏与包装机械，同时介绍了茶叶加工厂的规划与设计。另外，本教材还收集整理了20个实训项目，供开设实训课程使用。

本教材由罗学平、赵先明任主编，成洲、杨双旭、唐洪任副主编，并由赵先明教授审稿。模块一的项目一、六至九、十一和模块二的项目四至七、实训内容由罗学平编写，绪论、模块四的项目一至三由赵先明编写，模块一的项目二至五和模块二的项目一至三由唐洪编写，模块一的项目十由杨凤山编写，模块三由成洲编写，模块四的项目四由李清编写，模块五由李丽霞编写，模块六由杨双旭编写，模块七的项目一、二由周炎花编写，模块七的项目三由李金贵编写。

本教材在编写过程中，宜宾职业技术学院茶叶生产与加工技术专业部分学生在资料整理、文字校对、图表加工等方面做了大量工作。同时，漳州天福茶业有限公司、雅安市名山区山峰茶机厂、四川省旭茗茶业有限公司、浙江上洋机械有限公司、福建佳友茶叶机械有限公司等单位为本教材的编写提供了大量的设备源材及资料，在此一并致谢！此外，本教材虽然列出了参考文献，但仍难免疏忽，因此，在对本教材涉及的专家、学者表示衷心感谢的同时，也深表歉意！

由于编者水平有限，加之时间仓促，本教材尚存有错误或不足之处，请予谅解，并诚恳希望专家、同行提出批评和宝贵意见，以便今后进一步修改提高。

编者

目 录

绪 论

  一、茶叶生产机械化的意义 …………………………………………………… 1
  二、我国茶叶机械化的发展现状与特点 ………………………………………… 1
  三、学习本课程的要求 …………………………………………………………… 5

模块一　茶叶初加工机械

  项目一　茶叶加工概述 …………………………………………………………… 6
  项目二　鲜叶处理设备 …………………………………………………………… 10
  项目三　贮青设备 ………………………………………………………………… 12
  项目四　萎凋设备 ………………………………………………………………… 15
  项目五　杀青机械 ………………………………………………………………… 23
  项目六　揉捻机械 ………………………………………………………………… 48
  项目七　揉切机械 ………………………………………………………………… 61
  项目八　解块分筛设备 …………………………………………………………… 68
  项目九　做青设备 ………………………………………………………………… 72
  项目十　发酵设备 ………………………………………………………………… 82
  项目十一　整形干燥机械 ………………………………………………………… 87

模块二　茶叶精加工机械

  项目一　筛分机械 ………………………………………………………………… 118

项目二　切茶机 ··· 127
项目三　风选机械 ··· 131
项目四　拣剔机械 ··· 133
项目五　干燥设备 ··· 145
项目六　匀堆装箱机械 ··· 149
项目七　辅助输送装置 ··· 154

模块三　茶叶再加工机械

项目一　窨花机械 ··· 164
项目二　紧压茶加工设备 ······································ 169

模块四　清洁化茶厂建设

项目一　清洁化茶厂规划与设计 ···························· 172
项目二　茶机的选用与配备 ··································· 181
项目三　茶机的使用与维护 ··································· 187
项目四　清洁化茶厂加工环境控制 ························· 190

模块五　茶叶深加工机械

项目一　茶叶深加工概述 ······································ 196
项目二　水处理设备 ·· 200
项目三　浸提设备 ··· 212
项目四　分离净化设备 ··· 218
项目五　浓缩设备 ··· 232
项目六　灭菌设备 ··· 240
项目七　干燥设备 ··· 243

模块六　茶园管理机械

项目一　茶园植保机械 ··· 248
项目二　茶园灌溉机械 ··· 253
项目三　茶园耕作机械 ··· 255
项目四　茶叶采剪机械 ··· 257

模块七 茶叶贮藏与包装机械

  项目一　茶叶的贮藏与保鲜 ………………………………………… 265
  项目二　茶叶冷藏保鲜设施 ………………………………………… 268
  项目三　茶叶包装机械 ……………………………………………… 272

实训内容

  实训一　　常见机械零件的识别 …………………………………… 285
  实训二　　工农16型喷雾器的拆装 ………………………………… 286
  实训三　　修剪机、采茶机的基本结构与操作 …………………… 286
  实训四　　炒茶锅的基本结构与操作 ……………………………… 287
  实训五　　滚筒杀青机的基本结构与操作 ………………………… 287
  实训六　　揉捻机的基本结构与操作 ……………………………… 288
  实训七　　双锅曲毫机的基本结构与操作 ………………………… 288
  实训八　　烘干机的基本结构与操作 ……………………………… 289
  实训九　　乌龙茶做青设备的基本结构与操作 …………………… 289
  实训十　　乌龙茶包揉设备的基本结构与操作 …………………… 290
  实训十一　平面圆筛机的基本结构与操作 ………………………… 290
  实训十二　抖筛机的基本结构与操作 ……………………………… 291
  实训十三　切茶机的基本结构与操作 ……………………………… 291
  实训十四　风选机的基本结构与操作 ……………………………… 292
  实训十五　拣梗机的基本结构与操作 ……………………………… 292
  实训十六　匀堆装箱机的基本结构与操作 ………………………… 293
  实训十七　花茶窨制设备与过程 …………………………………… 293
  实训十八　茶叶深加工设备与操作 ………………………………… 294
  实训十九　茶叶包装设备与操作 …………………………………… 294
  实训二十　小型绿茶初制厂的设计 ………………………………… 295

附录　国内部分茶叶加工机械生产企业名录 ………………………………… 296
参考文献 ……………………………………………………………………… 298

绪 论

我国是茶叶的故乡，也是最早发现和利用茶叶的国家。相传神农氏已发现茶叶有解毒作用。周武王时期已有栽培茶树和把茶叶作为贡品的记载。

茶汤（通常简称为茶）是一种多功能的饮料。由于茶具有明显的提神益思、洁齿、明目、促进消化、减肥健美等作用，饮茶已不再是一种单纯的嗜好，而成为人类期望健康长寿的日常饮品。

大规模现代化的茶叶生产要以茶叶机械为后盾，而性能良好的成套茶叶机械，不仅可以解脱茶农的繁重劳动，使茶叶生产获得发展，而且能满足制茶工艺要求，确保茶叶品质的提高。因此，茶叶生产与茶叶机械有着互为因果、相互依托的关系。

一、茶叶生产机械化的意义

茶叶生产季节性强，抓住季节这一重要条件就能获得优质高产的茶叶，取得比较好的经济效益。目前我国制茶已全面实现机械化，但茶园耕作管理、茶叶采摘、修剪机械尚未普及。因此，实现茶叶生产机械化，用新的科学技术种茶、制茶、管茶，可大幅度提高单位面积产量，促进茶叶生产的发展。

二、我国茶叶机械化的发展现状与特点

我国茶叶机械（通常简称"茶机"）行业起步于20世纪50年代，80年代行业规模初步形成。此后企业体制改革和名优茶生产的快速发展，改变了茶机行业的格局，促进了名优茶机械的快速发展，使整个行业显现出新的形势和特点。

1. 以龙头企业为主的茶叶机械行业格局基本形成

20世纪80年代，一个以生产大宗茶加工机械为主、初具规模的茶机生产行业初步形成。当时，全国有专业茶机制造厂60余家，生产茶机品种达数十

种、型号达百个以上，全国茶机保有量约 40 万台，大宗茶的初、精制加工基本上实现了机械化。同时，茶园拖拉机及其配套作业机械、采茶和茶树修剪机械、袋泡茶包装机械等也开始在茶叶生产和加工中获得应用。

改革开放以来，我国经济体制改革逐步深入，经济迅速发展，名优茶产量快速增加，促使已有的茶叶机械行业迅速重组与改制。一些较大规模的国营或集体所有制茶机生产厂迅速解体、改制和重组，各种资本开始进入茶机行业，股份制和私营茶机生产厂大量涌现，茶机生产企业数量显著增加，较好地适应和促进了名优茶及其加工机械的发展。截至 2006 年，茶叶机械行业已经发生了明显的变化，其中茶机生产、销售、贸易以浙江省为主（图 0-1）。

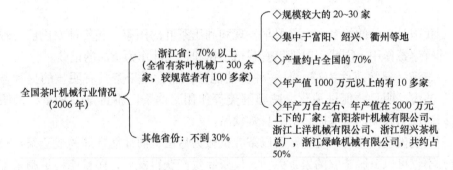

图 0-1 全国茶叶机械产量、产值及主产区域分布情况

根据浙江省调研数据对全国茶机厂家数量进行推算，目前全国茶叶机械厂家大约在 500 家左右。若把常规茶叶加工机械、新开发的微波等新型机械和乌龙茶、紧压茶、袋泡茶及茶叶包装机械等均估算在内，当前全国茶机年生产能力已达到 10 万台以上，年总产值达 8 亿~10 亿元，全国茶叶加工机械保有量约达 100 万台，茶叶机械总共有近百个品种，约 300 个型号，基本覆盖了各类茶叶产品加工，初步满足了茶产业发展需求。除大宗茶已基本上实现了机械化加工外，名优茶机械化加工水平也已达到 80% 以上，可以说，我国以龙头企业为主的茶机行业格局基本形成。

与此同时，我国的茶机制造业正不断向福建、江苏、四川等茶叶主产省辐射，如乌龙茶加工机械目前就主要集中在福建省生产、微波茶叶杀青干燥机械主要集中在江苏省生产，四川等省茶机开发速度也已明显加快。

2. 产品基本配套齐全，能满足茶叶生产发展需求

茶叶机械可分为茶园管理机械、茶叶加工机械和茶叶包装机械，而茶叶加工机械又可分为茶叶初制机械、精制机械、再加工机械和深加工机械。

如前所述，20 世纪 80 年代我国已完成大宗茶初、精制机械的研制开发，大宗茶加工也基本上实现了机械化，此类机械近年来仅是作了部分性能改进和

补缺配套机种的研制。

根据权启爱调研报告，我国茶叶机械最近发展最快的是名优茶加工机械。名优茶加工工艺复杂且精细，对加工机械性能要求苛刻，故名优茶加工机械的开发相对来说困难也较大。然而经过多年的努力，目前扁形、条形（毛峰）、卷曲形、针形、球形等形状的名优绿茶初制加工机械以及乌龙茶、花茶和紧压茶等特种茶加工机械，已基本上研制成功并在生产中应用。这些机械有些属于通用机械，可用于多种名优茶的加工，有些则是专用机械，只能用于某一类名优茶的加工。

3. 在茶叶机械上不断应用高新技术

（1）微波加热技术　由于微波可使茶叶中的水分子产生极化和振荡而发热，热量从含水茶叶的内部产生，表里同时均匀加热，不会产生茶叶"外焦内不熟"即"夹生"现象，故十分有利于名优绿茶加工的杀青和干燥作业。微波加热不仅加热消耗时间短、干燥充分、清洁卫生，而且加工出的成品茶色泽绿翠。目前在四川、江苏等茶区的名优绿茶加工中应用非常普遍。

（2）远红外加热技术　远红外线是一种穿透和加热能力特别强的电磁波。远红外线辐射到含有水分的茶叶上，蒸发水分，达到干燥目的。远红外加热是一种以辐射烘烤为主的加热方式，焙干提香功能特别强，故近年茶机行业已开发出应用远红外线加热原理的茶叶提香机，由其干燥提香而加工出的茶叶产品，香高味醇，品质优良。

（3）蒸汽和热风杀青机的开发　蒸汽穿透能力强，用于绿茶加工中的杀青作业，杀青匀透，成茶色泽绿翠，我国唐代和现代日本绿茶加工均使用这种杀青方式。但是，日本绿茶与中国绿茶相比，因缺乏烘炒干燥工序，成茶虽色泽绿翠，但不像中国绿茶那样香高味醇。为了获得色泽绿翠、香高味醇，兼有日本和中国绿茶优良品质的新型绿茶，前几年我国进行了蒸汽杀青和炒干干燥方式相结合的新型绿茶加工工艺的尝试，效果良好。

热风杀青是最近才开发应用的杀青技术，浙江上洋机械有限公司等企业应用热风杀青原理研制开发的茶叶热风杀青机，已在生产上推广应用。

（4）电子计算机等检测和控制技术　随着计算机技术的普及和各类检测探头的开发与应用，茶机及生产线上的茶叶加工时间、温度、叶流量、湿度、压力、转速、频率及含水率等参数的电子计算机检测和程序控制技术应用越来越普遍，例如在龙井茶炒制机等名茶设备中已经得以应用。

4. 不断涌现新机种、新机型

改革开放以来，名优茶加工机械是茶机行业新产品开发的重点。至今已成功研制了可供各类名茶或多种名茶加工使用的"通用机械"，如名优茶杀青机、揉捻机、解块机、理条机、炒干机和烘干机等，使毛峰形等名优茶实现了全程机械化加工。与此同时，根据一些名优茶加工的特殊要求，还研制成功了如卷曲形名茶炒制机、碧螺春茶烘干机、针形茶炒制机、扁形茶（龙井茶）炒制机等"专用机型"，使这些做形难度较大的名优茶，基本实现了机械化加工。

5. 越来越注重茶机的安全化、清洁化和连续化

随着茶叶加工安全要求的日趋严格，茶机制造过程中的清洁化要求也随之提高。目前国内茶机制造行业中一些较成规模的企业，基本上能做到采用无毒、无异味、不污染茶叶的不锈钢或适当使用食品级塑料、竹、藤、无异味木材等材料制造直接接触茶叶的零部件，而避免使用含铅量较高的铜材及铝材。

同时，茶机设计和制造时，高度重视操作者的人身安全，对电器接线、零配件制造精度、转动部位安全防护、紧急状况下的断电和停车保护等安全措施给予保证。

为了适应茶叶加工企业规模逐步扩大的需要，连续化生产线的研制已提上日程。例如浙江上洋机械有限公司研制完成的扁形茶连续化加工生产线已在四川等地较多应用，长炒青绿茶连续化加工生产线已在安徽安装使用；富阳茶叶机械总厂研制的大宗茶连续化加工生产线也已在浙江等地投入使用；浙江绿峰机械有限公司与中国农业科学院茶叶研究所合作研制的针形名茶连续化加工生产线在浙江、四川等地投入使用，均取得较好使用效果。最近，四川省名茶加工连续化生产线的应用和研制逐渐普遍，例如四川绿昌茗茶叶总公司研制使用的扁形名茶生产线，经有关茶机厂家改进完善，促进了四川等茶区名茶连续化生产线的普及；雅安市名山区茶叶总公司在有关军工企业支持下，研制成功一条名茶连续化加工生产线，应用了微波与热风复合杀青、远红外辅助杀青与干燥、揉捻机进出叶、加压和解压、揉捻时间的自动控制等先进技术，在国内属领先水平，同时还对整条生产线的主、辅机进行了合理配备，并基本实现了计算机程序控制。该公司的生产线所配备的机器及其大量使用的不锈钢零部件，其加工精度、美观程度和加工规范水平，在茶机行业中是值得效仿的。这些生产线不仅不同程度地实现了计算机单机和生产线的程序控制，使茶机机电一体化进程加快，并且真正做到了鲜叶、在制叶和成品茶加工全程不落地，清洁卫生。

与此同时，随着茶机设备水平的普遍提高，一些生产卫生条件较难控制的传统茶类的生产，在不少企业已开始逐步形成"生产线"，卫生条件大为改善。例如普洱茶在加工过程中，杀青、揉捻等工序的设备配备和卫生条件已能达到普通绿茶要求。一些规模较大的企业，已开始重视晒青和渥堆工序卫生条件的改善。首先严格控制晒场环境卫生，注意将晒场选在远离密集人群、高燥和无污染的处所，不少晒场甚至建在屋顶平台，晒场四周用栏杆隔离，地面用水泥铺设并保证不起灰。人流和物流严格按道运行，并严格控制非加工人员和动物

等进入晒场。在一些条件较好的企业，渥堆工序普遍使用了渥堆槽，渥堆槽按使用要求用白瓷砖贴面，渥堆间内供水、通风和温度调节条件良好、工人严格穿工作服进行操作，使以往渥堆场所脏乱、卫生条件差，渥堆温度、湿度不易控制等落后状况初步得以改善。

6. 境外茶机企业在国内获得较大发展空间

20世纪90年代以来，成套的日本蒸青绿茶生产线被引入中国茶区，按要求生产煎茶出口日本。据不完全统计，我国从日本进口的蒸青绿茶生产线已达百条以上。在此基础上，浙江富阳茶机总厂和绍兴茶机总厂还先后开发出类似的生产设备和生产线，投入生产应用，反映较好。

我国采茶机和茶树修剪机的研制，虽历经50余年的努力，但直至目前尚无在生产上可稳定应用的机型。为此，日本川崎茶机和落合茶机与中国有关方面合作，在浙江筹建了浙江川崎茶业机械有限公司和浙江落合农林机械有限公司，以从日本引进为主，自行生产少部分零部件，组装采茶机和茶树修剪机等，基本占领了中国的采茶机和茶树修剪机市场，取得了良好销售业绩。

台湾乌龙茶源于福建，但台湾已开发出成套的包括乌龙茶杀青机、摇青机、速包机、包揉机、解包机、烘干机和提香机等乌龙茶加工机械，使乌龙茶加工基本上实现了机械化。随着两岸技术交流的加快，台湾有关企业前几年首先在福建安溪等地建厂，生产成套的乌龙茶加工设备。此后，大陆不少厂家，包括浙江一些厂家也成套仿制了台湾的乌龙茶加工设备，在大陆乌龙茶产区已普遍应用。此外，如前所述，由台湾企业在福建厦门筹建的茶叶机械企业所生产的远红外烘干机，在大陆也取得良好销售业绩。

三、学习本课程的要求

《茶叶加工机械与设备》是茶学类专业本、专科学生的主要专业课之一。通过本课程的学习，要求学生能了解国内外茶叶机械与设备的现状与发展趋势，能够理解茶叶主要生产机械与设备的工作原理和基本构造，要掌握茶叶主要生产机械与设备的基本操作方法，掌握茶机的保养与维护知识，了解茶叶机械与设备的常见问题及初步维修，同时将茶叶机械的具体操作与《茶树栽培技术》、《茶叶加工技术》课程实训相结合，学以致用，指导茶叶生产。最后，还要掌握中、小型初制茶厂的规划、设计和作业机械的初步安装技术。

总之，要学好本课程，应理论与实践相结合，应该多思考、多观察、多动手，才能更好地吸收相应的理论知识；同时，要充分利用所学的理论知识，用于指导茶叶生产实践。

模块一　茶叶初加工机械

我国茶叶加工工艺虽然历史悠久、水平较高，但新中国成立前基本还是手工制茶。新中国成立后，我国茶叶初加工机械有了迅速发展。当前，初加工机械正朝着提高机械性能、改进产品质量的方向发展，并在实现初加工机械化的基础上，对单机联装和连续化开展了广泛的试验研究工作，并取得了一些成绩，为促进茶叶初制连续化、自动化奠定了一定基础。

茶叶初加工工序主要有鲜叶维护、萎凋、做青、发酵、杀青、揉捻、揉切、造形、干燥等。因此，本模块将在简单介绍茶叶加工的基础上，重点介绍茶叶初加工各工序的主要机械与设备。

项目一　茶叶加工概述

以茶树鲜叶或茶叶为原料，运用合理的加工机械与设备，并采取特定的技术措施，生产出符合一定要求的、适用于饮用的茶叶及其饮料的过程，称为茶叶加工。茶叶加工依据作业机制不同，可分为茶叶初加工（初制）、精加工（精制）、再加工和深加工四个过程。本项目重点介绍的是茶叶初加工过程中所使用到的常用机械设备。

一、茶叶分类

我国茶类繁多，以茶多酚氧化程度为序把初制茶分为绿茶、黄茶、黑茶、青茶、白茶、红茶六大茶类（图1-1）。

二、茶叶初加工工艺简介

1. 绿茶

绿茶是我国产量最高的一个茶类，分为炒青、烘青、蒸青和晒青四种，此

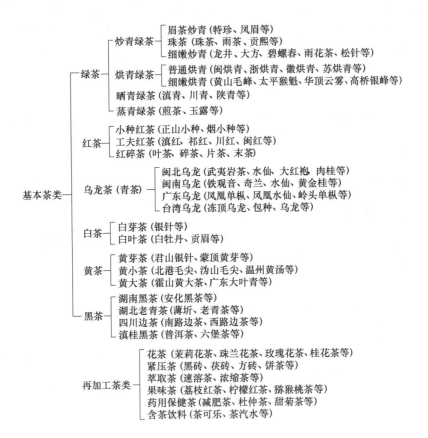

图1-1 我国综合茶叶分类法

外，按外形特点又可分为扁形、卷曲形、条形、针形和颗粒形等多种形状，其主要工艺流程是：杀青→揉捻（→造形）→干燥。

（1）杀青　杀青是通过高温（叶温升高至80℃以上）钝化鲜叶酶活力，形成绿茶风格的关键工序，其目的：一是彻底破坏鲜叶中酶的活力、抑止多酚类化合物的酶促氧化，以便获得绿茶应有的色、香、味；二是散发青气、发展茶香；三是改变叶子内含成分的部分性质，促进绿茶品质的形成；四是蒸发一部分水分，使叶质变为柔软，增加韧性，便于揉捻成条。绿茶常见的杀青方法有金属导热杀青（如滚筒、锅炒杀青）、气热导热杀青（如蒸汽、热风杀青）以及辐射杀青（如微波杀青）。

（2）揉捻　揉捻的是通过外力作用，使茶条卷紧，缩小体积，为造形打好基础；同时适当破坏叶组织，既要茶汁容易泡出，又要耐冲泡。

（3）造形　当在制品含水率为40%～55%时，利用外力作用，使茶叶形成各种整齐一致形状，从而塑造各种优美外形的茶叶，如扁形、条形、针形、卷曲形、颗粒形等。常见的造形方法有理条、压扁、辉炒、搓条、搓团等。

(4) 干燥　干燥是决定绿茶品质的最后一关。在干燥过程中，一方面是为了除去茶叶中的水分，同时使之形成绿茶特有的烘炒香味。常见的干燥方法有炒干、烘干和晒干。

2. 红茶

红茶是世界茶叶产量最高的一个茶类，依其外形特点，可分为红条茶和红碎茶两大类，它们的加工工艺流程为：鲜叶→萎凋→揉捻（揉切）→发酵→干燥。

(1) 萎凋　萎凋是红茶初加工的基础工序，将鲜叶均匀的摊放在一定条件下，使其均匀失水，并发生一系列理化变化的过程。萎凋适度叶，叶形皱缩，叶质柔软，嫩梗萎软，曲折不易脆断，手捏叶片软绵，紧握萎凋叶成团，松手可缓慢松散。叶表光泽消失，叶色转为暗绿，青草气减退，透发清香，此时即可进行揉捻。

(2) 揉捻（揉切）　这是区分红条茶和红碎茶的基本工艺。红条茶的揉捻方法与绿茶相似，程度稍重。而揉切是红碎茶的基本工艺，通过揉切，使茶叶呈细小颗粒状，便于发酵。

(3) 发酵　红茶发酵是将揉捻（揉切）叶中多酚氧化酶氧化多酚类物质为主的一系列化学变化的一个过程，在此过程中，茶叶色泽由绿变黄再转红，香气由青草气变为清香、甜香，滋味由青涩变为甜醇，从而形成红茶的基本品质风格，这是红茶品质形成的关键工序。

(4) 干燥　红茶干燥一般采用烘干，其目的一方面是终止发酵，另一方面起到干燥作用，蒸发水分，便于贮藏。

3. 乌龙茶

乌龙茶又称为青茶，与绿茶和红茶并列为世界三大茶类，我国乌龙茶产量仅次于绿茶，其基本加工工艺流程为：晒青→晾青→做青→炒青→揉捻→干燥。

(1) 晒青　即将茶青置于微弱阳光下照晒，使之散失部分水分至顶二叶下垂，叶色转为暗绿色，稍透清香的过程。失水是为乌龙茶做青"走水"的提供动力，促进香气的形成。

(2) 晾青　将晒青适度的叶子在一定环境下摊晾、冷却，为做青做好准备。

(3) 做青　做青包括摇青和静置交替的过程。通过摇青，促进梗脉中的水分向叶片扩散，同时带动茶叶中的一些重要物质转移到叶片中，并可使茶青叶片边缘细胞破损，促进发酵和香气的转化。经过 $8\sim12h$ 的做青工序，形成乌龙茶特有的香气和绿叶红镶边的品质特征。

(4) 炒青　炒青又称为杀青，一般利用金属导热杀青，程度比绿茶杀青稍重。

(5) 揉捻　乌龙茶揉捻一般趁热揉捻，如武夷岩茶、凤凰单枞采用盘式揉捻机趁热揉捻，而安溪铁观音和台湾高山乌龙茶多采用望月式揉捻机揉捻、速包机和平板揉捻机包揉，从而形成不同产地乌龙茶具有不同的外形风格特征。

(6) 干燥　乌龙茶的干燥多采用烘干，方法基本同红茶干燥相似。

4. 黑茶

黑茶属于后发酵茶，即将杀青后的叶子，趁热堆积渥堆发酵，在外源微生物及其分泌的外源酶和湿热作用下，促使茶叶中的多酚类物质转化，并且形成黑茶特有的陈香和醇和的滋味。黑茶的基本加工工艺流程为：杀青→揉捻→渥堆→复揉→干燥→蒸压→干燥。

(1) 杀青、揉捻　同绿茶。

(2) 渥堆　渥堆是黑茶品质形成的关键。渥堆场的室温在25℃以上，相对湿度85%左右，堆高0.7~1m，上盖湿布，使茶坯含水率保持在60%左右，历时12~18h。渥堆程度：茶堆表面出现水珠，叶色黄褐，黏性不大，茶团容易松散，带有刺鼻的酒糟气味或酸辣气味为适度。

(3) 复揉　将渥堆后的叶子再次揉紧。

(4) 干燥　一般采用炒干、烘干或晒干皆可，不同产区有所差异。干燥后的茶叶为黑毛茶，黑毛茶经过整理、拼配后即可蒸压成一定的形状。

(5) 蒸压　一般黑茶多为边销的紧压茶，因此需要将其蒸软后压制成各种形状。一般操作程序为：称取规定数量的茶叶，在高压蒸汽上气蒸30s左右，再倒入布袋或模具当中，利用重物或液压，将蒸软后的茶叶压紧，并静置一段时间后，去掉布袋或模具，用高标纸包好后，再行干燥。

(6) 干燥　此次干燥时间较长，干燥温度较低，一般是将蒸压后的茶叶送入烘房中，温度50~60℃，慢烘3~5d，甚至更长时间；或者采用风干的方法。干燥后的紧压茶即可包装销售。

5. 白茶

白茶原产于福建。白茶初加工的特点是不炒不揉，只有萎凋和干燥两个工序，形成外形肥壮，色白如银，内部品质香气清鲜，滋味鲜爽微甜，汤色杏黄晶亮的品质特征。

鲜叶原料为一芽二叶初展，将其薄摊在水筛上，每筛摊叶量0.4kg左右，以不重叠为度，置于通风萎凋室的萎凋架上，进行自然萎凋，总历时50~60h。以叶片不贴筛，芽叶毫色发白，叶色灰绿或深绿，叶缘略带垂卷，叶面呈波纹状为度。晴朗天气可采用复式萎凋。将鲜叶先置于微弱的阳光下萎凋（不超过0.5h），散发部分水分，然后移入室内散热降温，再次置于阳光下萎凋，如此反复 2~4 次，总历时 2h，待叶子略失光泽，稍萎软后，转入室内自然通风萎凋。春季遇到低温阴雨天气可采取加温萎凋方法。在萎凋和干燥时翻拌次数不可过多，动作要轻，以免形态卷曲和芽叶断碎。

6. 黄茶

黄茶初加工的特点是在杀青的基础上进行闷黄，在湿热条件下促进多酚类化合物自动氧化，形成黄叶黄汤的品质特征。初加工工序：杀青→闷黄→干燥。与绿茶加工工艺大体相似，不同之处在于闷黄处理，闷黄即将茶叶趁热包藏或堆积，有的在杀青后进行，有的在初烘后进行，时间从 0.5h 到 5~7d 不等，次数 1~3 次不等。待叶色变黄，香气透露即达适度。

中国茶叶类型众多，加工工艺又极为复杂，限于篇幅，本项目仅是对六大基本茶类加工工艺做大体的概括，目的是使学生对制茶工艺有初步了解，以便能更好地学习本课程后面的知识和内容。具体的各类型茶叶的加工技术在"茶叶加工技术"、"茶叶深加工技术"等课程中详细阐述。

项目二 鲜叶处理设备

要及时处理进厂的鲜叶，其目的一是为了降低叶温以减少品质的损失；二是为了保鲜贮藏以缓解洪峰期的压力；三是为了除去鲜叶表面的水分从而提高成品茶的品质，同时还能降低能耗；四是为了将鲜叶分等级摊放从而更好地发挥原料的潜在品质。鲜叶处理还包括鲜叶清洗，这是为了清洁鲜叶，使成品茶更加清洁卫生，减少污染。

鲜叶处理设备的设计制造目前是我国一个薄弱环节，虽然有些机型还不够成熟，但它已代表着一个方向。目前我国已形成产品的有鲜叶分级机、脱水机和振动清洗机。

一、鲜叶分级机

利用鲜叶原料个体较规则，尺寸较小，采用圆筒筛进行分级。因此鲜叶分级机的原理主要根据老嫩叶的尺寸不同、重量不同进行分级，一般细嫩的等级高，粗大的等级低。

常见的鲜叶分级机如图 1-2 所示，如浙江上洋机械有限公司生产的 6CD-70 型鲜叶分级机台时产量为 150~200kg，功率 0.37kW。

鲜叶分级机由喂料斗、锥形筒筛、接茶斗及传动机构等组成。鲜叶分级机工作时，筛筒以 15r/min 的速度转动，鲜叶从喂料斗进入锥形筒筛，在分级机的导向作用下在筒筛内移动，筒筛网格从进叶口处由密到疏，筒体内不同等级的鲜叶从不同的筛网漏出，从而选出不同等级的鲜叶。最后粗大的原料从筒筛

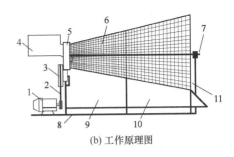

(a) 结构示意图　　　　　　　　(b) 工作原理图

图1-2　6CD-70型茶鲜叶分级机

1—传动电机　2—V带　3—传动托轮　4—进茶斗　5—旋转摩擦轮　6—锥形筒筛
7—筒筛支架　8—机架　9—集叶端Ⅰ　10—集叶端Ⅱ　11—集叶端Ⅲ

出口排出,由此可分离出不同嫩度的鲜叶。

二、鲜叶清洗机

鲜叶清洗机是由水池(带有供水、排水系统)、输送带、喷水装置等组成(图1-3)。在输送带上方,有两个大小不同的叶片装置,与水池同等宽度,两个叶片装置的轴线在同一个水平面内,且互相平行,角速度保持一致。工作时,前一个装置将进入水池的鲜叶浸入水中,并由旋转时形成的水流将其导向输送带上。而后一个叶片装置则对输送带上的带水鲜叶起导向保证作用,使其不致浮起而停滞在水面上。喷水装置对输送带上的鲜叶进行补充清洗。

水池水位高低由排水槽控制,排出的水流经过滤器后循环送入喷水装置使用。待多次使用后变成脏水,此时可以打开排水开关,将水从排水孔排出并清洗池底。

鲜叶经清洗后能洗掉叶面残余农药、灰尘等异物,从而使鲜叶更加卫生。另外,在高温季节,鲜叶经清洗后能迅速降低叶温,从而保证不会降低鲜叶的品质。鲜叶清洗机可以和脱水装置搭配使用,从而避免水分堆积在鲜叶上,造成鲜叶品质的降低。

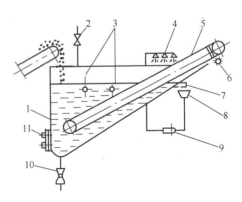

图1-3　鲜叶清洗机示意图

1—水池　2—进水阀　3—叶片　4—喷水装置
5—输送带　6—输送带清理器　7—排水槽　8—过滤器
9—泵　10—排水开关　11—排水孔

三、鲜叶脱水机

鲜叶脱水机能够将清洗的鲜叶或雨水叶、露水叶进行脱水处理。脱水能提高成品茶的香气,改善滋味同时还可以有效地控制原料的水分,为批量生产创造有利的条件。脱水处理最经济有效的方法是用离心法。

目前试制推广的鲜叶脱水机,由转筒总成、机体、座垫总成、刹车装置、电动机及电器开关等部件组成(图1-4)。

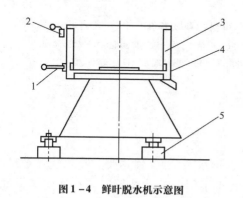

图1-4 鲜叶脱水机示意图
1—刹车装置 2—开关 3—转筒
4—机体 5—减振座垫

转筒是进行脱水的核心部件,系高速回转体。一台65型脱水机的转筒直径为650mm,转速为940r/min,最大线速度为32m/s。雨水叶通过网袋进入转筒,经高速旋转后,水分从叶子表面脱去。刹车装置是为了增大工作结束时转筒的阻力,使转筒快速停止,从而提高生产率。

该机采用高速离心原理,因此平衡问题是能否正常工作的关键,安装时要注意整机水平度。工作时,投入的鲜叶要解团松散,可以减少机械振动,提高脱水效果,避免茶叶破碎。

项目三 贮青设备

贮青设备在如今流水化的初制生产中显得越来越重要。目前使用的先进贮青设备和贮青技术能有效地缩小贮青间的面积,减轻劳动力,提高茶叶品质。

一、贮青要求

1. 鲜叶堆积时的温度变化

鲜叶在贮藏时进行呼吸作用,产生大量的二氧化碳,并释放热能,若摊放叶层过厚,尤其是通风不良的情况下,则会使鲜叶产生红变。据试验,将鲜叶在水泥地面上堆放成50cm厚、1m宽的畦状,其堆积层内部温度分布情况,如图1-5所示。鲜叶堆积3~5h,堆积层中心的温度可达35~40℃。据日本原信夫资料:叶温最高的部位是在从畦中心线到畦点约1/6处,叶片从这一部分开始发红,逐渐扩展到四周。

由于鲜叶的老嫩情况不同,鲜叶因呼吸作用发热的程度也不同。鲜叶越

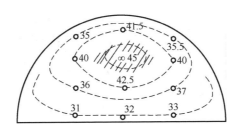

图1-5 堆积层内部的温度分布 (单位：℃)

嫩，发热越剧烈。此外，破碎叶越多，温度上升也越快。这种发热现象在鲜叶采摘后14~15h最为剧烈，过了这个时期，发热量就会迅速降低。为了解决这种问题，可以将空气以一定的流速均匀地通过堆积层，可使叶温明显下降。

2. 鲜叶堆积与通风

采用空气均匀通过叶层能保持鲜叶的品质。但风量过大，堆积层最底部的鲜叶容易产生青枯现象，相反又会使鲜叶因温度升高而变红。据试验，气温在25~28℃，在通风条件良好的室内，鲜叶堆积厚度为55cm（100kg/m²），用1.4~1.8（m³·h）/kg的风量，在2h连续通风后，每间隔40min通风20min，可以防止叶温上升。

就目前的贮青方式而言，以通风量1.4~1.8（m³·h）/kg的平均值计算，空气从叶层的底部向上部流动，如果叶层超过80cm，底部叶层容易发生轻度萎凋现象，因此只能采用间断通风的方法。如果叶层过厚，或风量过大，仍不能防止鲜叶劣变。

在这样的情况下，一方面要根据鲜叶的堆积量来选择通风机，另一方面需要输入潮湿的空气，改变空气的相对湿度，以适应鲜叶在贮藏过程中吸氧和释放二氧化碳的需要。用潮湿的空气进行阶段通风，鲜叶的理论堆放厚度可以达到1~2m，但堆积2m（300kg/m²）时下层鲜叶因自重压缩而造成伤叶，同时通风机的风量和风压要相应增大，因此一般鲜叶堆放厚度不宜超过1m。

生产实践采用的贮青风量通常为1.5（m³·h）/kg。对于长10m、宽1.5m的贮青槽，摊叶量为1200kg，需选用1800m³/h风量的低压轴流通风机。

二、贮青设备

鲜叶贮藏设备已经在许多初制茶厂应用，并取得了良好效果，大体可分为槽式和车式两种，均采用通风散热方式。

1. 槽式贮青设备（贮青槽）

贮青槽由沟槽、通风板、通风机等组成（图1-6）。

（1）沟槽 在贮青间内挖一条深50cm、宽90cm的沟槽，沟槽两侧和底面

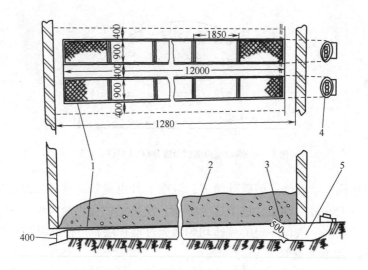

图 1-6 贮青槽 （单位： mm）
1—通风板 2—茶叶 3—排水沟 4—通风机 5—弯形通道

均用水泥砂浆粉刷。沟槽长度视贮青间而定。沟槽前端弯型沟道通向风机室，空气通过风机室的风机送至叶底层。为防止通风不均匀现象产生，沟底前端部，向尾端部作1%的倾斜度。

（2）通风板　通风板是覆盖在沟槽面上孔径为2mm的金属冲孔板，孔面积约为板面积的1/3。为增强板的强度，四周可用角钢或扁钢焊接加固成边框。每块通风板长1850mm，宽900mm。若鲜叶的堆放厚度为1m，每块板可堆放鲜叶约190kg。通风板可连放3、6、12块，组成一条贮青槽，则相应堆藏鲜叶量大约为570、1140和2280kg。根据鲜叶堆藏量的多少可以几条槽并列，间距40cm左右。

（3）通风机　目前普遍采用轴流式通风机，静压一般不超过 166.7～372.6Pa。选用通风机参数见表 1-1。

表 1-1　通风面积、鲜叶量与通风机参数

通风面积/m^2	10	20	40
鲜叶量/kg	1200	2400	4800
空气流速/（m^3/s）	0.45	1.1	2.4
风机转速/（r/min）	2000	1500	1400
静压/Pa	98.06	98.06	78.45
风量/面积/（m^3/m^2）	0.04	0.05	0.06
风量/鲜叶/（m^3/kg）	4×10^{-4}	5×10^{-4}	6×10^{-4}

在上述通风面积、鲜叶量和选用通风机的情况下,通风机可用时间继电器进行控制,从而达到间断通风的目的。

通风机安装在风机室,风机室应设在贮青间的南面或东西,并与外界有良好的通风条件。为了工作方便,风机室与贮青间应有门相通。

2. 车式贮青设备

车式贮青是由箱形槽、贮青小车、通风机和通风管等组成。

(1) 箱形槽　一般用木板制成,其外形尺寸为 $1.67m \times 0.9m \times 0.8m$。槽底为金属冲孔通风板,板下设风压箱。每台通风机可联6台箱形槽,每槽贮放鲜叶200kg。

(2) 贮青小车　贮青小车是四轮小车,用于安装箱形槽。两车之间可通过闸门,将前后车上的风压箱串联。

(3) 通风机与通风道　通风机与通风道均装于小车上。选用风量为 $1.1m^3/s$、静压为 98.06Pa 的轴流式风机,用 0.5kW 电动机驱动。空气通过风道,进入串联的风压箱,透过金属冲孔板均匀进入叶层。

这种贮青设备使用灵活方便,贮青间无需其他专用装置,杀青时可将车子脱开,直接推到杀青机旁杀青。

此外还有不锈钢网带式多层自动贮青设备(参考本模块发酵设备中的不锈钢网带式多层发酵设备)、地面贮存和摊放、帘架式贮青等。

三、贮青设备的使用

1. 通风量与时间

通风机是根据鲜叶的贮藏量来选配的,当鲜叶贮藏量太低,易发生萎凋现象;反之,叶片又易变红,因此,往往需要根据实际的鲜叶贮藏量来调节风量或采用间断通风的办法来解决。当贮藏鲜叶厚度小于设计标准时,停止通风的时间可略延长;反之停止通风时间应缩短。

一般使用的间断通风时间:开始通风延续2h,待叶温下降后,头茶停止40min,通风20min;二茶、三茶停止30min,通风30min。

2. 增湿

鲜叶在贮藏过程中,产生轻度萎凋是较为正常的,但如果其重量减少10%以上时,制成毛茶的外形和内在品质都会受到影响。因此要保持空气湿度,常用的方法是在沟槽内洒水,或在通风板上洒水。

项目四　萎凋设备

白茶、红茶、乌龙茶初加工的第一道工序都是萎凋。萎凋的过程,一方面有物理变化（即物理萎凋），另一方面又有化学变化（即化学萎凋）。物理萎凋主要是使鲜叶散发水分，使叶质萎蔫软化；化学萎凋是伴随着物理萎凋而进行的，叶细胞膜渗透能力增强，酶的活力增强，产生以酶促水解为主的生化变化，淀粉、蛋白质、果胶、酚类物质等开始分解为简单的物质，叶绿素被破坏，芳香物质发生变化，对形成萎凋茶类品质特征起到了重要的作用。

一、萎凋主要技术参数

1. 温度

温度是影响萎凋质量的重要因素，关系到鲜叶内含物化学反应的速度和叶温高低。萎凋失水速率在一定温度范围内与温度成正比，温度越高，失水越快。高温加快了水分子汽化和水分子热运动速度，提高了气孔腔与叶面、叶面与大气的蒸汽压差，并且高温时叶片气孔开张度增大，加快水分散失速度，增强了鲜叶各种理化反应。低温情况却相反，失水较慢，酶活力达不到一定的能量水平，萎凋速率缓慢。由此可见，萎凋速度和萎凋时间可以通过温度来调节。一般情况下，较佳的萎凋叶温为 25~28℃。

2. 相对湿度

萎凋的失水速率与空气相对湿度成反比。鲜叶气孔内腔、细胞间隙的蒸汽压易达饱和状态，当空气相对湿度小时，空气的水蒸气压力与叶表面的水蒸气压力差高，叶子水分的蒸发速度快。当大气中相对湿度大时，叶面与大气的蒸汽压差较低，水分散失受阻，叶子水分的蒸发速度变慢。萎凋的空气相对湿度以 50%~70% 为宜，但具体要根据所需萎凋时间来决定，萎凋时间短，相对湿度要低，萎凋时间长，相对湿度要高，最高不得超过 90%。

3. 风量

通风是萎凋正常进行的重要因素，关系到萎凋叶的失水速率。通风能及时地将积聚在叶表面的水蒸气吹散到空气中，增加叶面与空气间的蒸汽压差，因而水分散失速度较快。在一定范围内，风量越大，风速越快，水分蒸发越快，叶温下降越多，但茶叶化学变化越滞后于物理变化；反之则相反。

4. 失水率与失水速率

萎凋失水率与失水速率是不同的概念。失水率是评价萎凋程度的一个物理指标，白茶萎凋的失水率最大，其次是红茶，乌龙茶最小。失水速率是描述叶温和风量的综合反应参数。失水率和失水速率共同决定着萎凋时间的长短和化学变化的程度。提高叶温和提高风量都可以提高萎凋失水速率。

鲜叶萎凋方法，曾经都是采用室内自然萎凋或日光萎凋，在气候条件适宜时，茶叶品质尚能保证。但这两种方法受天气的影响很大，特别是在阴雨季节，日光萎凋无法进行；室内自然萎凋占地面积大，时间长，有时需要 2~3d

才能完成。春茶高峰期，进厂鲜叶多，若不及时萎凋则会造成茶叶品质降低，带来巨大的损失。为降低不利天气的影响，1958年试制成功萎凋槽并进行推广，深受欢迎。此外，近年研发出了机械提升层架式萎凋机、多层连续化热风萎凋机和快速热风萎凋机等，丰富了萎凋设备产品类型。

二、萎凋槽

1. 萎凋槽的基本结构

萎凋槽萎凋是传统的萎凋方式。萎凋槽萎凋系统结构简单、造价低、操作方便，但能热效率较低。萎凋槽萎凋系统包括槽体、萎凋帘架、热源、通风机、排湿装置等（图1-7）。

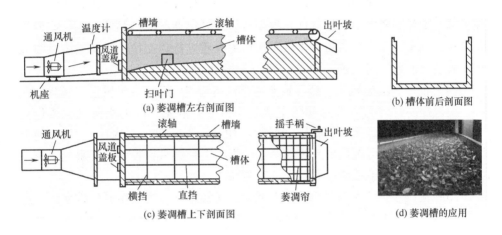

图1-7 萎凋槽结构示意图

（1）槽体 槽体一般用砖砌成，或用木板或铁板制成，其宽为1.5m，长为10m。槽体前部为连接通风机的喇叭形风管，进风口长度为1.5~1.8m，连接着倾斜的槽底，两侧垂直成槽壁，形成槽体。槽面上用圆钢横搁在槽体两边壁上，并用竹片穿入圆钢，制成纵向搁条，其上部可放置5块宽1.5m、长2m的萎凋帘；或制成宽1.5m的卷帘，在槽体末端作一卷轴，以方便将卷帘卷起下叶。

为了保证整个槽面能受热均匀，槽底须有一定的倾斜度，通常在进风口60cm内做成18°的斜坡，之后的部分做成3°~4°的斜坡。

（2）萎凋帘架 萎凋帘架是由萎凋帘、电动机、涡轮蜗杆减速箱、传动机构和匀叶轮组成的，起到通风、盛叶、上叶、出叶的作用。萎凋帘一般用金属丝网或尼龙丝网织成，简易的萎凋帘可用竹片做成。

（3）热源 萎凋时，鲜叶内水分的蒸发需要热空气。萎凋槽的热空气来源有以下四种形式。

①利用烘干机的废气余热：将萎凋槽安装在烘干车间的楼上，用风管收集烘干机顶部的废热气，并通入楼上的鼓风机进口。鼓风机启动就可将废热气送入槽体进行萎凋。这种热空气含水量较多，温度较低（在烘干机顶部时虽有50~60℃，但到达萎凋槽体后只有30~35℃），因此萎凋的时间较长。尽管效率低，但充分利用余热，节省燃料，可降低生产成本。

②原煤热风发生炉：原煤热风发生炉和中小型烘干机的热风发生炉大体相同，详见"烘干机"部分。

③蒸汽散热器：将锅炉所产生的蒸汽，通过装在萎凋槽前端的散热器，并以空气作为介质，流过管壁进行热交换，由轴流风机压入萎凋槽底，然后透过萎凋帘进入叶层而萎凋鲜叶。

④电热管：电热管的外壳用金属制作，管中放有电阻丝或电热管作发热元件，其空隙部分紧密填充具有良好绝缘性能和导热性能的结晶氧化镁。当发热元件接通电源，即产生热量，再以空气作为介质进行热交换，热空气由轴流风机压入萎凋槽底，送入进入叶层，即达到萎凋的效果。

（4）低压轴流通风机　低压轴流通风机向萎凋槽提供一定风量和风压的空气，用来提高鲜叶与空气之间的湿热交换效率，散发叶层的水蒸气。风量为 $16000 \sim 20000 m^3/h$，风压为 27~39mm 水柱（1kPa = 102mm 水柱）。为了使上下叶层萎凋均匀，可选用可反风轴流通风机，进行送风和吸风，可避免水蒸气在叶表层结露，也不致使底层鲜叶过度萎凋。

（5）排湿装置　及时排出萎凋车间内的潮湿空气，提高萎凋的效率。排湿装置有自然对流排湿和机械排湿两种。自然对流排湿是在萎凋车间设置气楼或天窗进行自然对流排湿，机械排湿是利用设在萎凋车间天窗处的若干台排风机进行间歇式强制排湿。

2. 槽式萎凋处理中常见的问题

萎凋槽萎凋常会出现一些问题，主要有鲜叶萎凋程度沿槽长度、宽度、厚度方向上的不均匀，以及芽叶各部位间的不均匀现象。出现这些问题有设计上和制造上的问题，也有操作上的原因。

（1）沿槽体长度方向上的不匀　槽底坡度设计或建造不当、风管长度不够、槽面摊叶不均匀而有漏洞（造成气流"短路"），都容易造成沿槽体长度方向向上的不匀。萎凋槽前、后两段的风力总是不均匀的，前端不均匀是由于风管设计造成的，这一问题可以通过在风管内加导流板加以改善，而后端不均匀是因为此处存在动压与静压转换突变，这个问题很难从设计上给予解决。

（2）沿槽宽度方向上的不均匀　如果鼓风机安装不准，风机轴心线与槽体长度方向轴线不平行，容易造成沿槽宽度方向上的不均匀。这种情况下，可能出现槽右侧失水过快，而在另一段上则是槽左侧失水过快，即呈"S"状。

同时，摊叶不均匀，摊叶的金属网格局部凹陷，或槽内侧墙壁倾斜阻挡，也会造成宽度方向上的不均匀。

此外，如果鼓风机和萎凋槽之间热风管太短，冷空气混合不匀，也会出现局部失水较快的现象。

（3）厚度方向上的不匀　萎凋槽厚度方向上的不匀难以克服，这是由于气流自下而上地运动，下层叶子失水快而变软，但在上层叶子的重力作用下渐渐地被压紧成饼状，严重时会堵塞冲孔板及叶间的"气路"，导致厚度方向上的萎凋不均匀。有时"气路"并未被堵塞，但萎凋时通热风，也让下部叶层先达到萎凋工艺要求。随着气流的上升，风温逐渐下降，相对湿度渐渐增大，脱水能力逐渐减弱，使表层鲜叶失水慢而后达到萎凋工艺要求。

由于厚度方向上的不均匀，萎凋时通常需要翻叶，以达到相对均匀的目的。

（4）槽内无规则局部不匀　槽内无规则局部不匀甚至劣变，多是由操作不当造成的。若鲜叶进槽时没充分抖散，就可能形成不同程度的茶块。此外，如果部分叶子已经受损，那这种原料就很难做到均匀一致。

至于单个芽叶不同部位间的差异，主要是由于采摘时局部受损或芽叶特性所导致，也可能是风量太大或湿度差太大所造成。各个芽叶间的不匀则是由于原料混杂造成的。

3. 萎凋槽的使用与保养

（1）萎凋槽的使用

①萎凋作业开始前，先将萎凋槽底的残留茶叶清理干净，再将萎凋帘摊放在搁条上。

②将鲜叶按一定的厚度均匀地摊于萎凋帘上。不可使叶层中留有空间，摊放厚度18~20cm。

③开启热源，当达到要求温度时，开通风机，若有飘叶现象，可用手铺平。

④根据萎凋工艺要求，随时检查热风管和萎凋槽上的温度表，温度过高或过低，可通过百叶式冷风门的开度来调节，若仍不达要求时，可降低或升高热源温度。

⑤根据萎凋工艺所规定的时间，翻拌萎凋叶，使萎凋均匀。

⑥槽萎凋作业完成后，及时做好清理和清洁工作。

（2）萎凋槽的保养

①时常检查电动机和鼓风机的轴承温升，若有过热现象，须停止使用，待故障排除后方可继续工作。检查热空气发生炉的炉管和炉膛各部分有否烧裂，若发现，须立即修补或调换。

②茶季结束后，对电动机、热空气发生炉、通风机进行全面检查。调换或

修补烧裂的炉管、炉条和炉膛。拆洗电动机和鼓风机的轴承,若遇到有深沟球或座圈损坏者必须更换,并添加润滑油。萎凋槽和萎凋帘若有损坏应修补。萎凋帘要卷好以便保管,以便下个茶季使用。

三、多层连续化热风萎凋机

该设备适用于各类茶叶加工厂,结构上类似于自动链板式茶叶烘干机,机械化、热效率、自动化程度和生产效率都比较高。

该机由上叶输送带、萎凋箱、传动机构、风机、加热装置及电器控制箱等部分构成(图1-8)。

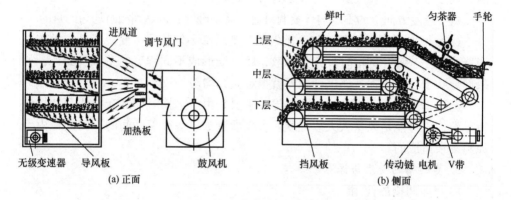

图1-8 6CLW-10型茶叶连续萎凋机示意图

萎凋箱通常设3~5层,内装有3~5套百叶板(或尼龙网)、传动链和空气导流系统。百叶板(或尼龙网)用于摊放茶叶,其两端与链条连接,并随链条一起移动;导流系统将热空气引入箱内,用一台风量为60000m³/h的大型离心式通风机产生强大压力,把热空气导向第1层(最下层),穿过叶层,呈S形导向第2层,直到第3~5层,最后把废空气排出机外。鲜叶从第3~5层连续翻落2~4次,使萎凋达到均匀。

四、机械提升层架式萎凋机

该机是从台湾引进的,主要用于乌龙茶萎凋,特点是鲜叶分层薄摊,结构紧凑,摊叶量50kg/m²,生产率3000kg/批。该机由萎凋架、移动式萎凋帘、热源、钢缆提升装置等构成,如图1-9所示。

1. 萎凋架

用于支撑萎凋帘,尺寸为长×宽×高=5.5m×5.5m×3.8m,用角钢焊成。萎凋架层高240mm,共15层。

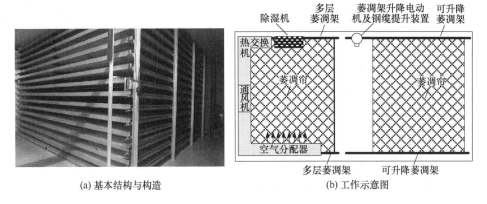

(a) 基本结构与构造　　　　　　(b) 工作示意图

图 1-9　机械提升层架式萎凋机结构示意图

2. 移动式萎凋帘

移动式萎凋帘由钢架、滚轮、钢丝、塑料孔板、黑色尼龙丝网等构成，长×宽为 5m×5m。用于摊放鲜叶，可做平移和升降运动。

3. 钢缆提升装置

提升装置由提升架（可升降萎凋架）、钢缆、滑轮、电动机等构成。用于升降萎凋帘，可在任意高度（0~15 层）定位。

工作时，电动机带动提升架将萎凋帘降到地面，把鲜叶均匀平铺在萎凋帘上，提升架将萎凋帘升至某一层架高度后，将萎凋帘推入层架中。如此反复，完成摊叶和放置。

萎凋室内，在通风机压力下，空气经热交换器进入萎凋室一侧的空气分配箱中，经分配箱的出风孔将热空气均匀地吹送到上下各萎凋层中，进行湿热交换。冷湿空气一部分进入除湿机除湿，另一部分从回风器到换热器和通风机，如此循环反复。当外界空气温度高、湿度低时，可以开启进风窗和大风量轴流风机，进行自然通风萎凋。

五、快速热风萎凋设备

快速热风萎凋设备结构如图 1-10，其筒径为 920mm，长 2m，内设直径为 260mm 的通风管，热风温度可达 65~85℃，风机风量 6000m^3/h，生产率 400~500kg/h。该设备使鲜叶与热风动态接触，具有传热散热好、湿热交换强度大、生产效率高等特点，适用于青茶雨

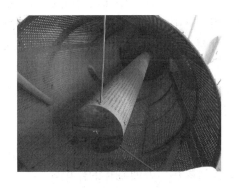

图 1-10　快速热风萎凋机

水青、露水青的物理萎凋。

作业时，滚筒以 16r/min 的速度转动，鲜叶在导叶板作用下不断被翻转、推进，通风管径向吹出热风，在热风作用下，鲜叶散失水分，消除表面水，经 4~8min 物理萎凋，鲜叶失水率达6%，失水速率 1.5%/min。该萎凋设备与滚筒做青机配合，可大大缩短萎凋周期。

六、日光萎凋设施

日光萎凋设施由围墙、晒青场、棚架、遮阳系统、通风与排湿装置、晒青布等构成。

1. 围墙

晒青场四周可用砖砌高为 0.5~1.0m 的通风式围墙，起安全防护、防雨作用，且有良好的通风效果。

2. 晒青场

日光萎凋的场所是晒青场，通常是水泥砂浆地面，有排水沟，以便清扫和冲洗。晒青场可建在厂房的顶楼，用提升机输送茶青，可以充分利用阳光。

3. 棚架

棚架为拱形结构，由热镀锌钢管或钢架、透明阳光板（中空板）构成，可透光遮雨，高度为 3~5m，通风性能要求良好，以便及时散发鲜叶蒸发出的水蒸气。热镀锌钢管或钢架上可架设通风装置，可使用 8~10 年（图 1-11）。

阳光板（即中空板）重量轻，具有透光率高（85%~90%）、抗弯性、抗冲击性强等特点，光线透过阳光板散射在晒青场上，模拟自然的日光萎凋。阳光板有平板和波形板两种类型，其中波形阳光板散射光透过率高，宜首选。

4. 遮阳系统

该系统一般在中午前后日光萎凋时采用，起遮挡强光辐射、避免鲜叶灼伤的作用。遮阳系统由遮阳网和拉幕机构组成。遮阳网为聚乙烯带织成的网状覆盖材料，根据其网眼的疏密程度，遮光率在 35%~90%，通常选择遮光率为 70% 左右的遮阳网。拉幕机构如图 1-12 所示，用电机通过减速器，让固定在传动轴上的链轮转动，带动链条及钢丝绳往复运动，以此控制遮阳网的开闭。

5. 晒青布

一般采用轻质、耐磨的尼龙布，用于摊放茶青，其尺寸一般为 4m×4m。具有保洁隔热、方便翻拌的作用。

 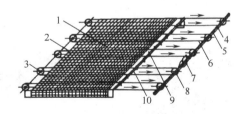

图1-11 晒青场上的棚架　　　　图1-12 链条式电动拉幕机构
　　　　　　　　　　　　　　1—遮阳网　2—拉幕线　3—固定滑轮
　　　　　　　　　　　　　　4—传动轴　5—轴承座　6—链条
　　　　　　　　　　　　　　7—减速器　8—固定卡　9、10—边框

项目五　杀青机械

杀青是绿茶初制的第一道工序。其目的在于利用高温，破坏鲜叶中酶的活力，制止多酚类物质的氧化，保持茶叶绿色，并且增进香气，蒸发鲜叶内部分水分，使叶子质地柔软，便于下道工序揉捻成条。杀青对绿茶的外形和内部品质的形成具有重要作用，是决定绿茶品质的关键工序。杀青方式有多种：如炒热杀青（炒青），即将茶叶直接在锅或滚筒中炒热杀熟；又如蒸汽杀青（蒸青），就是将蒸汽直接通入茶叶加热；又如热风杀青，即用高温热空气快速使鲜叶酶活力被破坏的方法；再如微波杀青，利用微波撕裂水分子产生内部热能，从而达到杀青的目的。我国绿茶现在基本上都采用炒热杀青，日本等国则主要采用蒸汽杀青，热风杀青和微波杀青是近几年发展起来的新型杀青技术。

完成杀青作业的机械，称为杀青机械。杀青机械可分为滚筒杀青机、锅式杀青机、蒸汽杀青机、热风蒸汽杀青机以及微波杀青机等类型，其中滚筒杀青机是我国目前主要的杀青设备。

一、滚筒杀青机

滚筒杀青机是一种以炒青为主兼有闷杀作用的高效连续杀青机，适合各类茶厂使用，大直径滚筒杀青机杀中低档鲜叶效果好，而小直径滚筒杀青机更适合名优茶的杀青。

此外，根据杀青是否连续，可分为连续式滚筒杀青机和间歇式滚筒杀青机。

1. 连续式滚筒杀青机

连续式滚筒杀青机操作简便，生产效率高，劳动强度低，杀青叶品质也比较稳定（图1-13、图1-14）。滚筒杀青机的主参数为滚筒内径，计量单位为cm，特征代号为"T"。杀青机参数标准型号（滚筒内径，单位为cm）：30、40、50、60、70、80、100。

(a) 名优茶滚筒杀青机　　(b) 较大直径滚筒连续杀青机（未装炉灶）　　(c) 较大直径滚筒连续杀青机（已装炉灶）

图1-13　连续式滚筒杀青机常见类型

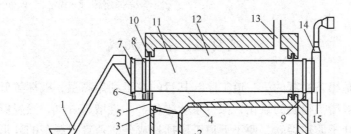

图1-14　连续式滚筒杀青机工作原理示意图
1—上叶装置　2—进风洞　3—炉栅　4—炉膛　5—炉门　6—传动齿轮　7—齿圈　8—托轮圈
9—托轮　10—挡烟板　11—滚筒　12—烟道　13—烟囱　14—除湿设备　15—出茶口

杀青机型号主要由类别代号、特征代号和主参数三部分组成，型号标记示例如下：

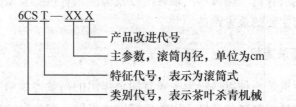

例如，直径为50cm、经过一次改进的滚筒式杀青机表示为：6CST-50A。

(1) 结构及其作用　滚筒杀青机由上叶装置、筒体、排湿装置、传动机构、炉灶等部分组成。

①筒体：以6CST-60型滚筒杀青机为例，该机筒体用厚度为4mm的薄钢板卷成内径为60cm圆筒，长4m。在制作时，一般筒体分成数段焊接而

成，每段间用1cm的扁钢作抱箍加强刚性。筒体上装有二只挡烟圈，以防烟气外逸。滚筒安放在4个托轮上，靠托轮与筒体上的筒箍的摩擦驱动滚筒旋转。

筒内有高度为7cm的螺旋板5根。螺旋板角度在圆筒长度方向分为三段。第一段在进口端40cm长度内，螺旋角度为50°，角度较大，称推叶导板，使青叶一进入筒体后马上推进到中段的炽热筒体部分。中段3.3m范围内螺旋角为15°，称为工作导板，青叶通过高温传导及热辐射完成杀青工作。后段30cm范围内角度为45°，称为出叶导板，茶叶杀青完成后，能迅速推出，降低叶温使之冷却。茶叶在筒体内经历的时间为3~3.5min。而30型、40型的名优茶滚筒杀青机一般筒长1.2~1.5m，杀青时间40~90s，可使杀青叶保持翠绿，以确保名优绿茶的色泽。

②加热装置：主要由燃烧室、热交换室、烟囱三部分组成。

6CST-60型连续式滚筒杀青机一般是将燃烧室用耐火砖砌成拱形炉灶，下有条形炉栅16根，用煤或木柴加热。炉栅长1m，头端直接放于滚筒中心下方，炉栅离滚筒下底为25cm，侧向间距为5cm，这样可集中火力加热旋转的滚筒。焰气加热后，为使焰气在滚筒长度方向上充分传热，用普通砖砌成热交换室，其两侧距筒壁5cm，上顶和下底离筒体均为10cm。普通焰气受热后向上流动，而出烟囱口开在离滚筒中心的下方，使焰气经热交换室逸出至烟囱前，沿斜下方流动，可充分利用焰气的余热加热滚筒后端。烟道内设有一闸板，闸板可在角钢焊制的框架槽内移动，以开闭烟道，调节炉温。烟囱高度10~12m。

随着清洁能源在茶叶加工中的广泛应用，杀青机热源也在发生着巨大的变化。目前，新型的杀青机能源有电源和燃气两大类型。一般使用交流电为能源的，可以在加热段滚筒外壁下方2~3cm处均匀分布环形电加热管，电热管间隔为15~20cm，在距离滚筒1cm处有一温度传感器，并与旋转滚筒外部的温度自动控制机构连接，方便自动控制杀青机的温度。燃气型滚筒杀青机结构与之类似，只是在滚筒下方将电加热管改为特制的燃气灶，并有进气孔和观察孔，以保证燃气能够正常燃烧和不产生漏气现象。一般小型名优茶滚筒杀青机多采用电热型或燃气型，也有用传统的煤或木柴加热的。大型的滚筒杀青机仍以煤加热的为主，但在一些先进的大型茶叶初加工厂（场）已开始使用燃气加热。

③传动部分：连续式滚筒杀青机一般使用三级减速，转速可在25~30r/min范围内调节。第一级为无级变速器变速，第二级为胶带轮减速，第三级为齿轮或链轮减速。两只被动链轮与两只主动托轮同轴，靠主动托轮与筒体上的筒箍的摩擦驱动滚筒旋转。

④输叶装置：输叶装置一般为橡胶输送带，设在滚筒进口前方或侧方，由 250W 1350r/min 电机驱动，通过 V 带轮和无级变速轮及链轮降速。输送带上方有匀叶器，转速 15～36r/min。匀叶器由四叶带圆槽形的叶板组成，其轴心可上下移动，以调节匀叶器叶板与橡胶输送带的间隙，从而调节投叶量。输送带与地面之间呈 45°安装，输送带上设有铝制齿板，以输送鲜叶。盛叶斗为落地式，内有松叶弹簧，当大量盛叶时，可使鲜叶避免搭桥架空现象。

⑤排湿装置：在滚筒出口处加设排湿导圈，使滚筒内形成的湿蒸汽通过排湿风管排出，排湿风管的头端设有排湿风扇，风扇转速 715r/min，功率为 250W，而排风导管直径为 400mm。加强排湿可避免叶色发黄的现象。

6CST-60 型连续式滚筒杀青机主要技术性能如表 1-2 所示。

表 1-2　6CST-60 型连续式滚筒杀青机主要技术性能

组成部分	项目	参数
筒体部分	内径/mm	600
	长度/mm	4000
	进叶导板	50°，长度 400mm
	工作导板	15°，长度 3300mm
	出叶导板	45°，长度 300mm
	滚筒转速/(r/min)	25～30
	杀青时间/min	3～3.5
传动系统	电机	1.5kW 1430r/min
	总传动比	46～58
	第一级微调变速皮带轮速比	$i_1 = 3.29～2.60$
	第二级皮带轮速比	$i_2 = 3.125$
	第三级齿轮速比（$m=6$）	$i_3 = 5.65$
输叶机构	电机	0.25kW 1350r/min
	皮带总长度/mm	3820
	皮带宽度/mm	320
	倾斜度	45°
	皮带变速范围/(m/min)	4.7～12.7
	匀叶轮转速/(r/min)	15～36
燃烧室	炉栅长度/mm	1000
	炉栅根数	16
	炉栅头端离筒中心距离	正下方
	烟囱高度/m	12
	烟气调节方式	闸板

续表

组成部分	项目	参数
排湿装置	电机	0.25kW 1350r/min
	风扇转速/（r/min）	715
	风扇叶片	4叶，φ396mm
	排温风管直径/mm	200
	排风导管直径/mm	400
使用性能	生产率/（kg/h）	杀青叶180，二青叶250
	青叶失水率/%	杀青叶35%~40%；二青叶20%
	离进口1m处筒内温度/℃	120

（2）工作原理　燃料在拱形炉灶内燃烧，直接加热于滚筒外壁，由于导热和辐射作用，筒内空气温度达到120℃左右。鲜叶由输叶装置送入进口端进入筒体，随着筒体的转动，由于筒内螺旋板的带动，使茶叶在筒内产生滚翻、抛扬和前进三种运动。茶叶在筒内热空气及炽热滚筒壁的周期碰触下，使叶表面和叶细胞内的水分迅速汽化而使叶质萎软，同时叶温上升达70℃以上，鲜叶中的酶迅速丧失活力，不至于产生红梗红叶，保存叶子中叶绿素，使叶色绿翠。同时在高温作用下，由于抛扬使鲜叶中的青臭气驱散而形成绿茶特有的香味。由于螺旋板有一角度使茶叶做前进运动，在筒内经历数十秒到数分钟不等，从而达到绿茶杀青工艺的要求。

连续式滚筒杀青机工效较高，工作时滚筒内会弥漫大量水蒸气，如一台时产量为300~500kg的大型连续式滚筒杀青机，其平均蒸发水蒸气速率为2~3kg（H_2O）/min。因此，筒内水蒸气的适时散发对滚筒连续杀青机的杀青质量有着重要的影响。如在如此高的温湿度条件下易产生香味郁闷、叶色变黄等现象。因此，必须在滚筒杀青机上配置排湿装置，以保证及时地将饱和、过饱和蒸汽排出筒外。

排湿罩的使用固然可以大大降低筒内湿度，但杀青的耗能量也随之增加，因此对连续式滚筒杀青机筒体结构进行了改进。改进后的筒体仍是由三段组成，前段为直径较小的圆柱形筒体，中段为圆台状筒体，后段为轴向长度较短的圆柱状筒体。整个筒体内壁仍设有若干条螺旋导叶板，筒体外壁仍设有轮圈、滚圈、挡烟圈等部件（结构见图1-15）。筒体结构改进后可多采用自然排湿，少用排湿机构。同时，由于改进后的筒体平均直径增大，平均长径比减小，筒体内水分容易散发，更加符合杀青工艺的要求。

（3）操作与保养

①在杀青作业开始前（尤其在茶季开始前）应检查杀青机所有的传动部件和紧固件，使其处于完好状态，各润滑点应加足润滑油。

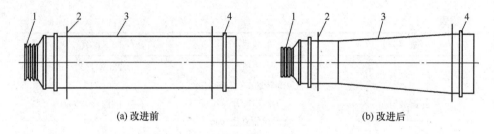

(a) 改进前　　　　　　　　　　　(b) 改进后

图1-15　改进前、改进后的连续式滚筒杀青机滚筒构造
1—皮带轮圈　2—挡烟圈　3—筒体　4—滚圈

②除净筒内的焦叶和残叶及其他残物。

③不加热状态下开机试运转，如有异常情况，要及时排除。

④点火升温，随即开机转动滚筒，避免滚筒局部过热变形。同时将鲜叶盛满盛叶斗，待筒体呈暗红色即可上叶。

⑤应经常检查杀青机的出叶质量，如果杀熟度不足，应适当减少进叶量，如焦叶较多，应适当增加进叶量，并适当压火。

⑥作业过程中如遇异常事故（如停电等）应立即退火，并尽快设法取出筒内的茶叶。待恢复正常后，应先清除筒内残叶，然后再投叶杀青。

⑦杀青即将结束时（尚有25kg左右鲜叶时）即可开始退火。杀青全部结束后，须退尽炉内余火、余渣；清除筒内残叶、焦叶，并清理机器工作面和周围环境。

⑧每个茶季结束，均应对全机做一次检查和检修，磨损严重的零件要更换。

2. 间歇式滚筒杀青机

间歇式滚筒杀青机结构与连续式滚筒杀青机相似，不同之处在于间歇式滚筒杀青机进叶与出叶都在同一端，通过筒体的正转与反转进茶和出茶，呈半连续化状态。此外筒体较短，透气性能较好，因此又称为短滚筒杀青机。常见的有6CST-100型瓶式炒茶机、6CST-110型滚筒杀青机和6CWS-85/90型燃气式滚筒杀青机。这些设备既可以作为杀青设备，也可以作为炒干设备使用，具有一机多能的特点。瓶式炒茶机常用于绿茶的杀青和炒干，6CST-110型滚筒炒青机和6CWS-85/90型燃气式滚筒炒青机常用于乌龙茶的炒青和复炒（以炒代烘）工序。瓶式炒茶机的工作原理和结构将在本模块炒茶机械中详细介绍，在此仅简单介绍6CST-110型滚筒杀青机和6CWS-85/90型燃气式滚筒杀青机两种机械。

（1）6CST-110型滚筒炒青机　该滚筒炒青机的特点是：正反转向，正转炒茶，反转出叶，在滚筒同一端进叶和出叶，为间歇作业；叶量多，升温和失水时间长，5~10min才能完成杀青，适合于乌龙茶炒青；滚筒由转动轴带动，噪声较小。其结构如图1-16所示。

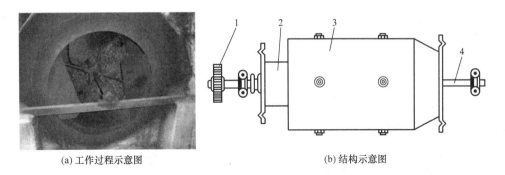

(a) 工作过程示意图　　　　　　　　　(b) 结构示意图

图1-16　6CST-110型滚筒炒青机
1—传动机构　2—风扇　3—滚筒　4—主轴

筒体是该机的主要工作部件，其直径为1100mm，长度为1330mm，导叶板4条，导叶角24°，出叶板4条，导叶角45°。筒体通过辐条与转轴连接，转速20～22r/min，投叶量40～50kg/筒。在筒体的后端装有转轴风机，可正反转，正转吹风出叶，反转吸气排湿。

(2) 6CWS-85/90型燃气式滚筒炒青机　该机采用液化气作燃料，温度控制方便，升温快，热效率高；滚筒转速可无级变速，具有自动计时、温度显示、电磁调速等功能和清洁卫生，安全省电的特点，适用于绿茶、乌龙茶杀青，是近年来发展起来的一种新型炒青机。该机结构如图1-17、图1-18所示。

该机由滚筒、火排加热系统、传动机构、控制系统和机架组成。滚筒体中部为圆筒式结构，两端为150mm锥体，外筒体采用保温材料，转筒体下部敞开，用于安装加热火排；加热系统使用液化气作燃料，燃烧器为直线排火式，采用电子点火装置；传动机构由无级变速电机（功率0.75kW）通过减速装置带动筒体转动；机架用型钢焊制。机器的所有结构均装置于机架上，机架底部装有4只行走轮，便于移动。

操作时，接通电源，打开电控制箱电源开关，调节到适宜位置，使滚筒在电磁调速电动机带动下，以一定的速度旋转。先后打开液化气总阀、点火气阀和总气阀，电子点火，并点燃燃烧器加热滚筒。待滚筒内温度达到作业要求后，将鲜叶（不宜超过12.5kg）送入滚筒，同时开始清零计时。根据鲜叶杀青时的温度需要，调节气量和烟气阀门，以调节筒体温度。炒青过程中，可打开排气扇进行排湿。至茶叶杀青适度时，手动或气动让筒体出叶端向下倾斜，在滚筒转动中，利用重力将茶叶排出。

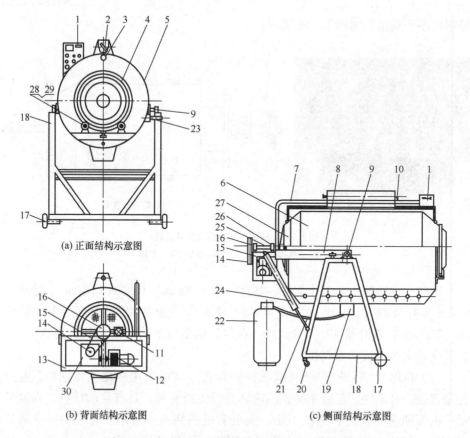

图1-17 6CWS-85/90型燃气式滚筒炒青机结构示意图

1—电控箱 2—热气挡板 3—温度计 4—滚筒轨迹 5—燃气炉外罩 6—炒青滚筒 7—电机线管 8—固定钢板 9—轴承 10—燃气调节手柄 11—排气扇 12—调速电动机 13—转动皮带轮 14—主动皮带轮 15—皮带 16—从动皮带轮 17—支撑轮 18—机架 19—点火器 20—转向轮 21—液化气管 22—液化气罐 23—倾倒手柄 24—缓冲器 25—主轴 26—主轴轴承 27—滚筒后罩 28—托轮 29—托轮轴承 30—减速箱

图1-18 6CWS-90型燃气式滚筒炒青机外形图

需要指出的是，间歇式滚筒杀青机每完成一批鲜叶的杀青后，需待筒温重新上升到杀青适宜的温度方可投叶，才能确保杀青叶品质稳定。6CSW-85/90 型燃气式滚筒炒青机的机械性能如表 1-3 所示。

表 1-3 6CSW-85/90 型燃气式滚筒炒青机的机械性能

项目		参数值	
		6CST-85	6CST-90
外形尺寸（长×宽×高）/mm		1840×1260×1860	2225×1220×1950
滚筒内径/mm		870	880
滚筒内部直段长度/mm		960	1255
滚筒回转电动机	功率/kW	0.75	0.75
	转速/（r/min）	1390	1390
	工作电压/V	380	380
排气风机	功率/W	85	85
	转速/（r/min）	2200	2200
	工作电压/V	220	220
滚筒转速/（r/min）		10~50	6~55
加热方式		液化气	液化气

总之，滚筒式杀青机作为一种传统应用的机型，杀青质量较好，虽然使用不当时会产生少量焦叶现象，使成茶产生烟焦味，但严格操作，即能避免。并且该机价格低廉，操作方便，有各种规格大小的机型可供选用，在各类大宗绿茶和名优绿茶加工中被广泛使用，是目前生产中使用的主体类型，直到目前尚无一种杀青机可以替代。

二、锅式杀青机

锅式杀青是传统的杀青工艺，杀青质量较好，成品茶香味鲜爽，滋味浓烈，代表了中国绿茶的传统风格。

1. 名茶远红外电炒锅

新中国成立前，我国手工制茶炒锅多采用柴、煤为能源，锅体大小、结构不一，所制茶叶烟、焦等现象严重，质量极不稳定。

20 世纪 60 年代以来，随着远红外电炒锅的研发成功，我国许多名优茶手工加工质量得到了较为稳定的保障。

（1）基本结构 电炒锅的基本结构由炉身、隔热层、电炉盘、电热丝、炒茶锅和电源开关组成（图 1-19）。

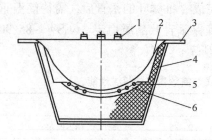

图1-19 6CG-65型远红外电炒锅结构示意图

1—电源开关 2—炒锅 3—木桶
4—保温隔热层 5—电炉丝 6—电炉盘

炒茶锅为锅径64cm的铸铁锅。安装前锅壁需进行磨光处理,一般是先用砂轮磨,再进行抛光处理,使锅壁尽可能保持光滑。

电炒锅的发热装置由电热丝和电炉盘组成,电热丝嵌装固定在电炉盘的线槽内。由电路系统控制和提供电能,使电热丝发热,为炒茶锅提供热源。电热丝的总容量一般为3kW,分2组或3组嵌装在电炉盘内,使用50Hz、220V电源。目前,使用较多的电热丝配备形式是2组电热丝,一组2kW的电热丝装于电炉盘下部中心部位,另一组1kW的电热丝装于电炉盘上部;也有两组电热丝均从底部装起,以双头螺旋形式向上排装的。电热丝分别设2~3个开关(装在木桶上端锅边),以控制通断电。

目前各茶叶机械厂生产的电炒锅,选用的电热丝有两种,一种是以镍铬合金为原料(如Cr20Ni80型)的电热丝,这种电热丝电阻率较高,加工性能好,可拉成细丝,且耐高温强度好,用后不易变脆,使用寿命长,但价格较高。另一种是以铁铬铝合金为原料(如1Cr13Al14型)的电热丝,其电阻率比镍铬丝高,抗氧化性能比镍铬丝好,价格也便宜,但最明显的缺点是耐高温强度低,用后易变脆,炒茶用力时,电热丝常因受震动而断裂。使用寿命短,一般不足镍铬丝的一半。因此,电炒锅的生产中宜使用镍铬型电热丝。

电炉盘也称远红外辐射器,以陶瓷材料添加碳化硅原料烧制而成,其远红外碳化硅材料产生远红外光谱,透过铁锅后使铸铁炒茶锅锅壁内部发热,从而获得比电热丝直接加热节电30%的效果。

隔热层一般用硅酸铝纤维充填,位于电炉盘和木桶之间,避免发热装置产生的热量传向木桶桶壁或散发到桶外。

木桶和支架均用木料制成,隔热绝缘性能良好,价格低,重量轻。木桶和支架的木料要干燥,牢固。木桶最好用杉木板箍制,不能有缝隙。木架应强调使用搁置式,不能简单将三条腿钉在木桶桶壁上,以避免名茶炒制尤其作龙井茶辉锅等作业时出现电炒锅晃动,影响炒制。

(2)工作原理 接通电源,电热丝发出热量,一方面对远红外辐射器即电炉盘进行加热,使其辐射出大量的远红外线,另一方面直接加热电炒锅。远红外线是一种波长比红外线更长的光波,它能穿透锅壁,使铸铁炒茶锅锅壁内部发热,锅温迅速升高。同时,远红外线还能使茶叶中的水分子极化,发生摩擦而生成热量,有利于叶温升高和蒸发水分。电炒锅作业,虽然是手工操作,但因电炒锅结构简单,造价低廉,安全可靠,卫生清洁,可适用于多种茶类加工,故电炒锅在名茶生产中得到普遍使用。

(3) 选择和配备　名茶电炒锅因生产工艺简单,导致生产厂家众多,产品质量参差不齐,应作认真选择,原则如下。

①应向正规的茶机生产厂家购买,不贪图便宜而购买质量无保证的个体户产品。购买时应检查有无产品合格证、产品使用说明书。按使用说明书要求和承诺进行验收。

②购买时,应向厂家询问并亲自察看、核对电炉盘是否真正为含有碳化硅原料的陶瓷烧制品。炉盘尺寸大小是否合适,电热丝是否为镍铬丝,保温隔热材料是否采用硅酸铝纤维。

③检查电炒锅外观质量,看整台电炒锅做工是否精细,各部件组装是否工整,油漆是否均匀,是否装有接地接线柱,木桶和木架是否稳固。

④通电检查用电线路是否良好,开关控制是否灵敏,锅温能否达到炒茶要求,锅体温区是否过小,能否接近锅沿处。

名茶电炒锅的数量,应根据茶叶种类及工序进行合理配备。名茶电炒锅用于龙井茶的手工炒制,可完成从杀青到干燥的全部作业过程,炒高档茶日产量可达5kg左右,中低档茶8~10kg。电炒锅在机制名茶中使用以及用于毛峰茶、针形茶等名茶的加工,往往只用于手工辅助整形和理条等工序。

(4) 安装与使用

①电炒锅的电炉盘等为易碎部件,运输时电炒锅的下面要铺垫稻草等软质材料,锅口向上安放,捆扎牢固,装卸时轻抬轻放,防止受到冲击。

②使用时,电炒锅不需专门安装,按规定接线后即可投入使用,但一定要在干燥和通风良好处使用。接线时要核对电源为220V、50Hz。绝对禁止在未接保护零线状态下炒茶。

③名茶加工时炒茶锅的要求是锅壁越光越好,因此新锅投入使用和每年茶季开始前,要用红砖加水和油石进行反复研磨。

④炒茶时,为防止加工叶粘锅,应在锅壁上涂抹适量的制茶专用油。作业时,应根据炒制要求及时调整锅温,当锅温过高时,可关掉一个或两个开关,使锅温保持在所需范围内。当炒茶人员需要离开炒茶锅时,应及时切断电源,以免烧断电热丝,引起事故。

⑤新的名茶电炒锅投入使用,3天后应对所有电线接点进行一次检查,进一步上紧加固。此外,还要取下炒茶锅,检查电热丝在炉盘排线槽内是否平伏,以后每半个月定期检查一次。

⑥每年茶季结束,应对电炒锅进行一次全面保养,锅壁清扫后在加热情况下涂上制茶专用油,然后拆掉电源线用塑料布覆盖保存。在保存过程中,电炒

锅上下得放置重物,并保证任何情况下不得让水进入炒茶锅内,以免生锈和破坏绝缘。

2. 自动锅式杀青机

自动锅式杀青机按锅的数量及联装形式可分为单锅、双锅、四锅、两锅连续、三锅连续、两锅连续并列式等多种形式,其中两锅连续杀青机和双锅杀青机使用较多。

(1)双锅杀青机 双锅杀青机由两台并列的单锅杀青机组合而成,由炒叶腔、炒叶器、传动机构、机架及炉灶等部分组成(图1-20)。

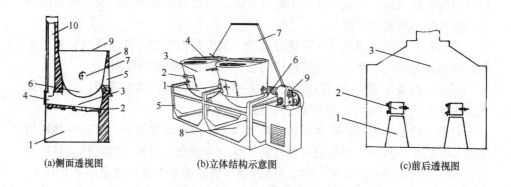

图1-20 双锅杀青机结构示意图

(a):1—通风洞 2—炉栅 3—炉膛 4—炉门 5—出茶口 6—杀青锅 7—炒叶器支架
8—倒锥形炒腔 9—竹编腔盖 10—墙及烟囱
(b):1—杀青锅 2—出茶门 3—倒锥形炒腔 4—竹编腔盖 5—机架 6—搁铁 7—墙及烟囱
8—炉膛与通风洞(未装入灶体前) 9—传动装置
(c):1—通风洞 2—炉门 3—墙及烟囱

①炒叶腔:炒叶腔由杀青锅和倒锥形炒腔壁组成,是传递热量和进行杀青的容器。

杀青锅由铸铁铸成,直径有840mm和800mm两种,锅深分别为340mm和280mm,锅壁厚均为4~5mm。为了便于出叶,在安装时,锅口与水平面呈5°倾角,前低后高。

倒锥形炒叶腔下部直径与锅口直径一致,上口直径960~980mm,腔顶前低后高。前腔中部开有出茶门,便于出叶。为了实现闷杀,备有直径1100mm的竹编腔盖。倒锥腔具有防止茶叶外抛,提高杀青匀度,缩短杀青时间,保温节能,便于水分蒸发等作用,可用砖砌成,也可用耐温混凝土或金属板制作。

②炒叶器:在杀青腔内,于杀青锅球面半径的高度处安装锅轴,轴上装有炒叶器。炒叶器有齿形炒手和活络出叶板两种。

齿形炒手有长齿与短齿之分，长齿炒手（图1-21）其形如手指，指数多数为4指，指由长到短，与茶锅圆弧相符。各指与锅壁保持3～5mm间隙，可使杀青叶翻动，并在杀青腔中上抛抖散，以散失水分和均匀翻炒。同时，在出叶时协助叶板出叶。

短齿炒手（图1-22）无明显的齿，面积小，翻抖作用也差，已很少采用。

活络出叶板（图1-23），为一条宽为50mm的圆弧板，其外圆弧与锅壁圆弧相符。出叶板与炒手杆相连接，出叶板面垂直工作轴方向开有两个长形孔，活动范围为10～15mm。当出叶板向下运动时，出叶板靠自重沿长孔下移，其圆弧与锅壁相贴，出叶干净，残留叶子很少，杀青叶质量较好。

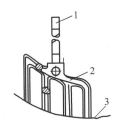
图1-21 长齿炒手
1—炒手柄 2—炒齿 3—锅壁

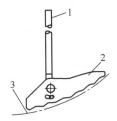
图1-22 短齿炒手
1—炒手柄 2—炒齿 3—锅壁

图1-23 活络出叶板
1—出叶板 2—炒手杆

每只炒锅各配长、短炒手及出叶板各一对，长、短炒手配对安装。炒手与出叶板有两种安装方式，即两对炒手与两只出叶柄成90°或6只炒叶器互成60°（图1-24）。

③传动机构：单锅（双锅）杀青机的工作转速要求24～26r/min，一般采用一级胶带、二级涡轮或一级胶带、二级齿轮减速。第一级电机输出轴至减速箱输送轴通过胶带轮减速；第二级由齿轮副或涡轮副减速。

杀青机主轴可安装在特制的机架上，也可以安装在预制的水泥墩上。后者要预埋地脚螺栓，并用一定厚度的扁钢作轴承座垫板。

④炉灶：炉灶用砖砌成，包括通风洞（灰坑）、炉膛、炉栅、烟道、回烟道及烟囱等部分。

a. 通风洞。单锅（双锅）杀青机多为自

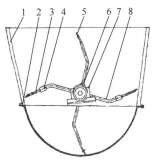
图1-24 炒叶腔与炒锅
1—炒叶腔 2—炒锅
3—炒手 4—固定螺钉
5—出叶板 6—炒叶器接头
7—轴壳 8—炒手杆

然通风式，通风洞比较大，燃煤炉通风洞高700~900mm，燃柴炉通风洞高400~600mm，风洞上窄下宽，分别为300~500mm。通常在地平线下500mm开始砌通风洞。

b. 炉膛。炉膛呈水缸形，炉栅有效面积约450mm×300mm，炉栅至锅脐高180~200mm。由于杀青炒叶器的转动方向始终是从锅后炒向锅前（靠出茶门），叶子受热部位主要是锅前，因此要求炉栅位置偏向锅前。炉底直径540mm，上部尺寸与锅口相匹配。

c. 烟囱。烟气经由直通烟道和两个回烟道进入烟柜，然后转入烟囱。烟柜横断面尺寸（650~750）mm×250mm。烟囱多为方形或长方形，内口尺寸200mm×200mm左右（单灶）或200mm×480mm左右（双灶），高度7~8m。为了便于控制炉温，烟囱的烟气入口处装有插板式闸门。

（2）双锅连续杀青机 双锅连续杀青机是在单锅杀青机和双锅杀青机的基础上发展起来的。两只锅前后排列，一个炉膛烧火，两个锅同时受热，而温度不同，茶叶先经高温锅杀青再进入低温锅杀青，如此连续进行。前锅温度在投叶前为500~550℃（锅脐处的锅温），后锅温不低于300℃（高温区的锅温），这样符合"高温杀青，先高后低"的杀青工艺要求。因此，两锅连续杀青使得杀青叶质量好，且效率高，能耗省（比单锅杀青节约燃料1/3左右）。

双锅杀青机由两只锅组成的炒叶腔、炉灶及传动装置、出茶门控制机构等组成（图1-25）。

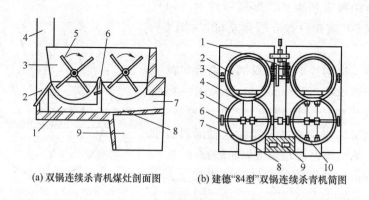

(a) 双锅连续杀青机煤灶剖面图　(b) 建德"84型"双锅连续杀青机简图

图1-25 双锅连续杀青机

（a）：1—第二锅炉膛　2—出茶门滑块　3—炒叶腔　4—烟囱　5—炒叶器
6—第一出茶门　7—第一锅炉膛与炉门　8—炉栅　9—通风洞
（b）：1—传动机构　2—炒叶腔盖　3—第一工作轴　4—出茶门拉杆　5—炒叶腔
6—第二工作轴　7—出叶板　8—出茶门　9—烟道　10—炒手

①杀青锅、炒叶腔与炒叶器：杀青锅通常用 84 型炒茶锅（锅口直径 840mm），锅子的球半径为 429.4mm，锅深为 340mm。两只锅子呈水平前后放置。

前后炒叶腔下口均与锅口相吻合，上口 960～980mm，呈倒锥型，高 600～650mm。前后炒叶腔之间装有闸门槛和闸门，闸门宽 370mm，高 500mm，后腔尾部装有对开式出茶门。前锅备有竹编腔盖，以供闷炒之用。

炒叶器与双（单）锅杀青机同。

②出茶门控制机构：前锅出茶采用提升式出茶门，后锅采用对开式出茶门。前、后锅间的出茶门（又称闸门）由杠杆控制，杠杆的支撑点固定在炒叶腔的铁架或水泥地面上。杠杆一端用两根吊杆连接闸门，另一端作手柄用，揿下杠杆这一端，则能提起闸门。为使闸门关闭和开启稳定，在杠杆与支撑上配置一拉伸弹簧。

前锅出茶门呈长方形，下端呈弧形，曲率和与闸门槛（或称出茶山头）相同。出茶门两长边嵌在闸门槽内，槽固定在炒叶腔上，工作时闸门槽起导向作用，闸门在槽内上下滑动。

闸门槛似马鞍状，其中部横断面为"人"字形，两只锅通过闸门槛连接在一起，第一口锅的茶叶能顺利翻落到第二口锅内。闸门槛顶部为一曲弧线，中间低、两头高，其曲率半径与闸门底部相同，闸门关闭时，两者应能吻合。

③炉灶：两锅连续杀青机灶长为 2320mm（84 型）或 2280mm（80 型），宽度为 1400mm。两锅中心距为 920mm（84 型）或 880mm（80 型）。

前锅炉膛呈圆盆型，其顶圆（直径 500～600mm）与锅口下缘相衔接。炉栅有炉条 7 根或 9 根，有效面积约为（400～500）mm×300mm，炉栅内倾 $5°～7°$。

后锅炉膛近似锅型，炉底设一直径为 350mm、高为 350～380mm 的火库，其顶缘两侧各设一宽、深均为 80mm 的小烟道，使回烟经小烟道汇集至烟柜，而后流入烟囱。

前后两炉膛之间筑有倾斜火道，其前沿宽×高＝250mm×175mm，后沿宽×高＝250mm×120mm。火道底部与火库底部及炉栅尾部齐平，在火库口顶部设有"箭门"，并在高为 250mm 处设一倾斜 45° 的压火砖，以压低火头。在两炉膛交界处附近的火库内，设前高后低的斜面，改变斜面高度能调节前后炉膛的热量比，调节铁锅高温区的部位，以适应工艺要求。

两锅连续杀青机烟囱尺寸为 240mm×240mm，高约 7m。如果是两锅连续并列（俗称回锅连续杀青机）式，共用一只烟囱，烟囱下部至 3m 处应有隔墙，3m 以上处方可合并，烟囱高不能低于 7m。

④传动装置：两锅连续杀青机前锅转速与单锅相同，一般是 26r/min，后

锅转速稍低，24r/min。采用三级传动，第三级用圆锥齿转轴分别连接两只锅的炒手主轴。这种结构安装精度要求较高，但成本较低。第三级也可用齿轮带动其中一根炒手主轴，再通过链传动另一根炒手轴。

(3) 锅式杀青机的安装、操作和保养

①安装步骤及技术要点：根据车间平面布置图及机械安装图，在地面放样，划定机器平面位置，并在四角打定位桩。

确定锅子、烟囱和通风洞的中心位置，并注意烟囱位置不得与房梁、屋架相碰。炉栅位置应正对锅内茶叶集中部位，并在炉栅上划出锅子的中心线及炉膛的范围。烟囱要单独砌安，其重力点不能落在炉灶上，在修理炉灶时不需拆砌烟囱。

在炉身砌到一定高度时，要将安装传动机构的地脚螺栓预埋好，水泥墩的高度不低于30cm，也可以留出位置，待灶身砌好后浇捣。炉灶最好与加工车间隔开，以免影响茶叶品质。

安放杀青锅并试火，注意锅体温度分布，观察有无回烟、偏热、漏烟等现象。采用接触式热电锅温度计（俗称半导体接触式温度计）测试锅面温度。试火不符合要求时，应改动炉膛及火道，直到符合要求为止。

调整锅子位置，保证锅面水平，各锅中心应在同一水平直线上。安装炒手轴，要求轴水平，且与锅子中心连线垂直。

安装炒叶器（长短炒手、活络出叶板）时位置要对称。出叶板在炒手杆上滑动要活络，不能卡死，以便于出叶干净。

②操作注意事项：开机前将锅内的残叶、杂物清理干净；检查炒手，紧固螺栓，不得有松动；轴承座与减速箱应保持良好的润滑条件；不宜随意提高锅温和增加投入量，以确保杀青机的使用寿命和杀青质量；在杀青作业过程中如发现异常声音或振动，应立即查明原因并予以排除；作业时如遇停电、炒手脱落等事故，应立即断电、停车、退火，并用摇手柄摇动主轴，将锅内的茶叶全部摇出；杀青完毕应退清炉内余火及灰渣。

③维护与保养：每班结束后应进行一次全面的检查，如发现机件有松动或皮带松弛现象，应加以紧固；润滑部分要随时加润滑油，变速箱中的润滑油变脏后应及时更换；杀青锅及炒手如有变形或损坏，应及时调换；如杀青机内残留茶叶，应清理干净，如有茶渍，可用小石子打磨；注意检查杀青机炉灶各部分，如发现烧裂、炉条烧坏应按要求及时修理或更换，待耐火泥、水泥干燥后方能投入生产。

由于锅式杀青机安装、使用和维护不便，以及杀青质量不及滚筒杀青机，因此，目前锅式杀青机除了名茶杀青锅使用相对较为普遍外，其他的锅式杀青机已被淘汰，基本上被滚筒式杀青机所取代。

三、蒸汽杀青机

我国是蒸青茶的发源地,后传入日本,其茶汤色嫩绿、叶底清绿、干茶色泽翠绿、口感鲜爽、回味甘醇、苦涩味低、保质期长,受茶叶界人士和消费者一致好评。

蒸汽杀青是利用蒸汽的蒸热作用,使鲜叶酶迅速破坏,促进多酚类转化,苦涩味降低,保持蒸青绿茶特有的"三绿"品质特征。

蒸汽杀青在短时间内使杀青叶达到80℃的酶活力临界温度,避免出现红梗红叶,也可使杀青叶变柔软,可塑性高,易揉捻,断碎率较低。蒸汽杀青时间短,耗能低,蒸青比炒青时间缩短20%,燃料节约15%~20%。

蒸汽杀青机分为纯蒸汽杀青机和热风蒸汽杀青机,其中纯蒸汽杀青机根据结构又可分为网带式和网筒式两种。

1. 纯蒸汽杀青机

(1) 网带式蒸汽杀青机 网带式蒸汽杀青机是名优绿茶杀青独创的新机种,以6CZS-0.5型常压网带式蒸汽杀青机为例,该机由网带、蒸汽发生器、机架、传动机构等组成(图1-26),台时产量为4~5kg(鲜叶)/h。

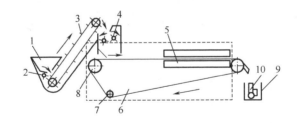

图1-26 网带式蒸汽杀青机工作原理图
1—上叶料斗 2—上叶机构 3—输送带 4—松叶辊 5—蒸床
6—网带 7—主动轮 8—托轮 9—集叶槽 10—风机

网带用1.5mm不锈钢丝或镀锌钢丝编织而成,网带首段为上叶斜输送带,其上装有齿形匀叶器,使鲜叶均匀进入面积为0.5m²的蒸床。蒸床上面设有蒸床盖,下面为蒸汽发生器,蒸汽发生器为一个方形水槽,内装有功率为3kW的3只U形电热管。后段为出叶段,为避免蒸青叶粘连在网带上,在两带转向下方处装有2只120mm直径的木质滚筒,表面嵌入螺旋棕刷,起扫叶作用。

工作时,蒸床的蒸汽温度升到90℃以上,开始投叶杀青,摊叶宜薄,避免芽叶重叠。网带通过蒸床的时间为75~90s,杀青出叶后用风机吹风摊晾,散热和散失叶表水分。

(2) 网筒式杀青机 日本的蒸青机采用网筒式结构,用100℃蒸汽进行蒸青，配套相应的设备生产煎茶。网筒式蒸青机由燃油锅炉（或燃煤锅炉）、给料机、蒸汽杀青机和冷却机组成。燃油锅炉与杀青机有蒸汽管连接，给料机和冷却机相互独立，互相作用。

燃油锅炉以 0 号柴油为燃料，水为热载体，蒸汽压力设定值为 $0.5kg/cm^2$（49.05kPa），当蒸汽压力低于设定值时，燃烧器启动，反之则停止工作。锅炉水位由液面计自动控制。

给料机由输送带、主被动滚筒、匀叶器、带推动装置的上料斗及出料搅龙等组成。其特点为：①出料斗内安装搅龙，防止湿叶（下雨天等）堵塞，以保证物料均匀进入蒸汽杀青机；②匀叶器可调，保证物料厚度均匀；③输送带设离合器，合上离合器输送带移动，脱开仅搅龙转动，当蒸青机进料口被堵塞时，可脱开离合器，停止加料；④上料斗带推动装置，由上料斗后部的一块活动板来回推动，保证叶子不搭桥，可增加鲜叶的翻滚效果，避免叶子发黄。

蒸汽杀青机由传动部分、内外机架、进气筒总成、搅杆、滚筒及托轮组等组成。该机特点为：①筒体为网状，安装在悬挂架上，斜度可调，以控制蒸青时间；②筒体外有蒸汽护罩，内有主轴，前端装有螺旋推进器，每隔45°螺旋状焊接搅拌手；③筒体与搅拌手用无级变速调节，同方向转动，筒体转速为 6.25~62.5r/min，搅拌手转速 69.5~695r/min。

工作时，燃油蒸汽锅炉产生的过热蒸汽通过蒸汽输送系统，以耐热胶管切线喷入滚筒体，鲜叶由输送带送入筒体，在螺旋推进器和搅拌手的作用下，茶叶呈半悬浮状态，并充分与蒸汽混合，迅速提高叶温，短时间内完成杀青，流出滚筒体，落入初干机（叶打机）迅速冷却，并除去蒸叶表面水分。

纯蒸汽杀青机利用蒸汽杀青，因温度较低，若处理不当会造成杀青叶变黄，同时蒸青叶含水量较高，存在香气不足。因此，浙江上洋机械有限公司将蒸青与中国绿茶加工工艺进行组合，研发出了一种保持蒸青的"三绿"优点的蒸汽热风混合型杀青机。

2. 热风蒸汽杀青机

热风蒸汽混合型杀青机也称汽热杀青机，其构造如图 1-27、图 1-28 所示。

蒸汽热风混合型蒸青机组的主要结构如图 1-27 所示，这是生产中应用的中、大型 6CZS-150 型和 6CZS-300 型的结构。生产中应用的 6CZS-50 型小型机结构与中、大型相似，不同之处在于蒸青和脱水共用一根网带，并且蒸青和脱水共用一台蒸汽热风发生炉。

汽热杀青机组主要由上叶输送机、蒸青装置、脱水装置、冷却装置、吹风送叶装置、蒸汽热风发生炉和热风炉等构成。

上叶输送机选用茶机常用的上叶输送装置，将鲜叶送入蒸青室内。蒸青装

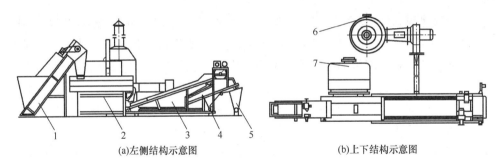

(a)左侧结构示意图　　　　　　　　(b)上下结构示意图

图 1-27　汽热杀青机机组

1—上叶输送带　2—蒸青装置　3—脱水装置　4—冷却装置
5—热风送叶装置　6—热风炉　7—蒸汽热风发生炉

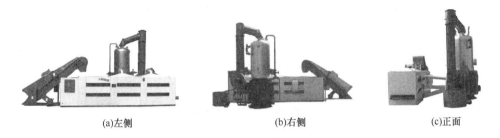

(a)左侧　　　　　　　(b)右侧　　　　　　(c)正面

图 1-28　茶叶蒸汽杀青机外观图

置由箱体组成的蒸青室和通过室内的蒸青网带组成。网带用于摊叶，并带动鲜叶前进，下方设有进气管，蒸汽和热风混合气进入蒸青室，进行蒸青。脱水装置和冷却装置联为一体，共用一根网带，前半段用热风脱水，后半段用冷风冷却。所用热风，6CZS-50 型由蒸汽热风发生炉供给，而 6CZS-150 型和 6CZS-300 型由单独的热风炉供给；冷却由装于后部的轴流式风机提供的冷风进行。

与其他蒸青机相比，蒸汽热风混合型蒸青机的特征，首先在于蒸汽热风发生炉的独特设计和蒸汽热风混合气在蒸青作业上的应用。如 6CZS-50 型蒸青机的蒸汽热风发生炉，前半段的蒸汽和热风用于杀青，后半段的热风用于脱水。蒸汽热风发生炉可同时产生蒸汽和干热风，并且以一定比例混合，用于蒸青。蒸汽为常压蒸汽，在混入热风后可使其温度提到 120℃以上，蒸青时间大大缩短，且蒸汽中混入热风，不仅使蒸青叶含水率比纯蒸汽蒸青的低，而且蒸青叶芽头成朵成个，色泽翠绿，并且香气大为改善。

杀青叶经过脱水，可使含水率降至 60% 左右，真正做到短时高温蒸青，快速脱水，有利于后续揉捻工序的进行，并保证了蒸汽杀青与我国绿茶炒干、烘干工艺的良好结合。

蒸汽热风混合型蒸青机的工作原理和作业过程如下：当蒸汽温度达到120℃、热风温度达到130℃左右时，鲜叶由上叶输送机均匀送入蒸青室，落到蒸青网带上，并随网带的运行不断前进。由蒸汽热风发生炉送来的混合气，经网带穿透叶层，进行杀青。杀青时间30~50s。由于蒸汽的穿透力强，热风温度高，可保证蒸青叶杀匀杀透，叶质柔软，保持翠绿，并除去青臭气，发挥出良好的香气。此后，蒸青叶被送往脱水装置的网带上，由热风炉经风管送来的130℃左右的干热风穿透蒸青叶层，杀青叶含水率被迅速降低到60%~62%，并由冷风对已完成脱水的杀青叶进行冷却。最后从网带后端掉入吹风送叶装置，由风机将完成蒸青脱水的杀青叶吹出，并撒向前方的摊叶处。下一步则可进行各类绿茶后续工序的加工。

该机组可保证加工叶杀匀杀透，茶叶色泽翠绿，不产生焦叶，对消除我国绿茶存在的烟焦味有重大意义。同时因蒸汽穿透力强，可除去夏、暑茶的苦涩味，使绿茶滋味醇正。

汽热杀青机主要技术参数如表1-4所示。

表1-4 部分汽热杀青机主要技术参数

型号	6CZS-50型	6CZS-150型	6CZS-300型
蒸汽压力	常压		
蒸汽温度（可调）/℃	105~150		
蒸青介质	蒸汽+热风		
脱水温度（可调）/℃	110~150		
脱水时间（可调）/s	50~200		
脱水介质	热风		
蒸青与脱水衔接形式	一体	分置	
热风炉配置	蒸汽热风发生炉1台	蒸汽热风发生炉1台；热风炉1台	
台时产量以鲜叶计/（kg/h）	40~60	120~150	250~300

四、热风杀青机

热风杀青机是近几年研发的新机型，目前主要在四川、贵州等地应用。

1. 主要结构

热风杀青机的主要结构由热风杀青主机、热风发生炉、上叶输送带、杀青叶冷却机、杀青叶和冷却叶输送装置、传动机构和机架等部分组成（图1-29、图1-30）。

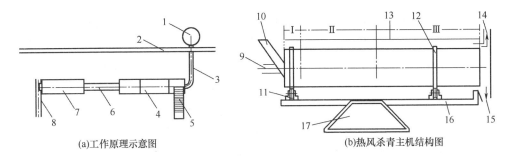

(a)工作原理示意图　　　　　　　　　(b)热风杀青主机结构图

图 1-29　热风杀青机工作原理示意图

1—热风发生炉　2—车间外墙　3—热风管道　4—热风杀青主机　5—上叶输送带　6—皮带输送带
7—冷却机　8—下叶输送带　9—热风入口　10—进叶口　11—托轮　12—滚圈　13—机壳护罩
14—出风口　15—出茶口　16—大梁　17—机座　Ⅰ—密封段　Ⅱ—闷杀段　Ⅲ—脱水段

图 1-30　6CSF-100 高效热风杀青机组

热风杀青主机是热风式杀青机的核心部件，它近似于滚筒杀青机，前部装有上叶输送带。筒体不加热，由薄钢板卷制，分为密封段、闷杀段和脱水段。热风通过设于筒体中心部位的热风管送入筒体内，并送到闷杀段。密封段的作用是不使热风从进茶口逸出；闷杀段筒壁上不打孔，避免热风逸至筒外，以提高杀青温度；而脱水段筒壁上打孔，热风可通过孔眼逸出筒外，并利用杀青后的余热，进行脱水。

筒体由传动机构带动转动，筒体铰接安装在机架上，可使筒体向轴线方向绕铰接点销轴转动，调节筒体轴线与地平面的夹角可在 ±2° 范围内调节，以控制杀青时间。

热风杀青机的热风温度高达 300~350℃，排出筒体的杀青叶叶温很高，因此要立即送往冷却机冷却。冷却机主体部分是一只不锈钢丝网筒，由传动机构带动转动，并由风机向网筒内吹入足够冷风，完成冷却，并进一步脱水。

热风发生炉产生高温热风，并将热风送往杀青主机筒体内，实现杀青。

2. 工作原理

热风发生炉产生的高温热风，通过热风管道送入筒体的闷杀段，当鲜叶送入筒体内时，与热风均匀接触而迅速吸收热量，叶温升高，酶活力钝化，并使杀青叶保持绿翠，完成杀青。随着筒体的转动，杀青叶不断向前传送，并利用杀青余热，进行脱水和进一步钝化酶的活力，使杀青更彻底。完成杀青后，由于杀青叶叶温很高，为防止变黄，立即送往冷却机内冷却，同时蒸发部分水分，以利于下一工序的进行。

3. 操作技术要点

作业时，点火使热风发生炉运行，为杀青供应足够热风。启动热风杀青筒体、冷却网筒及各类输送带，当热风温度达300～350℃时，开启上叶输送带投叶。控制闷杀段的杀青时间为15～20s，杀青叶在筒体内经历的总时间为2.0～2.5min。排出的杀青叶送进脱水网筒，送入冷风脱水和冷却，冷却后的叶温应在40℃左右。

与茶叶机械上通常应用的热风发生炉相比，热风杀青机所使用的热风温度几乎是最高的，因此该机热风发生炉的制造质量和操作技术要求较为严格。同样，因为热风杀青是一种高温干热空气的杀青，在闷杀段杀青时间仅15～20s，因此杀青和脱水温度的准确掌握和保证十分关键，进口热风温度一定要保持在300℃以上，否则易导致杀青不足。

4. 作业特点和效果

热风杀青机用于鲜叶杀青，热风温度高，因此能快速完成杀青作业，且杀青匀、透，杀青叶保持翠绿色泽，杀青叶含水率低于一般传统杀青，有利于后续工序处理，成茶香气、滋味良好。

然而，由于热风杀青机使用300～350℃的高温热风进行杀青，热风与鲜叶的温差很大，叶温升高甚快，一般杀青过程仅在20s内的时间内完成，因此实际生产中掌握难度较大，即使在正常掌握情况下，杀青叶干边状况也较滚筒杀青机严重，使成茶中末茶含量增高，若稍有操作不当，杀青叶就容易产生焦边、爆点，成茶带有烟焦味。

同时，热风杀青机使用的是高温热风炉，虽然茶机生产厂对热风炉进行了特殊设计，并且在炉膛高温区使用了耐高温特殊合金钢板加工，但实际使用中较难维持杀青热风的高温，部分使用单位认为热风炉的使用寿命有待进一步考核。

五、微波杀青机

微波杀青机是我国近几年开发的杀青机。

1. 工作原理

微波是频率从300MHz～300GHz的电磁波，其方向与大小随时间作周期性变化，微波与物料直接相互作用，将超高频电磁波转化为热能。水分子是极性分子，能吸收微波，并在微波作用下，其极性取向随着外电磁场的变化而变化。例如，915MHz 的微波可使水分子每秒钟运动 18.3 亿次，水分子的急剧摩擦、碰撞而使物料产生热化，做到内外一起加热，并且微波对物料有良好的穿透性，用于鲜叶杀青，可实现鲜叶内外酶的活力同时钝化，从而使杀青均匀，保证杀青质量良好，目前在各地茶区尤其是四川、重庆、贵州茶区使用较普遍。

2. 微波杀青的优点

（1）鲜叶升温迅速　能瞬间穿透鲜叶，深度可达 100mm，数秒钟到数分钟就能把微波能转换为热能，使叶温迅速升高，钝化酶的活力。由于杀青时间短，受热均匀，能保持茶叶自然舒展，克服传统加热难以迅速、及时钝化鲜叶中酶活力的难点。

（2）加热均匀　传统方式加热往往利用热能形成高温区，然后利用热能的传导、对流和辐射作用，将热量传递给被加热的物体，很容易造成物料的局部过热或表层烧焦。而微波加热没有高温热源，不存在从高温到低温的温度梯度，从根本上避免了局部过热现象的发生，加热均匀。

（3）杀青质量好　微波加热具有热力和生物效应，能保存物料中的维生素、色泽和营养成分，制成的绿茶的氨基酸、维生素 C 含量增加，色泽翠绿，品质提高。

（4）节约能源　微波加热是电磁场对介质的加热，没有经过其他传热过程，因此微波与远红外加热相比，节约能耗 30% ~50%。

（5）清洁卫生　现有的杀青方法大量使用煤、木材等燃料，造成了大气污染，空气中的粉尘颗粒对茶叶造成了二次污染。名优茶杀青采用微波技术，可以提高茶叶的卫生质量。

3. 微波杀青机结构

目前茶叶加工中使用的微波杀青干燥机，厂家不同，设备形式也有所差别，但其基本工作原理、结构、性能和作业效果基本相似（图 1-31）。

常用的茶叶微波杀青干燥机由微波发生器的磁控管、波导传输器、干燥室、能量抑制器、排风和冷却装置、传输机构、电源及控制装置等部分组成。

磁控管是微波茶叶杀青干燥机的核心工作部件，它产生微波，并由波导传输器把微波能从磁控管耦合出来，然后送到谐振箱内对茶叶进行加热。

干燥室为连续多谐振箱式，即每只磁控管对应设立一只谐振箱，通过单个谐振箱的叠加组合，获得所需的加工功率，并可根据实际情况，对微波功率大小进行调节。谐振箱为一矩形箱子，用铝质材料制成，既可减轻重量，又可减少微波损耗和泄漏。谐振箱顶部开有微波能量输入口和排湿口。每只谐振箱都装有排湿风扇和冷却风扇，磁控管电路均采用冷风强制冷却。谐振箱正面有可开启的观察门，门上装有观察窗，作业时可观察谐振箱内的工作情况。

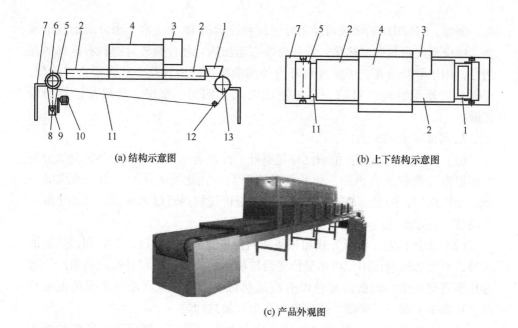

图1-31 茶叶微波杀青机工作结构示意图

1—进茶口 2—能量抑制器 3—电控制箱 4—微波箱 5—输送带转轴A 6—大链轮 7—机架 8—小链轮 9—变速器 10—电机 11—输送带 12—输送带转轴B 13—输送带转轴C

能量抑制器装于干燥室两端,防止微波的泄漏。

传输机构是由传动机构带动运行的无端输送带,用氟塑等织物制成,可耐500℃的高温,用于将茶叶送入干燥室内加热,运行速度可调。

生产中常用的茶叶微波杀青干燥机输出功率为4~20kW,其台时产量可达15~100kg。

目前茶叶微波杀青干燥机在生产中有三种作业方式:一是用于杀青,二是用于二青和初干,三是用于干燥并灭菌。第二种方式常用于名茶加工,如杀青后并经初步做形的基础上,配用微波茶叶杀青干燥机进行二青和初干是使杀青充分及减少茶叶水分含量,以利于下一工序的进行。

微波杀青机是推广较快的杀青机,杀青质量较好,也可与干燥机共用。不足之处是这类型的杀青机台时产量较低,仅适合名优茶加工或补二青等场合使用。

六、各类茶叶杀青机和制茶性能对比

权启爱等曾在不同茶区、不同场合,分别应用上述滚筒式、蒸汽式、热风式和微波式杀青机进行了机械和杀青性能对比试验,结果见表1-5、表1-6。尽管所有机器不是在同一条件进行试验,但其结果可反映出各类杀青机性能的大致趋势,供参考。

表 1-5 各类茶叶杀青机机械性能比较

种类	滚筒杀青机	蒸汽杀青机	热风杀青机	微波杀青机
原理	滚筒炒干	高温蒸汽穿透	高温热风穿透	微波内外加热
机械结构	简单	复杂	复杂	复杂
使用能源	煤、石油、天然气、柴油，小型多用电	目前仅用煤，但可开发使用其他能源	目前仅用煤，但可开发使用其他能源	电
电装机容量	用电总量较小，除小型用电作热源机型外，均为5kW以下	目前用电总量较小，12kW以下	目前用电总量较小，10kW以下	用电总量较大，小型机12kW以下，中型机10~18kW
操作难易	易操作	较难操作	难操作	较难操作
机器大小	较小	较大	大	较大
热源装置特点	金属炉灶或现场构筑炉灶	需配蒸汽、热风两用发生炉，或分别用一台蒸汽发生炉和一台热风发生炉	需配用高温热风发生炉	热源为微波管热源装置
热源操作难度	操作容易	操作复杂	操作复杂，需特别认真	操作方便
杀青时间/s	60~90	30~50	15~20	30~50
台时生产率	较大	较大	大	较小
购置价格	较大型金属炉机型不超过2.5万元	较大机型10余万元	约25万元	较大机型10余万元

表 1-6 各类茶叶杀青机杀青性能比较

种类	滚筒杀青机	蒸汽杀青机	热风杀青机	微波杀青机
杀青效率	较高	较高	高	较低
杀青叶是否干边	少	无	较多	少
成茶碎茶含量	少	少	较多	少
杀青叶含水率	中	高	低	中
杀青叶冷却和脱水要求	要求一般冷却	冷却要求苛刻	冷却要求苛刻	要求一般冷却
进入揉捻的难易程度	容易	较困难	容易	容易
杀青叶色泽	绿翠	绿翠	绿翠	绿翠
成茶色泽	绿润	暗绿或深绿	绿润	绿润
叶底色泽	绿翠	绿翠	绿翠	绿翠
成茶香、味	香气较高滋味醇和	香高稍显特殊香型滋味醇和	香气较高滋味醇和	香气与滚筒杀青相比稍低，滋味醇和

项目六 揉捻机械

揉捻机是用来完成茶叶加工中揉捻作业的机械,其工序有两个目的:一是将杀青叶卷紧条索,利于干燥成形;二是适度破碎叶细胞组织,挤出部分茶汁,使干茶容易冲泡。对于红茶而言,则还有促进发酵的作用。

在没有揉捻机以前,揉捻作业是靠人工操作完成的,其功效低,劳动强度大。新中国成立后,在人力和水力揉捻机的基础上发展为机动揉捻机,茶叶品质、劳动生产率都有了明显提高。

一、揉捻机

1. 分类

茶叶揉捻机以结构形式分有单盘揉捻机、母子盘式连续揉捻机、三层盘叠装式连续揉捻机。以回转形式分有单动式,双动式。单动式揉盘不动,揉桶在盘上平面回转,双动式是揉盘和揉桶同时作相对运动。以加压方式分有杠杆配重式加压、单臂丝杆式加压、双臂(龙门、双柱)丝杆式加压,多数小型揉捻机采用的是杠杆配重式加压。

茶叶揉捻机的型号规格主要由类别代号、特征代号和主参数三部分组成,主参数主要是根据揉桶的直径(单位为 cm)确定的。有些揉捻机是在普通揉捻机基础上增加功能后所表现出一定的特点,在揉捻机代号编码中称为特征代号,如增加程序控制装置,则特征代号为 K。

型号标记示例如下:

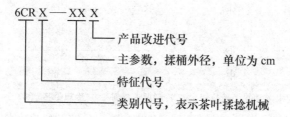

例如,揉桶外径为 50cm、有程序控制装置、经过一次改进的揉捻机表示为:6CRK – 50A。我国目前使用较广泛的揉捻机主参数标准型谱见表 1 – 7。

表 1 – 7 揉捻机主参数标准型谱

项目	参数值					
揉桶外径/cm	25	35	45	55	65	75

续表

项目	参数值					
揉桶高度/mm	100	250	320	400	450	540
配套功率/kW	0.37	0.55	1.1	2.2	3.0	4.0

2. 揉捻机的基本结构

（1）直桶盘式揉捻机　直桶盘式揉捻机的典型结构如图1-32所示。

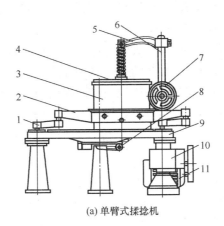

(a) 单臂式揉捻机

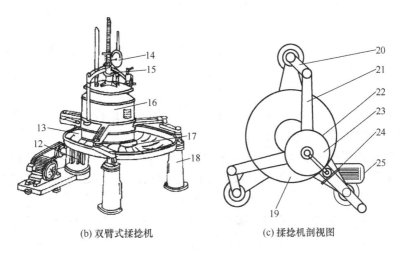

(b) 双臂式揉捻机　　　　(c) 揉捻机剖视图

图1-32　常见桶式揉捻机结构

1—曲柄　2—框架　3—加压盖　4—加压臂Ⅰ　5—加压臂Ⅱ　6—立柱　7—手轮　8—出茶门装置
9—揉盘　10—传动箱　11—电动机　12—传动装置　13—揉盘　14—压力指示器　15—压力传动装置
16—揉桶　17—出茶门　18—曲臂支座　19—揉盘　20—曲柄　21—框架　22—揉桶
23—加压盖　24—加压臂　25—电动机

①揉盘和机架：揉盘为一中间下凹的铸铁圆盘。为减轻重量和节省材料，揉盘一般做成花盘形。为防止铁锈对茶叶的污染，盘面上铺有不锈钢板，板上装有多条新月形棱骨。揉盘中心开一大圆孔，安装出茶门。

揉盘凹度一般为4°~6°。为防止"跑茶"，揉桶与揉盘内侧面的间隙、揉桶底平面与棱骨最高处的间隙都应小于5mm。过去为解决"跑茶"问题，往往在揉桶下沿扎一圈棕丝之类的软性物质，这圈棕丝能将部分"跑"出的叶子扫入揉桶内，但也会将揉盘内的茶叶推向揉盘外沿。目前生产的揉捻机，一般都注意了这个问题，对上述两个间隙尺寸掌握得比较好，同时注意发挥棱骨的导向作用，基本上解决了"跑茶"问题。

揉盘面上有十多条呈新月形棱骨，棱骨一般由一段或两段圆弧组成，圆弧曲率半径近似或等于$0.4 \times$揉桶直径。棱骨断面为半圆形，且头部大尾部小，可增加摩擦阻力，促使揉捻叶在揉桶内翻腾扭转成条。棱骨合理排布，产生导向作用，使运动着的揉捻叶沿着棱骨导向的方向进入强压区，达到良好的揉捻效果。据岳鹏翔等研究，认为揉捻机棱骨的最佳安装根数是12根，最佳安装角度为42°。

揉盘中心是圆形出茶门。出茶门底板也用灰铸铁铸成或不锈钢板焊成，板面上装有5个眉毛形棱骨（称为内棱骨）。出茶门的启闭方式可采用滑动式或摆动式，其中以摆动式启闭装置较多。出茶门的锁紧装置，也有两种不同结构，一种是类似弹子门锁的自锁结构；另一种是用类似门闩的推杆锁紧出茶门。

揉盘用3个支座支撑，下部与地脚螺栓连接，上部与曲臂连成一个整体。3个支座中2个只起支撑作用，1个既起支撑作用，又和减速箱相连形成一个整体。

②揉桶与加压装置：揉桶用于盛满茶叶，固定在揉桶框架上，工作时曲柄带动框架，使揉桶作平面回转运动。

过去揉桶多用铜板制成，后发现铜板制成的揉桶会增加茶叶中的铅和铜含量，因此现多用铝合金或不锈钢板卷制而成。揉桶上口翻成卷边，既美观又增加了刚性。下口做成直边，外包一加强宽箍。

机械行业标准JB/T 9814—2007《茶叶揉捻机》采用揉桶外径尺寸定揉捻机型号。如6CR-55型揉捻机，即揉桶外径为550mm，这个尺寸确定后，揉捻机其他主要技术参数就容易确定了。

单臂式与双臂式揉捻机的加压原理是一样的，均采用螺旋机构控制加压盖的上下运动来完成加压，但两者在结构上有所区别。单臂式采用螺杆回转、螺母轴向移动带动加压盖上下运动，而双臂是采用螺母回转、螺杆轴向移动带动加压盖达到加压目的。

加压盖由铸铝、铸铁或不锈钢制成，盖上装有加压弹簧，可提供形成茶团所需的加压，又能起到缓冲作用。

杠杆配重式加压机构由揉桶盖、杠杆、配重滑块和杠杆支座等组成，如图1-33所示。

揉桶盖通过悬挂杆用螺栓连接在杠杆中间，可以晃动和自由转动。杠杆头部锁销连接在杠杆支座上端，可以使杠杆绕支点转动一定的角度。杠杆上有配重滑块，可沿导轨在杠杆上来回移动，工作时通过锁紧螺栓或锁紧弹簧固定位置。通过改变配重滑块在杠杆上的相对位置，即可改变茶叶所受压力的大小，从而达到对揉捻叶加（减）压的目的。

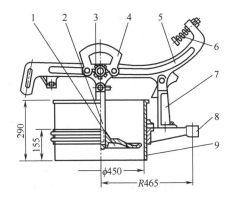

图1-33 杠杆加压装置
1—加压盖（桶盖） 2—悬挂杆 3—松紧手轮
4—滑块 5—杠杆 6—缓冲弹簧
7—杠杆支座 8—揉桶架 9—揉桶

杠杆式加压装置的优点在于加压重荷通过揉桶盖住直接施加在茶叶上，茶叶自始至终都受到压力，有利于揉捻成条。

而螺旋丝杆加压装置的加压由操作者决定，揉桶盖的升降是间断进行的。在刚下降时，茶叶承受最大的压力，并随着揉捻进程，茶叶体积不断减小，压力也随之减低，直到下一次加压才增大压力。中间过程虽有加压弹簧协作调整，但效果远不及杠杆式。因此，杠杆配重式加压方式在原理上优于螺旋丝杆式，揉捻效果也比较好，但操作麻烦，重块的固定也难做到方便可靠。

③减速传动：揉捻机曲柄回转速度为50r/min左右，而电动机的转速约在1400r/min，总速比约为28。常见的减速方法是采用一级胶带传动，二级齿轮传动；或一级胶带传动，二级涡轮蜗杆传动，从而达到变速要求。

二级齿轮传动后一级通常采用圆锥齿轮以改变运转轴的方向。大圆锥齿轮装在垂直安装的主轴下端，主轴上端带动主动曲臂旋转，主动曲臂通过揉桶架带动另外两只从动曲臂，揉桶架在这里同时起着连杆的作用。

（2）望月式揉捻机 乌龙茶揉捻的目的与其他茶类相同，均是揉捻成型，挤出茶汁，便于冲泡。但乌龙茶原料较粗，叶组织角质化、纤维化较明显，可塑性较差，故而揉捻时特别强调热揉、重揉、快揉。

目前，乌龙茶较常用的是揉盘式揉捻机和台湾望月式揉捻机。

望月式揉捻机（图1-34）兼有揉捻和包揉的功能，整机由揉盘、揉碗、加压机构、传动机构和机架等部分组成。

图1-34 望月式揉捻机

揉盘呈锅状，内嵌9~12条棱骨，外沿一侧留有出茶口。揉盘下倾时可出茶，盘面向中心的倾斜度一般为30°，较一般揉捻机大。

揉碗为一半球形金属碗，具揉桶和揉盖的作用。揉捻柄与揉碗铰接相连，倒扣于揉盘上，由传动机构带动，在揉盘上作水平运动。

传动机构与普通揉捻机相同，采用变速箱减速传动。

揉捻柄穿在由曲柄带动运转的三脚架上，其上端由固定在机架上的加压螺旋弹簧给予一定的压力，实现加压。

作业时，揉盘倾斜，投入12~15kg的杀青叶，而后将揉盘调至水平位置并固定，使茶叶基本处于揉碗内。开动机器，揉碗运动并不断加压，茶叶被揉捻成条。

(3) 程控式揉捻机　程控式揉捻机，是在单柱式加压螺旋丝杆下部安装电动机和少齿差减速器，用程控器对揉捻机的加压与松压状态进行程序控制。工作时，先设定程序，再操作"启动"、"终止"、"加压"和"松压"四个按钮，即可完成程控加压动作。加压与松压按钮开关还可控制揉桶盖的启闭。

(4) 连续式揉捻机　连续式揉捻机，是在盘式揉捻机的基础上改进而成，将揉桶盖改成顶锥形，并将其与揉桶壁之间的间隙适当放大，在揉盘上开有可调的出茶长孔。该机可实现揉捻过程进叶、加压和出叶连续化，适应茶叶连续化加工的需要。工作时，加工叶由输送装置连续均匀地送入顶锥形揉桶盖上，自动滑入揉桶，并经过一段时间揉捻，从出茶口落下；加工叶再从顶锥形揉桶盖上落下，重复上述揉捻动作，实现连续揉捻。

3. 揉捻机的工作原理

(1) 茶叶在揉桶中的运动规律　揉捻是一种相当复杂的运动，茶叶揉捻成条的力学模型难以研究，桶内以至叶团内部的茶叶运动规律也难以发现。但根据推测分析，不少学者提出了一些力学分析方法。20世纪80年代末，浙江农业大学采用透明揉桶以观察叶团运动，为认识运动规律创造了条件。

当桶内装满茶叶，在揉盘上作水平回转运动，揉桶与揉盘上的各个区域对茶叶作用力的大小、方向、速度都随着时间的变化而变化。根据孙成等研究结果，认为茶团在揉捻中没有固定边界，且茶团形状无规则变化，茶团内部介质密度也极不均匀。

例如，在某个瞬间，揉桶壁的推力（R_1）推动揉捻叶在桶内运动，则产生了揉盘表面、揉盘上的棱骨和揉盘凹部的反作用的合力（R_2），及揉桶盖加压与茶叶本身重力共同产生的正压力（N）。在上述诸力的综合作用下，形成了揉捻叶在揉桶内向上翻滚运动的反转作用力（Q）（图1-35）。

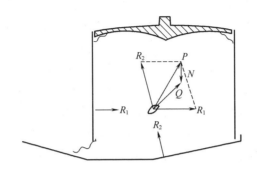

图1-35 茶叶揉捻受力分析示意图

R_1—揉桶壁的推力　R_2—揉盘表面、揉盘上的棱骨和揉盘凹部的反作用的合力
P—R_1、R_2合力　N—正压力　Q—揉捻叶在揉桶内向上翻滚运动的反转作用力

由于揉捻叶在桶内运动，每一瞬间在揉桶里的部位不同，因而造成了不同揉捻运动的作用区。在揉桶、揉盘和揉桶盖对茶叶作用力的交点，其周围的茶叶挤压得最紧，形成了强压区。茶叶进入强压区，运动速度最慢而受到强挤压力，翻转的作用力Q向上，因此茶叶向上翻动。强压区周围是搓揉区，茶叶在搓揉区运动速度较快，搓揉卷曲力较大，使茶叶揉捻成条。茶叶在作用力Q的作用下，运动到桶上部后，借助茶叶本身的重力和惯性力，向前下方散落到揉盘底部，即为散落区。揉桶继续回转，茶叶又进入搓揉区，而后又进入强压区，如此不停地运动，周而复始，形成了揉捻叶的运动规律。揉捻叶在这种规律的运动中，逐渐卷曲成条，挤出茶汁，达到揉捻的工艺要求。

（2）影响揉捻成条的因素　揉茶质量与揉捻机的结构有着密切的关系，特别是曲柄、揉盘、揉桶、棱骨等的合理性，是促进揉捻叶运动规律的形成，保证揉捻叶达到良好揉捻效果重要条件。

①曲柄长度对揉捻运动的影响：揉捻机揉桶外径在揉盘表面上运动的最大轨迹圆的面积，称为揉幅。

在设计揉桶时，其直径是根据揉捻叶容量选择的。当揉桶外径确定之后，曲柄长度增加，揉幅随之增大，而揉捻重叠区缩小，揉捻叶回转速度加大，促使揉捻压强区及早形成，有利于揉捻运动。

然而，如果曲柄过长，则离心力增加，易造成机器运转不平稳，加速磨损，降低机器的使用寿命。因此，合理选择曲柄长度，是提高揉捻叶质量的重要因素之一。

②揉盘凹度对揉捻运动的影响：揉盘凹度是指揉盘外棱骨所在盘面的内倾角（即盘面与外缘平面的夹角）。揉盘表面对揉捻叶的反作用力，是把揉捻叶导向揉捻强压区聚集成团的诸力之一。反作用力的大小和方向，与揉盘凹度倾斜角的大小和方向密切相关。只有揉盘向内倾斜，揉盘表面对揉捻叶的反作用力，才能指向揉桶强压区。根据实践与试验表明，揉盘凹度一般以 4°~6° 为宜。

③揉捻转速对揉捻运动的影响：揉捻机转速决定了叶团向上翻转的力以及叶团在揉盘上的滑动力。转速较低，叶层下部运动形式与正常转速（50r/min 左右时）相同，但转速过低，上部叶层只作上下摆动，很少有翻动的现象，且工作 20min 以后仍然处于这种状态。这是由于低速运转时，揉桶对叶层的挤压力太小，使得向上作用的分力随之减小，上部叶层振动减弱，叶子的重力难以克服摩擦力而不能下落，不能进行正常揉捻。但如果转速过高，则作用力过大，对揉捻叶会带来不利影响，造成碎叶扁条。

④棱骨对揉捻运动的影响：揉捻机棱骨对揉捻运动的影响一般表现在三个方面。

一是棱骨做成弧形，其尾端部分的切线方向接近于该处揉捻叶的运动方向，所以叶团能顺着棱骨向揉盘中心移动，棱骨起导向作用。尤其在揉桶与棱骨间隙尺寸、揉桶与揉盘边沿间隙尺寸选择得当时，可消除"跑茶"现象。

二是棱骨头部既大又粗，排列方向基本上与揉捻叶运动方向相垂直，所以工作时叶团必须翻过棱骨，才能继续运动。棱骨横截面做成弧形，使得叶团产生向上与向前的两个分力，从而起到揉捻作用。

三是由于存在向上的作用力，且棱骨又是连续排列的，因此揉捻叶翻过棱骨的滚动运动也是连续的，同时会对上层叶产生振动作用，使上层叶子很快下落到揉桶下部进行揉捻。

研究发现，当无棱骨的运动时，下部叶层在揉盘上只能滑行而难以翻滚，上部叶层振动也大为减少。由于揉桶运动，经过一定时间后，下部叶层也有一定的相对运动，但很缓慢。因此，叶子的翻滚旋转运动却明显减少，"跑茶"现象也较正常状态明显增加，由此可以看出棱骨在揉捻中的重要作用。

4. 揉捻机的性能指标

揉捻机应能满足制茶工艺要求，保证茶叶品质符合茶叶标准的规定要求。试验原料应是三级或以上鲜叶、并经杀青或萎凋的茶叶，且含水率为 58%~62% 条件下，揉捻机加工绿茶和红茶时的作业性能指标应符合表 1-8 规定。

表 1-8 揉捻机作业性能指标

项目		机型与性能指标					
		6CR-25	6CR-35	6CR-45	6CR-55	6CR-65	6CR-75
单位小时生产率/（kg/h）	绿茶	≥9	≥15	≥30	≥65	≥100	≥150
	红茶	≥5	≥8	≥16	≥32	≥50	≥75
成条率/%	绿茶		≥85			≥83	
	红茶		≥90			≥88	
细胞破损率/%	绿茶		50~60			50~60	
	红茶		≥83			≥83	
碎茶率/%	绿茶		≤2.2			≤2.0	
	红茶		≤4.2			≤4.0	
跑茶率/%	绿茶		≤0.8			≤0.8	
	红茶		≤1.0			≤1.0	
单位千瓦小时生产率/[kg/（kW·h）]	绿茶		≥45			≥48	
	红茶		≥20			≥24	

注：当使用说明书明示的最大生产率大于本表中规定的生产率时，则以使用说明书明示的最大生产率为揉捻机实际生产率的考核依据。

5. 揉捻机的使用和保养

（1）揉捻机的使用 揉捻机的型号虽然很多，但其使用方法都大同小异。

①揉捻作业开始前，先清洁揉捻机，检查各部分螺栓及紧固件，如有松动，应及时紧固。

②打开揉桶盖装叶，装叶量切勿过多或过少，一般低于揉桶3~4cm较为适宜。过多则造成揉捻叶在桶中压紧，不能产生揉捻运动；过少则正压力太小，又会影响揉捻运动的正常进行。

③加盖揉桶盖，然后按揉捻工艺规定的时间和压力程度进行揉捻。杠杆配重式加压机构的揉捻机，是用滑块来加压的，重块离支点越远，加压就越重。加压时要注意锁紧滑块，防止受震动跳出而造成事故。螺栓加压的揉捻机，加压时转动手轮，使桶盖下降进行加压揉捻。

④当茶叶揉好后，即放茶筐于揉盘下，再启开出茶门出茶，并清洁揉桶。

⑤一班作业完成后，应清洁揉捻机，特别是揉桶和揉盘，最后清洁工作面。

（2）揉捻机的保养

①在制茶季节，每3~5d应对主轴曲柄轴承、从动轴曲柄轴承等处添加润滑油一次，螺栓加压机构，每周添加润滑油一次。润滑油不可添加过多，否则容易外溢污染茶叶。

②定期检查揉捻机传动胶带的张紧度，如过松要及时调整，否则易打滑而影响传动效率。

③每年茶季结束后，对揉捻机（包括电动机）应进行一次全面清洗和维修，更换已经损坏或磨损的零件。卸下 V 带，妥善保管。

二、乌龙茶包揉机组

乌龙茶的外形主要有条形和颗粒形两大类，其中闽南乌龙茶（颗粒形）产量最多、产区最广、加工企业最多。改革开放以前，闽南乌龙茶如铁观音的揉捻整形主要依靠手工包揉，存在劳动强度大、工效低、质量不稳定等问题。20世纪90年代以来，随着台湾乌龙茶速包机和平板式包揉机的引进，极大地降低了劳动强度和劳动成本，提高了生产率。

1. 速包机

乌龙茶速包机是根据传统的手工滚、压、揉、转、包的作业原理而设计的。该机由立辊（搓辊）、托板、加压手柄、电控制器以及传动机构组成（图1-36）。

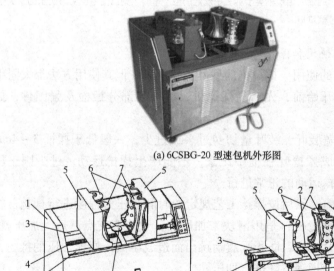

(a) 6CSBG-20 型速包机外形图

(b) 整机立体结构图　　(c) 工作原理图

图1-36　乌龙茶速包机

1—机架　2—茶斤包托盘　3—滑杆　4—丝杆　5—搓辊架　6—凸点搓辊成形轮　7—凸条搓辊成形轮　8—丝杆驱动电机脚踏开关　9—立轴驱动电机脚踏开关　10—急停开关　11—可伸缩万向联轴器　12—丝杆驱动电机　13—变速箱　14—立轴驱动电机

立辊有四只，矩形排列，作顺时针方向旋转和内外直线平移，对茶包产生侧向的挤压、摩擦力作用；立辊安装在托板上，推板带动辊子作向内、向外直线移动；加压手柄产生正压力，并固定布头，与辊子构成相反方向力矩；电器控制由脚踏开关、急停按钮、行程开关等组成。

该机具有紧袋和包揉作用，成球快速，加工的茶叶可成球形或半球形，外形美观。工作时，将7~15kg的初烘叶置于包揉布中，将布巾的四角提起并拧成袋状，置于托盘上。包揉布头从加压手柄缺口绕过，左手拉紧布头，脚踩脚踏开关（左），速包机立辊开始旋转，之后点踩脚踏开关（左），立辊间断地向内移动，松散的茶包在两对立辊作用下作逆时针旋转，并在立辊的侧向转、搓、挤、压及加压手柄"轻→重→稍重"的正压力作用下，迅速包紧，形成"南瓜"状茶球。速包成形后，脚踩脚踏开关（右），立辊向外移动，完成速包过程，一次速包时间约30s。经速包后的茶球，即可送到平板式包揉机继续包揉。

速包时应掌握初期不宜过紧，以免产生扁条、团块，前期静置时间不宜太长，以防闷热。随炒热次数增加，速包程度渐紧，静置定型时间渐长。通常在茶条已紧结成球形或半球形，茶坯已冷却，可束紧包揉布静置定型60min左右，使其成为紧结的球形，而后即行解包，进入复烘，足干。

目前，该机除了运用于乌龙茶的速包外，在卷曲形、颗粒形的名优红绿茶加工方面也有应用。

2. 莲花形速包机

上述乌龙茶速包机在速包时是利用具弧状体的滚轮，来达到压缩卷曲茶叶之目的，且滚轮上设有凸点，对茶叶揉捻，但使用后发现存在一些缺点，如滚轮表面的凸点容易使包裹茶叶的裹布经多次摩擦磨破而导致茶叶漏出、速包过程中产生碎茶量过多等，因此台湾的一些茶叶加工机械厂研究出了一种新型速包机，即莲花形速包机，已经在生产中应用，尤其是在台式乌龙茶的加工中使用较多。

该机主要由卷布杆、莲花座、莲花片、连杆、传动机构等部分组成（图1-37）。

卷布杆设于机架盖板上，卷布杆中间设有两缺口，以便收缩茶包的茶叶体积。

莲花座，包括有多个具弧度之莲花片，莲花片背后设有连杆，其两端以铰链方式与连杆固定环及支杆组合，支杆之另一端与支杆固定环亦以铰链方式结合。连杆固定环底下连接一心轴。

传动机构包含有传动螺杆，设于莲花座的两侧，传动螺杆上设有螺帽，两螺帽之间搭接一推板，推板上方设有一推板固定环，并紧固为一体。

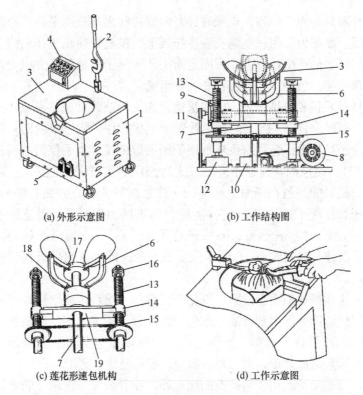

图 1-37 莲花形速包机示意图

1—机架与外壳 2—卷布杆 3—莲花片形速包机构 4—电控制箱 5—脚控踏板 6—莲花片连杆 7—心轴 8—莲花形速包机构旋转传动电机 9—莲花形速包机构升降传动电机 10—涡轮变速箱 11—传动胶带 12—涡轮变速箱 13—传动螺杆 14—螺帽 15—传动链 16—推力轴承 17—茶包托盘 18—连杆固定环 19—推板

两传动螺杆上设有齿轮,配合链条及惰轮,可同步传动两传动螺杆。利用两组独立之传动结构带动心轴使莲花座旋转及带动传动机构的传动螺杆作正、逆向旋转,令推板上下移动,使莲花片作开、合动作,并将茶叶收缩、揉捻。

3. 平板式包揉机

该机从台湾引进,是模仿人工包揉原理设计的,将茶球置于上下揉盘之间,通过下揉盘转动。茶球在棱骨和立柱作用下翻转卷紧。每批 1~3 个球,作业时间 3~5min。该机由上下揉盘、加压机构、传动机构与电机等组成(图1-38)。

工作时,上揉盘采用螺旋加压机构,可上下移动,不转动;下揉盘作定轴转动。上、下揉盘上各有 10 根粗棱骨,下揉盘还有若干根立柱。工作时,将经速包机包揉好的茶包置入平板机的下揉盘中,手动或气动手轮,使上揉盘下移,当上盘接触茶包后,继续下移约 40~50mm。包揉时间的长短、加压的轻重与顺序、进机时茶包的结实度和在制品含水率，均影响包揉质量。茶球越结实，包揉质量越好；在制品含水率较高时，其塑性高弹性低，不宜重压。

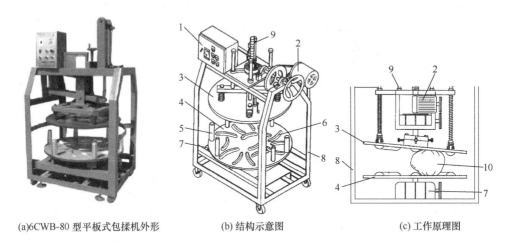

(a) 6CWB-80 型平板式包揉机外形　　(b) 结构示意图　　(c) 工作原理图

图 1-38　平板式包揉机
1—电控制器箱　2—上揉盘加压传动机构　3—上揉盘　4—下揉盘　5—立柱
6—棱骨　7—下揉盘传动机构　8—机架　9—上揉盘螺旋加压丝杆　10—茶球

4. 乌龙茶压揉快速成型机

尽管乌龙茶速包机的出现，使得乌龙茶生产效率得到极大的提高，虽然速包机已经半自动化，但仍需大量人力配合使用，将打包好的茶包放在揉捻机中进行揉捻使茶叶成型。茶球在紧包的状态下在揉捻机中滚动，里面的叶子受到挤压会慢慢形成颗粒状，从叶状到颗粒状的神奇之处全在这里，但是要经过20～30次的"速包→包揉→松包"的反复操作，8～9h 的过程不但繁琐耗费人力、物力、时间，效率不高，还需消耗大量的茶巾。因此，福建省安溪佳友茶机有限公司的陈加友等发明了一种可以用于大批量茶叶压揉的快速成型机，目前在福建和台湾乌龙茶茶区广泛使用。

该机由成型槽、挤压板、挤压板油缸以及控制器所组成，结构如图 1-39 所示。

成型槽由底面、左侧、右侧和前端 4 个面板构成，在成型槽的上面有盖板，在成型槽内设有两个前移挤压板，并由前移挤压板油缸驱动。前移挤压板挤压到位后与底面板、前端面板、盖板、左侧面板和右侧面板构成了压缩腔，在压缩腔的左右两侧分别设置挤压板，由相应的压板油缸驱动压揉茶叶。成型槽的后端是盖板油缸固定架，其上端通过销轴安装盖板油缸。盖板铰接在成型槽的后端，盖板油缸活塞杆与盖板的中部连接。盖板前端设置了盖板锁定机

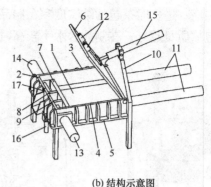

(a) 外形图　　　　　　　　　　　　(b) 结构示意图

图 1-39　乌龙茶压揉快速成型机

1—成型槽　2—前端面板　3—右侧面板　4—左侧面板　5—底面板　6—盖板　7—前移挤压板
8—左移挤压板　9—右移挤压板　10—盖板油缸固定架　11—前移挤压板油缸　12—盖板锁定机构
13—右移挤压板油缸　14—左移挤压板油缸　15—盖板油缸　16—挡板油缸　17—出口挡板

构。在前端面板设置茶叶块出口，在出口上设置可垂直滑动的出口挡板，并与挡板油缸驱动连接。

其工作过程为：

①成型机初始化：启动盖板油缸使盖板打开，同时启动各移挤压板油缸将各挤压板复位，启动挡板油缸将出口挡板顶上来关闭茶叶块出口。

②加茶叶：将茶叶炒青叶均摊在成型槽内，然后启动盖板油缸使盖板关闭，并将盖板锁定。

③快速挤压：启动前移挤压板油缸推动前移挤压板，使茶叶逐渐受到压紧，当挤压到位时，茶叶承载的挤压力达 15~20MPa。同时启动左右两侧挤压板油缸，驱动挤压板，当挤压力显示为 15~20MPa 时，茶叶逐渐形成茶团。

④推出茶块：启动挡板油缸将出口挡板打开，再将左右移挤压板油缸复位，启动前移挤压板油缸，推动前移挤压板，将方形茶团从茶叶块出口推出，完成一个加工过程。

该机的优点在于，该机可以替代茶叶速包机、平板包揉机以及松包机的功能，压揉成块状后翻动并松散茶叶改变叶张的受力方向，再重复压揉茶叶。该机一次可制作 120kg 茶青，25kg 左右的成品茶叶。

据笔者在台湾阿里山茶区了解到，台湾高山乌龙茶一般只要压揉 4~6 次就可以形成颗粒，整个成型时间 15~30min，再利用速包机速包、包揉 5~10 次即可达到纯速包机包揉的效果。利用该设备生产的茶叶成品色泽鲜润一致，大大提高了乌龙茶造形的质量和效率，实现无布包揉，减轻了工人劳动强度，有利于提高乌龙茶加工自动化水平。

项目七 揉切机械

揉切机械是用于红碎茶初加工的机械，红碎茶是为了适应国际市场需要从红条茶演变而来的一种茶类，其特征是外形细小呈颗粒状，茶味鲜爽浓烈，收敛性强，汤色叶底红艳。

红碎茶生产分传统制法和现代制法两种，两者虽然具体技术各异，但加工原理是一致的。传统制法是将普通盘式揉捻机的棱骨改为锐口棱骨（上有锯齿），并在棱盘中心设一金属圆锥体，加工过程中多次反复短时揉切，每次筛分取料。因该方法总揉切时间长，升温较高，制茶品质较差而逐渐被淘汰。而现代制法是以揉切为主，强调强烈、快速，我国目前基本上都采用现代制法。常用的揉切机械有 C. T. C. 揉切机、转子揉切机以及 L. T. P. 揉切机。

一、C. T. C. 揉切机

C. T. C. 揉切机又称为齿辊式揉切机。

C. T. C. 是碾碎（Cushing）、撕裂（Tearing）、卷紧（Curling）三个英文单词词头的缩写，这种机器 1930 年在印度阿萨姆由英国人 W. Mckercher 研制而成，但在相当长的一段时间内未被普遍应用。1959 年我国引进两台，因缺少配套机械，未能制成正式 C. T. C. 产品。

1982 年海南省南海茶厂引进整套 C. T. C. 制法的机械，正式开始我国 C. T. C. 红碎茶的生产。20 世纪 70 年代末和 80 年代初期，我国开始制造 C. T. C. 类机，但尚未能大面积地推广。

C. T. C. 制法红碎茶无叶茶花色。碎茶结实呈粒状，色棕黑油润，香味浓强鲜爽，汤色红艳，叶底红艳匀齐，是国际卖价较高的一种红茶。目前在许多国家和地区 C. T. C. 机得到了很好的推广应用。

C. T. C. 揉切机主要工作部件是由一至五对不锈钢制成的齿辊。每一对由两个带齿的、结构和参数完全相同的圆柱形齿辊组成。齿辊外圆柱面上均匀布满顶角 θ 为 55°的环形槽和升角 τ 为 45°底角 Q 为 80°的螺旋槽。由于这些沟槽形成了许多尖利的、切削角为 α 的钢齿，靠这些钢齿对茶叶撕、滚、切、压（图 1-40）。同时揉切叶温度不致升得过高，从而使茶汤品质有所改善。

两个齿辊都水平安装，齿与槽相互啮合，其转动方向相反，转速相差 10 倍，慢辊转速 $\omega_1 = 70 \text{r/min}$，快辊转速 $\omega_2 = 700 \text{r/min}$。在啮合处，慢辊齿的工作面向上，快辊齿的工作面向下。快慢辊齿工作面在空间相交，夹角是螺旋角 τ 的 2 倍。由于螺旋角 τ 为 45°，所以快慢齿辊齿作用面刚好垂直。

C. T. C. 揉切机两只齿辊中转速低的一只称为喂料辊，转速高的一只称为

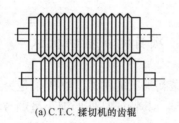

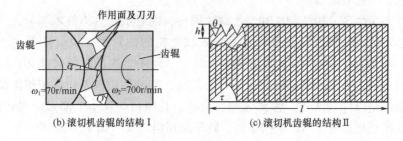

图1-40 C.T.C.揉切机工作原理图

断裂辊。茶叶通过输送带首先落到喂料辊上,随着辊筒的旋转,被送进两辊之间的缝隙中。两辊间隙很小,约在0.05~0.20mm范围内,茶叶在两辊相对旋转作用下,受到很大的挤压力,使茶叶细胞破碎。而处于喂料辊筒表面凹间处的叶子,在两辊的剪切作用下,不断地被撕裂、切碎。辊齿凹沟的一侧为倾斜面,当辊筒切割叶子时,一部分茶被切下,而未被切下尚留在凹沟内的茶叶被带动,在凹沟内转动,达到卷紧的目的。被切下的茶叶在离心力和重力的作用下落入集叶器。

C.T.C.揉切机辊筒上的齿被加工成螺纹形式,常规200mm直径辊筒上开有50个沟槽和60个沟槽的两种,60个沟槽的C.T.C.齿辊生产小颗粒茶叶的比例高一些,也更均匀,干茶的外形和茶汤品质也更好。

C.T.C.揉切机不太适用未萎凋和不经揉捻的叶子,也不单独使用,往往与转子揉切机共同组合完成揉切工艺,其中用"转子揉切机+(2~3)×C.T.C.揉切机"是肯尼亚、马拉维、印度等红茶生产国常用的工艺组合。

用C.T.C.揉切机制造的茶叶与传统茶叶外形有很大的不同,其内在品质也较好,并且很少产生头子茶,使精制和分级简单方便。

二、转子式揉切机

我国于20世纪60年代初开始试制红碎茶(当时称分级红茶),使用的初制揉切机是传统的盘式揉切机,到了70年代初,江苏、广东、四川、贵州、湖南等先后研制出不同型式的转子揉切机,用于加工红碎茶,之后随着转子揉切机性能的不断改进和机种的完善与配套,红碎茶产品质量和效率等较盘式揉切机大有提高,因此转子式揉切机在全国茶区迅速推广应用,形成了一套适合我国国情、具有中国特色的红碎茶加工新工艺——转子机生产工艺,大大促进了我国红碎茶生产的发展,使红碎茶一跃成为我国重要的出口茶类。

1. 转子式揉切机的基本结构

转子式揉切机主要由转子、筒体、机架、动力传动装置四大部分组成。转子和筒体是作业部件(图1-41)。

在机械行业标准 JB/T 9810—2007《茶叶转子式揉切机》中规定,根据揉切机转子结构、作业功能特点不同,常分为两种:挤揉型和挤切型。其中,挤揉型揉切机的转子总成结构由螺旋

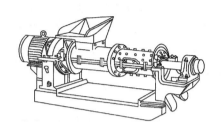

图1-41 茶叶转子式揉切机示意图

送料段和螺旋挤揉切碎段组成,特征代号为"R",挤切型揉切机的转子总成结构由螺旋送料段、揉搓段和切碎段组成,特征代号为"Q"。揉切机主参数为揉筒内径,标准型谱为:15、20、25、30、35、40型,计量单位为cm。揉切机型号主要由类别代号、特征代号和主参数三部分组成,型号标记示例如下:

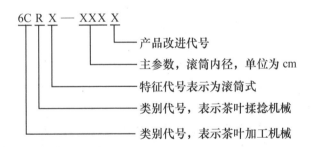

筒体由两个对开的半圆筒体构成,筒体的内径尺寸为转子揉切机的型号参数,也是衡量转子揉切机生产量的一个重要参数。筒体由铸铁铸造,内衬不锈钢板或铜板或者直接用不锈钢板卷成,筒体内镶有切条或导条,以帮助切碎茶叶。

动力装置一般由电动机、减速器、传动皮带、联轴器组成。电动机输出功率经V带传至减速器,增扭减速后通过联轴器驱动转子运转,转子是转子揉切机的关键部件,直接关系到机具的切茶效果和产品的品质风格,转子的结构形式有多种,它是划分机种类型的主要依据。

2. 转子式揉切机的类型

目前生产上应用的转子式揉切机按其转子结构形式的不同,主要分以下两大类型(图1-42)。

(1) 挤切型转子揉切机 挤切型转子揉切机的转子可分为叶片棱板式、螺旋铰切式、全螺旋滚切式以及组合式4种类型。

①叶片棱板式:转子由一段焊接螺旋推进器和若干组按一定规律排列的棱刀组成。螺旋推进器末端带有切刀,筒体中间装有花盘,每两组棱刀之间对应部位安装了四块波形棱板,棱板在筒内留下"十"字通道。筒体前端镶有刀条,中间装有环形花盘,尾部装有出叶花盘。

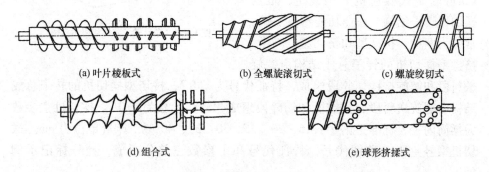

图1-42 转子揉切机转子类型

茶叶在机体内的切碎要经过两个过程:先是在中间花盘的前段,茶叶被螺旋推进器推入机腔后,在机腔刀条和导条的配合作用下,受到挤压和绞切,并滚翻前进,由于花盘使筒体通径变小,茶叶的压强骤增,加之螺旋后部切刀的作用,使茶坯受到较强的揉搓绞切作用,切碎叶自中间花盘挤出,继而被挤出的初切叶由棱刀推移,棱刀在轴上按正反规律与轴线成一夹角安装,随着轴的转动,棱刀与棱板组成的相对滑动对茶叶再次进行搓揉、滑动、变压处理,然后通过具有挤压作用的尾部花盘出茶。这种形式的转子机,茶叶在机腔前区段主要是受到挤压和剪切,在后区段受到充分的搓、挤,因此产品表现浓度好,鲜爽度尚可,品质比较好。其代表性机种有英德20型转子揉切机等,这类机型在大、中、小叶种地区均可应用。

②全螺旋滚切式:该机型的圆筒体内壁衬有刀片,其转子由三段不同直径、不同螺旋头数的螺旋体组成。机器的工作原理是,喂料口处的螺旋推进器将茶叶推到中部切碎辊区,由于切碎辊螺旋头数增多,螺旋容腔也缩小,茶叶在此区段所受的压力增高,与刀片之间的间隙减小,茶叶与刀片的摩擦力增大,随着转子的转动,茶叶翻滚,被刀条切割挤压而碎,然后进入尾部螺旋段。此段螺旋头数减少,转子直径也减小,螺旋容腔增大,茶叶有一个减压松

茶过程，同时随着转子的运转而翻拌复揉，最终排出机外。此种机型一般无尾盘，茶叶温升低，产品具有鲜爽度好的特点，此种机型多在中、小叶种地区应用，由于其揉切力相对较弱，对粗老原料的适应性不及其他机型。

③螺旋绞切式：此种转子揉切机结构比较简单，筒体上镶有刀条，转子由一直径、导程渐变的螺旋推进器和一把十字切刀组成。茶叶从喂料口进入后，由螺旋转子推向出茶口方向，由于出茶尾盘的阻挡，在尾部形成紧实的高压区，经十字切刀和出茶孔板组成的剪切后，切碎的茶叶自尾板的出茶孔被挤出。由于机腔尾部形成高压区，茶叶组织受到强烈的挤压，茶汁可被挤出，故产品具有茶汤浓度高，外形颗粒紧结的特点。此机型适用于中、小叶种地区。

④组合式：转子由输送螺旋、伞形揉芯、叶片棱板和切刀组成。实际上它是在叶片棱板式转子的中间增加两个伞形揉芯而成。揉芯在轴向方向提供了两个变截面通道，目的在于对机腔内的茶叶在揉切途中增加一道增压与松压的过程，其揉芯的导筋增强了对茶叶的搓揉作用。这种结构的转子机除了具有叶片棱板式转子机的揉切作用外，还具有强烈搓揉、变压拌切的作用，揉切力强，叶组织破损程度高，因而产品有外形颗粒紧结，茶汤浓度好，鲜爽度较好等特点。该机种适用于中、小叶种地区，对粗老原料的适应性好。

（2）挤揉型转子揉切机　球形挤揉式转子是该类机型的典型代表。

转子结构由一节喂入螺旋和一段布有半球体的挤揉辊芯组成，辊芯上按螺旋线方向规则排列了许多铜质半球体，圆筒体内壁上循轴向固定了数根半圆柱形的导筋。鲜叶投入进茶口后，由螺旋推进器压入辊芯与筒体内壁之间的空隙内，随着芯轴旋转，茶叶在机内受着挤压、推拉、冲击、搓揉、剪切等作用，而被断碎和卷曲，形成颗粒状。由于无尾盘，出叶快，筒内无高压区，茶叶温升不高，因此，产品具有鲜爽度好，刺激性强等特点。这种机型适合于大叶种地区应用，特别是对含水量高的茶叶有良好的适应性。

3. 转子式揉切机的性能指标

揉切机应适应制茶工艺要求。在鲜叶原料达到春、夏季三级或以上质量水平条件下，揉切机的主要性能指标应符合表1－9规定。

表1－9　转子揉切机性能指标要求

项目		性能指标					
鲜叶生产率/（kg/h）	揉筒直径/cm	15	20	25	30	35	40
	在制叶不打条揉切	≥200	≥250	≥500	≥700	≥950	≥1250
	在制叶打条后揉切	≥750	≥1000	≥1500	≥2000	≥2700	≥3500
千瓦小时鲜叶产量/［kg/(kW·h)］		≥110					

续表

项目		性能指标
40目筛网上碎茶提取率/%	挤揉型	≥85
	挤切型	≥73
重实度/（mL/10g）		≤35
5min一次冲泡有效利用率/%		≥75

注：①碎茶提取率测定：在揉切后的揉切叶中随机三次取样共1500g作为测定样茶，经自然失水30min，轻轻解散团块，烘干制成毛茶，然后准确称取毛茶100g，用直径200mm的8目筛网和40目筛网组成的筛组，在茶样分筛机上以200r/min的转速筛分30s，最后称取40目筛网面上的碎茶质量进行碎茶提取率的计算。

②重实度测定：称取三份40目筛网面上的碎茶样茶，每份10g，分别倒入50mL的量筒中，用电磁振动器振动2min，振动停止后读出10g样茶容积，取平均值为测定结果。

③冲泡有效利用率测定（按5min/次）：从揉切后的揉切叶中抽取500g，经发酵、干燥制成毛茶，作为水浸出物测定试样；然后从该毛茶试样中称取两份小样，每份3g，分别作水浸出物全量及5min一次冲泡物含量的测定，测定方法可参考茶叶水浸出物总量的测定。

尽管同类机型生产出的红碎茶，其品质风格基本上是相同的，但是同类机型中并非所有机械的机械性能、工艺性能都完全一致，由于筒体尺寸和结构参数的变化也会造成茶叶切碎程度和成茶品质的某些差异（表1-10）。

表1-10 各类转子揉切机的主要性能参数

转子结构		叶片棱板式	全螺旋滚切式	螺旋绞切式		组合式		球形挤揉式
代表机型		英德-20	羊艾-70	南川-759	芙蓉-705	渼江-20	浮山-18	6CJC-20II
配用功率/kW		5.5	5.5	5.5	5.5	5.5	7.5	5.5
鲜叶生产率/（kg/h）		1000	320	215	200	270	750	300
一次揉切温升/℃		5	1	3	7.5	7	3	
碎茶比例/%		64.9	63.7	67.1	60.7	64.4	64	
内部品质总得分（总分100分）	中叶	79.4	72.8	77.9	79.1	77.2	77.9	
	嫩叶	71.5	70.5	70.6	69.1	70.0	70.8	
	老叶	70.8	67.4	68.2	67.8	69.0	69.0	
内部品质评语		香味浓强尚鲜，外形欠紧结	香味一般，外形尚紧结	味较浓欠鲜爽，外形紧结，色欠润	浓度较好，鲜强度差，外形紧结	香味浓度较好，尚鲜，外形较紧结	香味鲜爽度较好，浓强度尚可，色泽乌润，外形尚紧结	香味鲜爽、强烈，具有中和性

注：部分数据系引用1978年全国转子揉切机对比试验结果。

4. 转子式揉切机的使用和保养

揉切机均需安装于坚实平整的地面上；机器的电源线也应穿管暗敷，避免水蚀。

（1）转子式揉切机的使用　每班使用时，机器开动前均需检查有无异物和松脱。开机运转正常后，方可投入生产。投料应均匀，保持与生产能力相应的投入量。转子如发生返冒闷车现象，往往是投叶过多造成的，需停车打开筒体疏通后再生产。

必须采取有效措施，如萎凋叶通过风力选别，以避免金属、石块、竹木等坚硬物进入机内，一旦发现，要立即停车排除。进茶结束后，应将机器再运转数分钟，使机内叶子全部排出后再停车。

特别需要强调的是，机器运转时严禁将手伸入机内。

一班工作结束后对机器要进行清洗，一季工作结束以后，除清洗干净以外，对易损部件要拆开检查，发现损坏要及时更换。

（2）转子式揉切机的保养　使用前，筒体铰耳油孔每班应加油一次。减速箱润滑油在开始使用一个月后应更换新油，以后每年更换一次。每班开工前应对减速箱的油面进行检查，不足要及时添加。

生产过程中，随时检查电动机、减速箱、轴承的发热情况，电动机及轴承表面升温不超过65℃，减速箱油温不超过80℃。

每班工作完毕，应对各部件进行清洗，筒体内打开冲刷干净。

每个茶季结束后，应对各部件进行彻底的清洁和维修。润滑部件应加润滑油（脂）。取下胶带挂起备用，电气设备应检查是否烧蚀，接触是否良好，线路有否损坏。此外大修后的机器，要按规定进行试车调试。

机器长时间不使用时，应做好防尘，防雨、防潮工作。

三、L. T. P. 揉切机

1980年，中国土畜产进出口总公司从国外进口了 L. T. P. 茶叶揉切机（Laurie Tea Processor，即劳瑞公司的制茶机）进行红碎茶加工机械和工艺改革的试验，取得了明显的效果。

这是一种利用高速旋转的锤片和锤刀将茶叶击碎的机器，类似锤式饲料粉碎机，但无筛板，筒径有300、350、400、460和550mm五种，锤片转速都在2900r/min 以上。机器由筒体、转子、离心风机、电机等组成。筒体内衬不锈钢，转子是关键部件，转子转轴上间隔叠装圆钢板，在钢板圆周上均布四个小孔，孔内穿小轴，轴上套装锤片和锤刀，每4片1组，在同一钢板间隔分布，共164片锤片或锤刀（图1-43）。

工作时，转子高速（5000r/min）转动，锤片和锤刀在离心力作用下伸直，

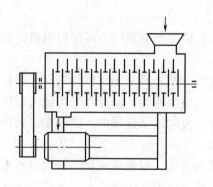

图 1-43 L.T.P. 锤切式揉切机工作示意图

其尖端产生很大动量将茶叶劈碎，叶细胞扭曲变形。在风机强大风压下，茶叶从进口端吸入，颗粒碎茶从出口喷出。

L.T.P. 锤切式揉切机也属于强烈快速揉切的类型，产品与利用 C.T.C. 揉切机加工的茶叶具有类似风格，作用时间短，产品色泽鲜绿，大小匀齐，但茶叶以劈碎为主，茶叶呈片状颗粒，叶组织损伤程度略低，香味浓强度不如 C.T.C. 红碎茶。

四、揉切机械的组合应用

揉切机组的选择是影响红碎茶加工工艺的决定性因素。上述揉切机各有其独特之处，单独使用难以达到最佳的品质状态，因此一般都采取几种揉切设备联装的方法，综合各类之所长，以求产品风格更趋国际化。

C.T.C. 揉切机组配备时，萎凋叶必须经过预处理，即初揉后才再进入齿辊转子机加工。通常有两种方法：一是与盘式揉捻机（265 型或 90 型）结合，组成"平揉 - C.T.C."揉切机机组；或者是与转子式揉切机组合，组成"转子 - C.T.C."揉切机机组。两种方法生产的产品风格也不一样。前者与传统风格接近，并可提毫；后者为现时标准的 C.T.C. 制法，产品以浓强鲜著称，易冲泡，是袋泡茶的适宜原料。

项目八 解块分筛设备

茶叶初加工过程中，因揉捻作用而使揉捻叶粘连在一起，对茶叶品质和后续工艺造成障碍，如外形大小不一、干燥不匀现象，因此，一般在揉捻后要将叶子及时解块。其中，茶叶解块分筛机就是对揉捻叶解块、分筛作用的。它将揉捻时所产生的茶团打散，降低揉捻叶的温度，防止叶子发热变质。同时，通过筛分达到茶叶粗、细的初步分级，特别是红条茶和红碎茶，区分揉捻叶、揉切叶的粗细尤为重要。

此外，在乌龙茶包揉过程中，也需要解散团块、散发热气，保持品质，但因外形与红绿茶不同，故使用的解块设备也有所差异。

本项目重点针对红绿茶加工中的解块分筛机和乌龙茶加工中的松包筛末机进行介绍。

一、解块分筛机

解块分筛机,按茶类可分为绿茶解块分筛机和红茶解块分筛机。两者的区别在于筛孔的大小,绿茶解块分筛机机筛孔一般为 2 孔,红茶解块分筛机一般为 3~4 孔,其基本结构相同。

1. 基本结构

解块分筛机有木制、铁制及铁木结构等几种,目前使用的解块分筛机多为铁制。其主要结构是由进茶斗、解块箱、筛床、传动机构及机架组成(图 1-44)。

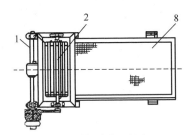

(a) 俯视结构示意图

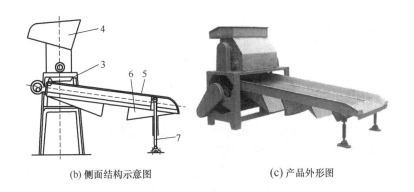

(b) 侧面结构示意图　　(c) 产品外形图

图 1-44　解块分筛机

1—曲轴　2—解块轮　3—机架　4—进茶斗　5—筛床　6—出茶斗　7—摆杆　8—筛网

(1) 进茶斗　进茶斗为一畚箕形,一侧设有倾斜度调节杆,以调节其倾斜度,便于进茶。斗底前部有进茶口、揉捻叶由此口进入解块箱。

(2) 解块箱　解块箱是一长方形箱体,箱内有木质或铁质解块轮,轮缘轴向装有数根打击杆,随着解块轮的转动,茶团被打击杆击散,达到解块的目的。解块轮轴一端伸出箱外,上装胶带轮,驱动解块轮回转。主轴转速一般为 500~900r/min。

也有采用梳齿式茶叶解块机构的（图1-45）。与解块轮式解块机相比，梳齿式茶叶解块机采用相互交错的解块梳齿和接料梳齿，不仅作业效率高，而且可以减少茶叶的断裂和损伤。

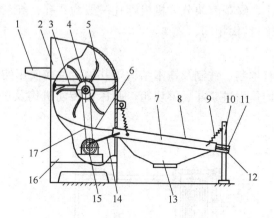

图1-45 梳齿式茶叶解块机

1—进料斗 2—解块室 3—接料梳齿 4—滚筒 5—解块梳齿 6—导料板 7—振动筛
8—筛体 9—弹簧 10—立柱 11—上筛出料口 12—下筛出料口 13—碎料箱
14—曲柄摇杆机构 15—电机 16—机架 17—传动系统

（3）筛床与传动机构 筛床的大小，随着解块机的型号不同而异。用于制绿茶的筛片上设有两段筛网，上段为3~4孔，下段为2~2.5孔；用于制红碎茶的筛片一般为5~6孔。筛网用铜丝或不锈钢丝织成。筛片安装在筛床上，筛床后端装在曲轴轴颈上，曲轴则通过轴承固定在机架上。

筛床前端支承在左右两侧的两根摆杆上。摆杆则可通过丝杆调节支承点的高度，来改变筛床的倾斜度，筛床的倾斜度一般应控制在5°左右。

在筛床曲轴轴颈两头对称位置设有平衡铁，其作用是克服曲轴在高速旋转时，由于筛床所引起的惯性力造成的振动。这对曲轴、轴承的强度影响很大，而设有平衡铁后曲轴运行平稳，振动减小，对提高曲轴和整机寿命有很大的作用。

曲轴一端装有胶带轮与电动机相连接，电动机的功率为2.2kW，曲轴转速为60~400r/min。传动机构均设有防护罩，以保证操作的安全。

（4）输送装置 大多解块分筛机不带输送装置，只有少数大型解块分筛机带有输送装置。输送装置是一条倾斜35°的自动百叶式输送带，它的主要功用是将揉捻叶输送到解块箱内进行解块。

2. 工作原理

解块分筛机在茶叶初制中所起的作用是很重要的，其作用有解块、降温、初分。解块是利用解块轮的旋转作用击散成团的茶叶，利用筛床本身的倾斜度及曲轴所产生的振动作用，使茶团跳离筛床而被振散。茶叶粗细的分级工作，是依靠采用不同大小的筛网进行的。有的国家采用平面圆筛机进行筛分作业，效果也比较好。这是因为叶子很少直立通过筛网，筛下茶叶中混入较长叶子的机会较少。

3. 使用和保养

（1）使用

①作业前，检查机器是否正常，特别是螺栓等是否紧固。打开防护罩，添加曲轴轴承的润滑油。检查电动机是否安全可靠，注意清除遗留在筛床上的工具及杂物。

②在筛床出茶口下方放好接茶工具。启动电动机，将待解块的茶叶送入进茶斗解块。待解块分筛作业完成后，关闭电动机，清理筛网上的积茶和清洁工作面。

（2）保养

①定期添加各润滑点的润滑油。

②定期清洗解块轮及筛网。

③茶季结束以后，对机器进行一次全面检查，清洗电动机的轴承和曲轴轴承。调换和调整过松的胶带和筛网。

二、乌龙茶松包筛末机

在乌龙茶包揉过程中，为了避免长时间包揉，而导致球包内部升温过高，造成茶叶闷蒸、色泽变黄，因此一般包揉都是分次进行的，每次3～5min。包揉好后的球包要及时解开、散热，同时需要解散一些结成团块的茶叶。传统的方式是手工解块，功效慢。因此，乌龙茶松包筛末机的出现，使生产效率大大提高，而且可以快速去除包揉过程中产生的碎茶。

该机包括机架、传动机构、筛分筒体等，筛分筒体在机架上，筒体底端部固定在传动机构的主轴上。筒体为一端开口有底且中空的圆柱体，筒内壁设有搅拌齿，搅拌齿分若干列分布在筒体内壁，每一列上的搅拌齿一高一低交错排列分布。筒体开口端向上呈一定的斜度（图1-46）。

该机是乌龙茶加工专用机械之一，适用于揉捻后的茶叶松包和解块作业。茶叶通过在筒体内的运动翻转，以散发部分水分及热气，避免揉叶因闷热而变味，并及时解散茶团块，有利于干燥均匀。

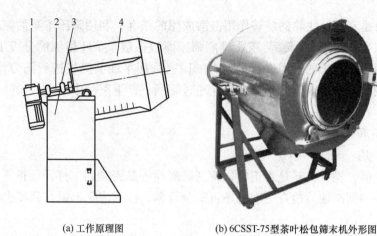

(a) 工作原理图　　　　　(b) 6CSST-75型茶叶松包筛末机外形图

图1-46　乌龙茶松包筛末机
1—传动机构　2—传动轴　3—机架　4—筛分筒体及搅拌齿

项目九　做青设备

乌龙茶是我国的特产，主产于福建、广东和台湾，具有香高味醇、绿叶红镶边的品质风格，深受消费者的青睐。其独特的品质形成，与乌龙茶做青工艺是分不开的，做青也是乌龙茶所特有的加工工序。

一、做青的实质

乌龙茶的做青是半发酵和半萎凋（轻发酵、轻萎凋）的综合过程。

做青包括碰青或摇青与静置两个反复交替的过程。碰青、摇青都是促使茶青产生发酵作用的必要手段。茶青叶子通过碰青或摇青，叶缘细胞互相摩擦、碰撞，使部分叶细胞损伤，内部结构受到一定破坏，液泡内含物进入原生质，液泡的氧化基质与位处原生质层中的氧化酶产生接触；碰青、摇青的机械作用，同时也促进了其他叶细胞中的液泡内含物通过液泡膜的渗透作用，基质与酶的接触几率增大。随细胞膜透性的变化，空气氧渗入叶细胞数量增加。这样，在酶的催化作用下，利用空气中的氧，使多酚类物质产生一定的酶促氧化，形成必要的氧化产物，并且通过多酚类的氧化还原作用，促进其他的物质变化，综合形成乌龙茶的特有品质。

做青包括摇青和晾青，其中以摇青为主要工序。目前的摇青方法有多种：手工旋转摇青、手工往复摇青以及摇青机摇青。手工摇青质量好，但工效低，劳动强度大，难以适应大批量生产；摇青机摇青生产率高，劳动强度低，是茶区广泛使用的摇青方法。同时，为了尽可能提高茶叶品质，在乌龙茶加工过程中，往往都需要对做青环境进行控制。因此，本项目重点介绍做青环境控制的设备或设施以及各种做青设备。

二、做青环境控制设备

随着乌龙茶标准化加工技术的研究，乌龙茶做青环境要求均一、稳定。研究认为，乌龙茶做青环境温度以武夷岩茶 24～26℃ 为宜，铁观音以 20～22℃ 为宜；相对湿度以 70%～80% 为宜。因此，各大茶区纷纷采购常规的生活温控与湿控设备，用于乌龙茶做青间环境的控制，其中最为常使用的就是空调机和除湿机。

空调做青间为相对封闭式，门窗可开闭。闽南一带的空调做青间结构特点如表 1-11 所示。

表 1-11　清香型乌龙茶空调做青间建筑基本结构特点

项目	要求	项目	要求
位置	1、2 层楼	朝向	坐北朝南
单间面积/m^2	15～25	高度/m	2.8
外墙材料	混砖、刷白	内墙材料	砖、水泥砂浆
吊顶材料	硅酸钙板	地面材料	红地砖或水磨石
门	实木推拉门	窗	铝合金窗

注：朝向适用于主风向为东南风的闽南、闽中地区。

空调设备主要用于控制做青间温度，同时具备一定的除湿功能。在湿度大的春季或高山茶区，还需配置除湿机配合空调设备共同除湿。

清香型乌龙茶的做青空调制冷功率应稍大些。一般按照 $10m^2$/匹（约 2.2kW）的原则配置空调。对于 $15m^2$ 做青间，空调制冷功率约 1.5 匹（3.3kW），空调功率约 1.5kW。做青空调设备选型参考表 1-12 所示。

表 1-12　做青空调设备选型参考

空调类型	功率	做青间	配除湿机	特点
窗式空调	单冷	小型	是	价格便宜，安装方便，噪声较大
分体挂式空调	单冷、冷暖式	小型	是	价格适中，只能控温，噪声较小
分体柜式空调		中型	是	价格较高，只能控温，温度不匀

续表

空调类型	功率	做青间	配除湿机	特点
中央空调	冷暖式	大中型	是	价格较高,只能控温,温度均匀
专用智能空调		中小型	否	价格适中,温湿度可控,无换新风
气候控制系统		中小型	否	价格适中,温湿度可控,换新风

气流调控装置多采用换气扇或循环风扇。

换气扇一般选用直径300~350mm带百叶窗的换气扇,安装在做青间的北墙上方,使空气自下而上流动。电子定时器定时开启排气扇,做青前期每隔1h换气1次;做青后期每隔2~3h换气1次,换气时间1~2min。

对于安装柜式空调或气流不均匀的做青间,应避免青架正对空调冷风口,并在做青间中央上方安装小型循环风扇,使做青间内空气从近至远形成对流循环,或安装吊扇以均匀气流。

清香型乌龙茶做青间温湿度控制方法如表1-13所示。

表1-13 清香型乌龙茶做青间温湿度控制方法

温度	相对湿度	操作方法
<22℃	<75%	不开启空调
>22℃	<75%	开机调至"制冷"功能,温度设置在20~22℃做青
<22℃	>75%	开机调至"除湿"功能
>22℃	>75%	开机调至"制冷"功能

注:遇上阴雨天气或鲜叶未经晒青时,在开启空调"制冷"功能的同时,开启除湿机除湿,或用红外线灯加温降湿。

三、做青机械

做青是摇青与晾青相互交替、反复多次的过程,其方式按采用机具可分为摇晾分置式和摇晾一体式。

摇晾分置式做青是将摇青与晾青分开,在摇青机内摇青,在层架上晾青。闽南、台湾、广东乌龙茶普遍采用这种做青方式。这种方式设备投资省,工艺精细灵活,青叶通风条件好,工艺的适应性较强,在正常气候条件下的做青质量优于一体式做青。但所占空间较大,劳动强度相对较大,易受不良气候的影响。

摇晾分置式做青又可分为手工摇青和机械摇青,手工摇青叶量少、摇青质量高，但工效低，劳动强度大，仅适合于制作高档茶叶时采用。大生产均采用机械滚筒式摇青机。

而摇晾一体式做青则是摇青与晾青同在做青机内进行，闽北普遍采用这种做青方式，其机械化程度高，占地面积小，便于局部调控做青环境，但青叶的通风性稍差。

1. 摇晾分置式做青机

摇晾分置式做青机主要有单转速摇青机、无级变速摇青机、振动式做青机以及水筛摇青机等几种类型。

（1）单转速摇青机　单转速摇青机的转速一般为 28~32r/min，一般由生产厂家设定好，适合于传统做青，其构造简单，造价低廉，操作方便，在闽南、广东、台湾地区普遍使用。根据生产需要，一台电动机可带动 1~4 个摇笼转动。

①工作原理：单转速摇青机的摇笼为竹木结构，用户可以自配。其特点是结构简单，造价低廉，操作方便。

双笼摇青机的工作原理是：茶叶在低速转动的摇笼中被带至筒体的上部后下落，使茶叶与笼壁、茶叶与茶叶之间产生摩擦运动，茶叶的叶缘组织受破坏，内含物质起化学变化，香气逐渐形成，同时伴随着水分的少量散发。

②基本结构：该机由滚筒、传动轴、机架、传动机构、电动机及操纵装置组成，如图 1-47 所示。

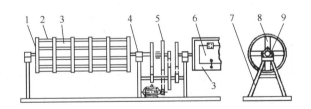

图 1-47　双笼单转速摇青机
1—径向骨架　2—轴向骨架　3—摇笼　4—轴承　5—传动机构
6—进出茶门　7—机架　8—木辐条　9—钢板

筒体采用竹篾编制，一般筒径为 80~100cm、长 2~3m，容叶量为 40~60kg 鲜叶。摇笼外壁沿轴向有 8 条木质骨架，径向有 6 条宽 40mm、厚 3mm 的竹箍，用来支撑竹笼。笼的两端用宽 100mm、厚 40mm 的木条作成十字撑，十字撑的中间用 100mm×100mm 钢板通过 4 颗螺栓进行固定，笼体用长铁钉固定在十字撑上。在笼体的其中两条相邻骨架之间开有与竹笼等曲率的竹编门，门关闭时摇青，开启时出茶、投叶。

传动装置一般是 1 台电机带动 2 个摇笼，少数也有用 1 台电机带动 4 个摇笼的。减速装置置于两个摇笼之间，电机通过三级V带减速后带动摇笼旋转。

机架和操作部件机架用木条和角钢制作。操作部件由闸刀开关、牙嵌离合器等部分组成。若加装摇青时间定时器，则摇青时间可以调节和自控，时间调控范围0～60min，到时可自动停机并发出信号。

③使用方法：合上闸刀，接通电源，操纵离合器进行试运转。确认运转正常后停机，将摇笼内的积叶清理干净。

装入茶青并将其抖散。装入量每笼40～60kg，依茶叶品种及等级的不同合理掌握，其装叶高度一般以刚好盖过笼体中轴线为宜。然后扣好进叶门。

合上闸刀，让摇笼运转。摇青次数、转数及静置时间，依季节、气候及茶叶品种而定，一般是凭经验掌握，表1-14参数可作参考。

表1-14 摇青转数、次数及静置时间参考表

季节	品种	摇青转数/r					合计
		第1次	第2次	第3次	第4次	第5次	
春茶	铁观音	120	230～250	400～500	700～800		1450～1670
	毛蟹	100	200	300～400			1300～1500
夏暑茶	铁观音	70～80	100～200	300～400	450～500	做青不足再补摇	920～1180
	毛蟹		130～150				950～1130
秋茶	铁观音	70～80	200～250	300～400	600～700		1170～1430
	毛蟹		130～150	200～300	500～600		900～1130
摊叶厚度/cm		7～10	10～12	13～16	20～21		
静置时间/h		0.5～1.0	2.0～3.0	3.0～4.0	4.0～5.0		

（2）无级变速摇青机　无级变速摇青机外形结构与单转速摇青机相似，不同之处在于采用直流电动机或电磁调速电动机，可根据不同阶段的做青要求调节转速高低，一般转速为6～16r/min，适合于轻发酵做青。在摇青机上可设置时间控制器，在0～60min范围内设定和控制摇青时间，以适应多机同时摇青的需要（图1-48）。

（3）振动式做青机　振动式摇青是利用高频率振动源，使青叶轻、快、匀地摩擦碰撞，叶缘细胞适度损伤和茶多酚酶促氧化，是一种新式的乌龙茶摇青方法，其特点是：摇青均匀度提高，青叶上下翻

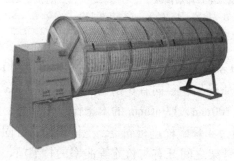

图1-48　无级变速摇青机产品外形图

转均匀,受力机会均等;摇青时间比滚筒摇青时间缩短5/6,大大提高了生产率;青叶的受力状况改善,其运动特点与手工旋转摇青颇为相似,运动频率快,行程短(只有100~150mm),以运动为主,摩擦为辅,有利于诱发乌龙茶的香气,毛茶品质均比滚筒摇青有显著提高,接近手工摇青。

振动式做青机的振源可利用曲柄摇杆机构、曲柄滑块机构以及双摇杆机构,通过调整机械振频和振幅,即可获得摇青所需的振动力,甚至在解块筛分机、抖筛机、多功能机上也可进行振青。

图1-49为利用解块筛分机振动源的振动式做青机示意图,其振动频率为380次/min,水平振幅60mm,垂直振幅20~40mm。改变振青筐在筛床上的位置,可以调节其垂直振幅,满足不同摇青作用力的要求。

表1-15为振动式做青机的生产工艺参数,可作参考。

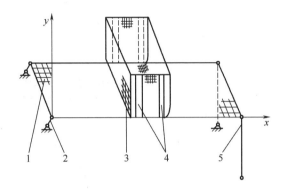

图1-49 振动式做青机示意图
1—筛床 2—曲柄 3—振青框 4—夹具 5—摇杆

表1-15 轻发酵乌龙茶振动式做青工艺参数

品种类型	工艺	第1摇	第2摇	第3摇	第4摇	总历时
薄叶型品种	摇青/min	0.5~0.7	0.8~1.2	1.7~2.0	2.5~4.0	5.5~7.9
	晾青/h	1.6~2.0	2.6~2.7	3.3~4.0	3.0~4.0	10.5~12.7
厚叶型品种	摇青/min	0.5~0.7	1.8~2.0	3.0~3.3	4.0~4.3	9.3~10.3
	晾青/h	2.0~2.2	3.0~3.5	3.0~4.0	3.0~4.0	11.5~13.7

注:气温20~22℃,相对湿度75%~80%。

(4)水筛摇青机 水筛摇青机是模仿手工摇青而设计的,该机替代手工摇青效果好、结构简单、牢固耐用、运行平稳。该机基本结构如图1-50所示。

该机包括机架和竖设于机架上的斜向摇杆,斜向摇杆中部经关节轴承与机架相连接,下部经万向轴承与电动机水平回转偏心机构相连接,上部与水筛架中部相连接。在机架周侧与摇杆中部之间设有用于约束且辅助斜向摇杆自转、晃动的辅助连接器。

工作时,斜向摇杆在电动机的水平回转驱动下,绕着关节轴承中心点做锥

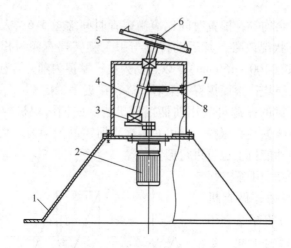

图 1-50 水筛摇青机结构示意图
1—机架　2—传动机构　3—曲轴　4—斜向摇杆
5—水筛架　6—水筛架底板凸形部　7—辅助连接器　8—机架周侧

形旋转运动,从而带动设于斜向摇杆上的水筛架做旋转和上下运动,进而使茶叶发生跳动、摩擦和由外向内又由内向外地做向心圆周翻转运动,茶青叶内部组织结构受到一定的破坏,叶缘部分组织发生损伤,增强了物质的渗透作用,使组织细胞液泡中丰富的内含物得以通透进入原生质中,与处在原生质中的各种转化酶结合,促进物质的酶促转化,从而保证了茶叶的品质。

2. 摇晾一体式做青机

摇晾一体式做青机主要有滚筒式做青机和连续做青机等两大类型,滚筒式做青机又分为长筒型和短筒型。

(1) 6CZ-100型(长筒型)滚筒式做青机　滚筒式做青机是目前福建闽北茶区普遍使用的长筒型做青机械,其具有萎凋、摇青、晾青等多种功能,故也称综合做青机。

6CZ-100型滚筒式做青机筒体较长,青叶在筒内的透气性能好,萎凋均匀,迅速在茶区推广。

①产品特点:滚筒式做青机可实现"温"、"湿"、"风"、"力"调节,能局部调节滚筒内的做青温湿度和空气流量,适应不同季节、不同气候对做青环境的要求。通过提高温度,缩短做青时间,提高工效;滚筒转速可无级变速或多级可调,可适应不同鲜叶嫩度、不同品种以及不同做青进程对摇青力度变化的要求。做青机配以电子开关或可编程控制器,选择最佳工艺流程运转,实现乌龙茶做青的机械化、自动化。

②基本结构:该机由滚筒、电磁调速电动机、通风管、风机、加热装置、机架等组成(图1-51)。

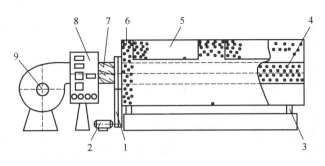

图1-51 乌龙茶滚筒式综合做青机
1—传动机构 2—调速电机 3—机架 4—通风管 5—进出茶门
6—排气孔 7—电加热装置 8—控制系统 9—离心风机

该机筒径为100cm、长度3m,是萎凋、摇青和晾青的工作部件,长径比是传统做青机的2倍。每筒容叶量100~250kg。滚筒材料由厚度0.8mm的冲孔镀锌板或用10目或16目的双层不锈钢丝网围成。滚筒壁设一进茶门,端面设一出茶门,滚筒内壁钉有木质导叶板,起翻叶和促进出叶的作用。滚筒转速一般为8~16r/min。可由2.2kW的电磁调速电动机或双级三相异步电动机驱动。

通风管设在滚筒的中心线上,由冲孔镀锌板卷成,直径260mm,起输送和分配风量的作用。

风机与进风管用于产生和调节风量。离心式通风机的静压588Pa,风量6000~7000m³/h。进风管设置百叶式调节风门,以调节进风量。做青前期,风量调大,做青后期,风量调小。

加热装置用于加热空气,提供萎凋和做青所需的热量。目前有炭炉加热和电加热两种。传统型做青机采用炭炉加热,简单易行,经济实用,但木炭燃烧的炉气和炭粒进入青叶,影响茶叶卫生质量;改进型做青机采用电加热,安全卫生,可实现自动控温。

控制系统包括控制加热器、电动机、风机的启闭。由温度传感器、温控器、电子开关、交流接触器、继电器等组成。应用电子定时开关,实现做青全程(包括摇青、晾青、通风)的自动控制,安全可靠,抗干扰能力强。

③操作规程:该机一般应用于闽北式乌龙茶的做青,工作过程分为三个阶段:

第一阶段为萎凋阶段。先吹冷风后吹热风,热风温度35~45℃,每隔30min,以8r/min的转速慢转1~2min,使青叶翻动散热,使萎凋叶均匀。含水率高的青叶吹风增加,转动时间缩短,反之亦然。萎凋阶段历时2~4h。萎凋结束时,吹冷风30min,降低叶温,散发水汽,平衡叶内水分。

第二阶段为摇青阶段,具体为"摇青→晾青→通风"。风温控制在25℃左右,每隔30~60min,以16r/min的转速快转5~10min。每次晾青结束,通风

30min。"摇青→晾青→通风"反复交替4~8次。做青过程摇、晾时间逐渐递增,根据叶相灵活掌握。总晾青时间2~2.5h。

第三阶段为发酵阶段。该阶段又称发菱阶段,先以16r/min的转速转动约1h,再静置发酵1~1.5h,以做青叶呈现三红七绿,香气浓郁为做青适度,随后立即下机炒青。做青全程历时6.5~7h。

(2) 6CZ-92/120型(短筒型)综合做青机 综合做青机是福建建阳地区茶叶公司与崇安茶机厂联合研制的,现有92型和120型两种。

①特点:综合做青机的特点是:生产效率高,92型单机容量75~100kg,日产量250~300kg,120型单机容量200~250kg,日产量750kg;可缩短工时并可节省劳力;结构简单,操作方便;可根据做青要求送入冷风或热风,不仅可缩短做青时间,而且可以提高做青质量,对雨青和露水青,还可以进行萎凋作业。

②主要结构:综合做青机由滚筒、通风管、通风机、加热炉、传动装置、机架等部分组成,如图1-52所示。

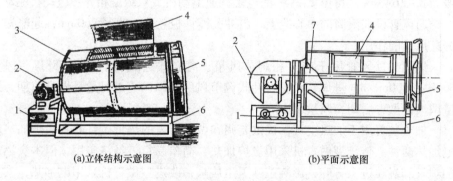

(a)立体结构示意图　　　(b)平面示意图

图1-52　6CZ-92/120型(短筒型)综合做青机
1—传动机构　2—鼓风机　3—滚筒　4—进茶门　5—出茶门　6—机架　7—通风管

6CZ-92/120型(短筒型)综合做青机的具体参数如下:

92型筒径92cm,120型筒径120cm,长度均为2m。滚筒用0.8mm镀锌薄钢板卷制而成,筒壁均布圆孔并开有进茶门,筒的一个端面装有出茶门。内壁有4条木质螺旋板,以便在开门出茶时将筒内茶叶推出。滚筒转速16r/min。

通风管长2m,管径26cm,设置在滚筒的中央部位,用来送冷风或热风。

120型机配用风量为6000m³/h的离心通风机,功率2.2kW;92型机配用风量为5000m³/h的离心通风机,功率1.5kW。

电机通过涡轮蜗杆和二级V带减速传动,机架由角钢焊制而成,机架上装有托轮组,用来支承转筒。

③使用要点：使用前，要检查各部位螺钉和螺栓有无松动，将进、出茶门关好并锁紧，然后空运转5min，如无异常现象即可开始作业。

使用时，打开进茶门装叶，叶子的容装量以占滚筒容积的70%~80%为宜，以使茶叶能在筒内翻动。装叶时应将茶叶抖散。叶子装好后将进茶门关紧。

做青过程中，要掌握好做青温度，如遇低温或阴雨天，可将加热炉生上火，并将炉子移近风机进风口，向通风管供送热风；当需要鼓冷风时，将炉子移开即可。同时，要转动、鼓风、静置交替着进行，要"看青做青"、"看天做青"。

做青时滚筒正转，要出茶时先停机，待打开端盖后反转出茶。

每次做青结束，均要扫清筒内余叶，然后方可进行下一次做青作业。

（3）机械化连续做青设备 乌龙茶机械化连续做青设备是福建农学院1987年研制成功的，日产量1000~1500kg。

①特点：该连续做青设备的主要特点是：环境温湿度可以调控，摇青实现连续化作业，做青全过程可实现自动控制。

②基本结构：该连续做青设备由做青设备、温湿度调控设备和自动控制系统组成。

a. 做青设备。做青设备包括上青输送带、晾青机、中间输送带和连续摇青机等4个部分。晾青机由三层输送带、无级变速传动装置、摊叶机构和机架组成（图1-53）。晾青机的功能是将摇青后的茶青进行摊晾，促使其内含物的转化。在晾青机一端的下方配有鼓风机和电热炉，可根据做青的需要向各层茶青吹热风或冷风，促进茶青内含物的转化和达到"走水"要求。

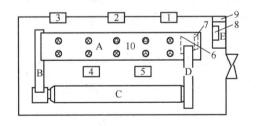

图1-53 乌龙茶连续做青设备总体布置图

A—连续晾青机 B—中间输送带 C—连续摇青机 D—上青输送带 E—电脑控制室
1~3—空调机 4、5—除湿机 6—风机 7—电热炉 8—电脑控制台 9—电气控制台 10—红外线灯

连续摇青机是连续化做青的关键设备，采用滚筒式结构，筒内装有6条木棱骨，用以推进茶青向前移动。筒壁均布小孔，以利透气。由于摇青是连续

的,单位时间进入筒内的茶青量较少,可充分保证叶与叶之间、叶与筒壁之间的摩擦,使叶缘受损而形成"绿叶红镶边"的风格特征,达到了摇青均匀、质量好的要求。

上青输送带系由帆布带和机架组成,其作用是将摇青机卸出的茶青送至晾青机。中间输送带则是将晾青机送出的茶青送回到连续摇青机。

b. 温湿度调控设备。温湿度调控设备由3台空调机和2台除湿机组成,用于调节做青间的温度和湿度。通过这套设备,可将做青间的温度控制在20~28℃,相对湿度控制在65%~85%。

c. 自动控制系统。自动控制系统由电脑控制台及执行机构组成,用以控制做青间的温、湿度及做青设备的自动作业。电脑控制台设有数字显示器和打印、报警装置,可随时显示和记录做青间的温、湿度。

③连续做青设备的使用:

a. 做好准备工作。在茶青进入做青间之前半小时,先将空调机、除湿机、鼓风机启动(低温天气还要同时启动电热器),使室内温湿度达到做青工艺要求。

b. 上茶青。启动上青输送带和晾青机,将茶青送入晾青机。这时的晾青机运行速度要调快,以缩短上青时间。晾青机百叶板的摊叶厚度控制在15~20cm。

c. 做青。茶青上完后启动做青设备,同时将晾青机运行速度调至正常。茶青通过中间输送带送入连续摇青机。摇青机转速13~18r/min。茶青通过摇青后散落在上青输送带上,然后再由上青输送带送至晾青机。如此反复循环3~5次,每次50~70min,就可完成做青作业。循环次数及每次循环时间,应根据不同乌龙茶品种、不同季节、气候情况和采摘时间来确定。

做青完成后,仍通过上青输送带将茶青送至上青口后卸出。待全部茶青出完后关闭全部设备。

d. 堆闷。将经过做青的茶青堆成40~50cm厚的茶堆,待香气显露后即可进行杀青。

项目十 发酵设备

发酵的目的是让酶促反应顺利进行,形成红茶特有的品质。所有的技术措施都是为发酵创造良好环境,使生化变化朝有利的方向发展。

实践证明,发酵需要有充足的氧气,并要在适温(气温25~28℃)高湿(相对湿度90%以上)条件下进行。但发酵时酶促氧化放热,叶温升高,为保证品质,叶温不宜超过30℃。

目前国内各中小茶叶初加工厂多采用发酵室,发酵设备较为简陋,如发酵盘、发酵架等;此外还有一些发酵设施,其中国内外比较流行的发酵设施有槽式、车式、床式和封闭式等,各种发酵设备或设施在设计时,都将供氧、控温和控湿作为重要因素进行考量。

一、发酵室

发酵室是进行发酵工艺的场所,一般采用土木建筑结构。传统条形红茶的加工工艺是一种间歇性的批量生产,要求在一定的温、湿度和能供给新鲜空气的发酵场所进行。发酵室的建造,要便于控制温、湿度,一般设置在多层厂房的楼下,以利于维持28℃左右的室温,并接近揉捻和烘干车间。

发酵室地面为水泥混凝土,发酵设备应便于清洗和排水。发酵室采用双重弹簧门,防止日光直射,与外界隔热。室内安装喷雾器、风机和空气调节装置,保证发酵室具有一定温、湿度的流动空气。

操作时,将揉捻、解块分筛后的各筛号茶,分别摊在预先洗净的简易发酵框、发酵盘、发酵架或发酵平台上,摊叶厚度根据叶的老嫩、揉捻程度、气温高低不同而定,并依次放好,用标签注明级别、时间、批次、茶号等项目,室内温度控制在 25 ~ 28℃,相对湿度保持在 90% 以上(图 1-54)。

图 1-54 发酵车间(室)的简易发酵架与发酵盘

二、发酵设施

一般简易的发酵室可满足中小茶叶加工厂的发酵要求,但对于部分大型的茶叶初加工厂,就需要采用一些发酵设备,以使发酵能够清洁化、自动化和连续化。目前的主要发酵设施有槽式、车式、床式、筒式和密封式发酵设备。

1. 槽式发酵设备

槽式发酵设备类似贮青槽,槽上放置发酵框,框底为金属编织网,将茶叶放入框内(图 1-55)。槽的一端装有通风机和喷雾器,槽上放置风机和喷雾器,湿润空气经槽底通道均匀地透过叶层进行发酵,风量可通过风机前面的百叶板来调节。

图 1-55 槽式发酵设备

每只发酵箱深度 20cm 左右，装叶量 27~30kg，每条槽放置 8 只发酵箱。每 5min 将一个未发酵的箱子放入槽一端，同时，从槽的另一端将经充分发酵的发酵箱送入烘干机。在印度阿萨姆季风期间，箱子进口的自然气温在 27~30℃，从发酵箱排出的空气相对湿度通常达 100%。叶温可从 30℃ 上升到 40℃。由于给叶子提供了充足的氧气，尽管叶温较高，却能生产出有明亮汤色的茶叶来。

2. 车式发酵设备

车式发酵设备原使用于红碎茶发酵，也可用于条形红茶的发酵。主体装置的发酵车，是一箱体上口大、下部小的可推行小车（图 1-56）。发酵车是一呈梯形的小车，上边 1000mm×700mm，下边 700mm×400mm，高 500mm。在箱体内的下部，搁置一块孔径为 4mm 的不锈钢多孔透气板，板上装茶，板下为风室。风室通过风管可与供风系统出风管相接。

作业时，将揉捻叶投入发酵车内，然后将发酵车推至供风系统前，使发酵车进风管与供风系统的出风管口相接，开启供风系统的出风管阀门，温度 22~25℃、相对湿度约 95% 的湿空气便进入发酵车风室，并通过多孔板鼓入箱体内，穿透茶层，使加工叶发酵。湿空气鼓入，可起到供氧、增湿、降温作用。发酵车每车可装 100kg，每套供风系统可连接发酵车 20~30 台或者更多。

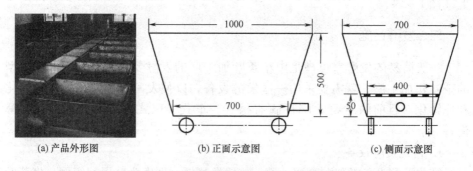

(a) 产品外形图　　(b) 正面示意图　　(c) 侧面示意图

图 1-56 车式发酵设备 （单位：mm）

这种设备的优点在于可按生产者的需要供给最适条件的空气，运行费用低，并节省场地。这种设备目前在各产茶国应用十分广泛。

3. 筒式连续发酵设备

该发酵设备的工作机构为一直径2m、长6m的圆筒体,出口端呈锥形,在圆锥中心孔处装有风机。锥体上有8个长方形孔,方孔有利于将茶团击散。下面接一台输送机,输送机上置一振动筛。圆筒体用托轮支承,经传动圈拖动,以1r/min转速转动。进料输送机将茶叶送进筒内,启动风机将湿空气吹入筒内,供茶叶发酵。茶叶在筒体内导板的作用下缓缓前进,当发酵适宜时,经出口处的方孔卸出;卸出的茶叶落在振动筛上,输送机将筛下的茶送至烘干机;筛面团块茶经解块后烘干。这种发酵设备生产的红茶鲜爽度较好,且投资省,占地面积小。

4. 床式发酵设备

床式发酵设备包括透气发酵床、匀叶器、清叶器、风室、通风管道及气流调节阀等。

工作时,揉切叶经上叶输送机均匀地送到发酵床面,启动风机和喷雾机,风机将潮湿的空气送到风室,然后被强制通过百叶板的孔穿透茶叶进行氧化作用,并带走热量及废气。气流方向视设计不同而有所不同,有的采用两侧进风,也有的采用前段吸风,后段吹风。茶叶在床面停留时间由无级变速机构调节,可以从几十分钟到2h变化,视发酵条件调节时间长短。在整个发酵过程中,叶子可翻动若干次,一般3次,使整个叶层均匀发酵。该机特点是发酵均匀,叶底红匀明亮、品质稳定,便于连续化生产(图1-57)。

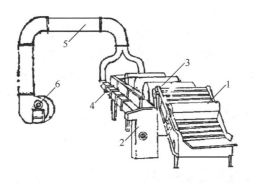

图1-57 6CFZ-8000型床式连续发酵机示意图
1—上叶输送机 2—操作台电器控制箱 3—翻叶装置 4—发酵床 5—通风管道 6—离心风机

5. 不锈钢网带式多层发酵设备

不锈钢网带式多层发酵设备被多数茶机生产公司的工夫红茶连续生产线所使用,主要结构由链斗输送机、铺叶输送机、发酵主机、蒸汽发生器(锅炉)、超声波加湿器和电加热风以及电气程序控制系统等组成(图1-58、图1-59)。箱体有密闭式和敞开式两种,密闭式侧面装有观察窗,箱内装有三层或五层循环式不锈钢网带，由上叶输送带自动摊料。增湿使用蒸汽炉产生的蒸汽，通过布置于箱体内每层网带上方的管道，蒸汽通过管道喷孔成伞形对发酵叶喷射。在主设备两侧设置可调节大、小的风门，用于自然通风，顶部装排湿风机，使气流对流。敞开式需定做玻璃密闭房，采用超声波加湿器和风机管道系统通入冷风或热风，从而控制温湿度。作业时，发酵温度一般控制在25℃左右，相对湿度在95%以上，春茶气温低，发酵时间一般控制在90min左右，夏秋茶气温高，采用冷风发酵供氧，一般控制在30~60min。

如果喷湿冷空气，该机还可以作为鲜叶的贮青设备使用，这种鲜叶贮青设备及使用方法已由国家专利局授权进行专利保护。

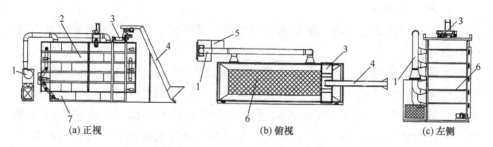

图1-58　封闭网带式多层发酵机示意图

1—供风加湿系统及风管　2—发酵主机　3—往复布料机
4—上料输送装置　5—程序控制系统　6—网板　7—出料口

6. 塔体吊篮式发酵设备

塔体吊篮式发酵设备是浙江绿峰机械有限公司开发的新产品（图1-60）。将4只不锈钢网吊篮并四篮连体，装在一只塔体箱体内，通过风送系统将揉捻叶从上部送入每只吊篮内，并由自动加湿装置对箱体内加湿、由风机将电热装置加热或不加热的气流强制送入箱体内，从而实现自动加湿、排水、解压等，使吊篮内的揉捻叶在温度25℃左右、相对湿度95%以上状态下实施发酵。完成发酵，打开吊篮下部闸门，发酵叶即可落入下部的振动输送槽上，被送往机外。

图1-59　不锈钢网带式多层发酵设备

图1-60　塔体吊篮式发酵设备

项目十一　整形干燥机械

在茶叶的初加工过程中，含水率由最初的75%，经过一系列的加工工序处理后，含水率下降到5%~7%。整个过程以热量供应为基础，前期主要是利用高温杀青，并散失水分；而在揉捻后，茶叶还需要塑造成各种形状不同的外形。由此可见，在茶叶加工中，造形或整形工序是十分重要的。茶叶整理成各种形状需要热力作用，在散失水分的同时进行外形的整理或造形。

一、茶叶干燥失水与整形的关系

茶叶干燥失水的主要方式是炒干和烘干，因此茶叶外形特点与干燥方式有密切关系。

1. 茶叶水分蒸发的原理

液体之所以能够汽化而散失到空气中，其基本原理是由于空气中的水蒸气压低于液体表面的水蒸气压。空气中往往含有大量的水分，气态水分的压力为水蒸气分压。当温度一定时，空气中的水分含量较少，其水蒸气分压也就越小。相反，空气中相对湿度越大，其水蒸气分压也就越大。当含有水分的茶叶与干燥的空气相接触时，茶叶表面的水蒸气压大于空气中的水蒸气分压时，由于压力差的存在，水分从茶叶转移到空气中，这就是茶叶水分蒸发的基本原理。

茶叶干燥，是利用热空气作为介质进行的，茶叶水分蒸发到周围介质中，要经过两个过程，首先是叶子内部的水分以近似扩散规律向叶表扩散，再自叶表逸出，向周围介质扩散，这两个过程是相互关联而连续的。当空气中的水蒸气分压一定时，被干燥茶叶中的湿度大，即表面水蒸气压大于外界水蒸气分压时，叶表水分蒸发快，而叶子内部的水分不断地向叶表扩散也快。相反，干燥的茶叶放在潮湿的空气中，茶叶就会吸收空气中的水分。如果茶叶表面水蒸气压和空气中水蒸气分压相等，茶叶既不挥发水分也不吸收水分，要达到这种平衡量是很困难的。

在通常情况下，使茶叶干燥到含水率在6%时，则必须使空气中的相对湿度为15%，而实际气候条件下，这种条件是很少存在的，那么，茶叶又为什么可以干燥呢？简言之，因为温度的提高，使热空气的湿度饱和提高了，实验证明，空气的相对湿度在30%~40%时仍能达到干燥茶叶的目的。

2. 茶叶干燥失水规律

在茶叶的干燥过程中，茶叶含水率从60%缓缓下降到5%左右，茶叶的失水变化呈现出一定的规律性（图1-61）。由于茶叶的炒干和烘干两种方式都是先将热能传递到茶条表面,因此茶叶表面失水速度要明显快于内部,而内部的水分也只有扩散到表面后才能完全达到干燥。同时,茶叶干燥失水速率呈现规律性。

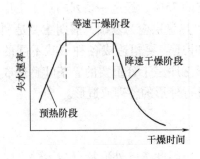

图1-61 茶叶干燥特性曲线

在干燥初期,干燥设备供给茶叶的热量,主要消耗在提高叶温,同时叶面的水分蒸发亦随之而开始,这称为预热阶段。当茶叶中水分蒸发到一定量时,出现了等速干燥阶段。在这一阶段中,若温度保持不变,其蒸发速率亦较稳定,此时传给茶叶的热量与茶叶中水分蒸发所消耗的热量是平衡的。同时其蒸发速率一直均匀地保持到茶叶的临界湿度。当达到临界湿度时就进入降速干燥阶段,此时茶叶中的水分需从叶内组织扩散到叶表的过程较为困难,而迫使蒸发速率变慢,即为降速干燥阶段。

一般当茶叶刚到达降速干燥阶段后,将其排出机外摊晾,使叶梗、叶脉中的水分有一定时间扩散到叶表,然后再进行干燥。这在红茶和烘青干燥工序中称为二次干燥法。

3. 茶叶失水与整形的关系

干燥过程中在制品的物理性能变化很大。干燥前期,茶叶柔软而具有较强的黏性,折而不断,如果用炒锅进行炒二青,则会使部分茶汁粘在锅壁上,形成"锅巴",产生烟焦味,影响品质;而干燥中期,茶叶进行降速干燥,表面水分减少而内部保持一定的水分,茶叶的弹塑性好,应在此时施加外力进行整形;而干燥后期茶叶逐渐变得硬脆,易断碎,应避免直接在茶叶上施压。

因此,大宗炒青绿茶的干燥工艺往往把整个炒干过程分为二青、三青、辉干三个阶段,采用"烘→炒→滚"的干燥工艺,用烘干机进行烘二青,利用热风快速烘去茶叶的非结合水;再用100℃的炒锅边炒干边整形,使含水率降至10%~15%,并初步形成较紧结的外形;最后用90℃滚筒慢炒辉干。

而蒸青绿茶的干燥与整形则是分为初揉、中揉、精揉以及烘干四个干燥阶段,在初揉过程中,采用90℃左右的热风将蒸青后的茶叶表面水去除,并解散团块,为揉捻奠定基础;中揉则是通过炒手的作用,解散揉捻后的团块,并用60℃左右的热风去除茶叶表面水分;再利用精揉机炒手的作用,在温度为70~80℃的揉盘温度下将茶条理直、抛光,使蒸青茶色泽深绿油润;最后用60~

70℃烘干机烘干。

名优绿茶的干燥整形是形成名优绿茶品质特征的关键工序。目前全国名优茶产量和产值的飞速上升，与我国新开发的一系列名优绿茶的干燥整形机械密切相关。

二、烘干与整形机械

干燥是茶叶加工过程中必不可少的步骤，如红茶、绿茶或其他茶类以及窨制花茶时，都离不开该过程。干燥的目的是使茶脱去一定的水分，挥发出茶叶固有的香气。茶叶在受热、失水的情况下，内含物质起一系列化学变化，并呈现一定的外形。干燥的茶叶在贮藏、运输过程中不易发霉变质。目前常用的干燥方法有两种：一种是炒干，另一是用烘干机烘干（个别名茶也有用烘笼的），如供窨制花茶用的烘青茶坯及红碎茶的干燥作业，则必须用烘干机进行。故烘干机的应用范围是很广泛的。

烘干机按结构、工作特点分为链条烘板式和流化床式，特征代号分别为"B"和"C"，链条烘板式烘干机分为自动连续型和手动间歇型，特征代号分别为"Z"和"S"。

烘干机型号主要由类别代号、特征代号和主参数三部分组成，型号标记示例如下：

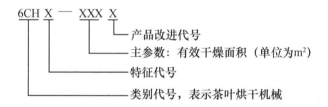

例如，有效干燥面积为 $14m^2$、经过一次改进的茶叶自动链板式烘干机表示为：6CHBZ-14A。

由于各茶厂的规模不同，生产茶叶的花色品种各异，对烘干机的要求也不一样。许多茶机制造单位，为适应生产需要，对烘干机不断进行改进使产品的品种更趋多样化，适应小型茶厂用的小型烘干机有小型手拉百叶式烘干机和半自动百叶式烘干机，茶叶烘摊面积分别为 5、6、$10m^2$ 几种。适应中型、大型茶厂用的有全自动链板式烘干机，茶叶烘摊面积分别为 10、14、16、20、$25m^2$ 和超大型的 $50m^2$ 等多种。另外，针对红碎茶要求迅速抑止酶活力的特点，设计了流化床式烘干机，使茶叶受到高温作用而停止发酵。各种烘干机的性能如表 1-16 所示。

表1-16 烘干机主要性能指标

项目	链条烘板式烘干机				流化床式烘干机		
有效干燥面积（或有效摊叶面积）/m²	<10	≥10	≥16	≥25	<1.75	≥1.75	≥2.50
小时生产率/（kg/h）	应达到使用说明书中明示承诺的生产率要求						
干燥强度/〔kg水/（m²·h）〕	≥6.5	≥7.5	≥6.5		≥35.0		
单位有效干燥面积生产率/〔kg/（m²·h）〕	≥5.5	≥6.2	≥5.5		≥35.0	≥50.0	≥60.0
耗热量/（MJ/kg）	≤12.5	≤13.0	≤15.0		≤9.0		
耗煤量/（kg煤/kg茶）	—	—	—		≤0.3		
千瓦小时产量/〔kg/（kW·h）〕	—	—	—		≥16	≥18	≥20
茶叶品质	应符合感官品质要求，含水率≤6%						

近年来，随着名优茶的不断发展与壮大，烘干机产品也发生了较大变化，产品性能有了新进展，并取得了引人注目的成绩。

1. 烘干机热空气流动的形式

要使茶叶中的水分蒸发，必须在整个烘干过程中，始终保持热空气中的水蒸气分压小于茶叶表面水蒸气压。同时，要求干燥后的茶叶含水量在5% ~ 7%，则又必须使最下两层茶叶所接触到的热空气相对湿度在30%以下。欲达到上述两个要求，烘干机采用逆流和分层吹击的方法是有效的。

所谓逆流吹击法，即热空气从烘箱底部进入烘箱，通过百叶板孔和其他间隙从顶部逸出。茶叶则通过百叶板一层层自上而下与热空气形成逆流。此时烘箱内部的温度，下层比中层为高，温度自上而下增加，这就适合干燥三个阶段的要求。当茶叶刚进入烘箱时，是预热阶段，温度要求稍低，当进入恒速干燥时，温度要稍高，而热空气的相对湿度要求太低（30%以下），促使水分蒸发加快。但是，茶叶在烘干的过程中，表面往往形成一层很薄的饱和空气层。这层饱和空气层会阻碍茶叶水分的蒸发。要使这层饱和空气层消除，采用分层吹击的方法能达到良好的效果。新式烘干机采用分层吹击法，是在烘箱后端，设一分层吹击热风道，将百叶板第一层和二、三层分别同时压送热空气。这样提高了第一层茶叶的干燥速度，从而使整个烘干机的效率大大提高。

2. 烘干机的基本结构

一台典型的烘干机包括主机、加热器和鼓风机三个部分。

茶叶烘干机主机都采用常压式，热空气由下向上运动，顶部敞开。按设计不同可分为手拉百叶式、自动链板式和振动流化床式（也称沸腾式）等多种，此外还有一些适合名优茶整形干燥的烘干机，如碧螺春烘干机。其中自动链板式烘干机应用最多，国内以杭州茶机总厂、绍兴茶机总厂生产的6CH系列为代表。手拉百叶式烘干机适用于小型茶厂，流化床式工作时茶叶沸腾状悬浮在箱体中，适用于红碎茶的烘干。

（1）自动链板式烘干机　自动链板式烘干机是由输送装置把待烘茶叶送入干燥室内，在规定的时间内由上而下地自动进行，完成烘干过程，较成熟的有6CHBZ-10、6CHBZ-16、6CHBZ-25等型号。

例如，6CHBZ-16型烘干机由上叶输送装置、烘箱转动变速装置、送风装置及热风发生炉等部分组成（图1-62）。

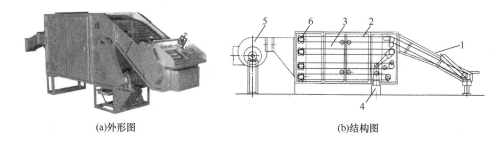

(a)外形图　　　　　　　　　　　　　　(b)结构图

图1-62　自动链板式烘干机
1—上茶坡　2—搭叠式百叶板（在烘箱内部）　3—烘箱体
4—出茶口　5—鼓风机　6—链轮（在烘箱内部）

①箱体：用角钢和薄钢板制成顶部敞开的长方形箱体。箱体前方配有上叶输送带，前下方设有出茶轮，后下方与热风管相联，两侧装有检视门。

箱内装有三组百叶板，6CHBZ-16型第一组百叶板与上叶输送带的百叶板，连成一条循环回转链。百叶板上密布孔眼，热空气通过孔眼干燥茶叶。每块百叶板的一端做成轴套状，套内穿过心轴。心轴两端轴颈伸出套在曳行链上，曳行链由安装在烘箱两端的链轮所支持。当链轮转动时，箱内三组百叶板都跟着运行。

每组百叶链的上下层所以能同时摊放茶叶，是由于烘箱两侧壁各有一条用角钢制成的搁板，百叶链在搁板上水平滑动，当某一百叶板运行到箱体一端有二个百叶板宽度，没有设搁板的缺口，百叶板因自重而转为垂直状态，如图1-63所示。茶叶也随之落到同一循环链的下层。如此茶叶一层层下落，直到最后一层百叶链的下层，到烘箱前下端的出茶轮上，间歇性地排出机外，如图1-64所示。

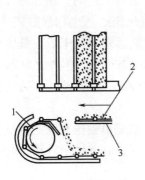
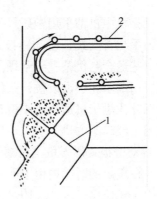

图 1-63 百叶链板
1—链轮 2—落茶 3—百叶板

图 1-64 出茶轮出茶
1—百叶链板 2—出茶轮

②传动系统：由电动机、三相并联脉动无级变速器组成，扩大了整机的全程烘茶时间和无级调速范围，能满足一次烘干的要求。转动变速装置的输出动力由套筒滚子链传给烘箱中的烘板。

③上叶输送装置：是一条与地面成 30°倾角的输送带。带前设一加料台，待烘茶由此上输送带，带中部设可调节茶叶摊放厚度的匀叶轮，依靠链条带动反向旋转，就将输送带上超过厚度的茶叶刮回到加料台。

输送带的百叶链板也是由冲孔的百叶板组成。6CH 系列烘干机输送带的供热方式分两种：6CHBZ-10、6CHBZ-16 型输送带与烘箱联成一体，热风由第一组百叶链板下的空间进入输送带；6CHBZ-20 型和 50 型烘干机输送带供热，有其单独的风机和管道。加热时由输送带的基部进入，茶叶刚上到输送带因热风温度较高，故能迅速抑制酶的活力。

④送风装置：烘干机的鼓风设备由离心风机和风管组成。离心风机将热风炉所产生的热空气吸进风机，压向烘箱。连接热风炉和风机的管道称吸风管，管上设有冷风门以调节冷空气进入管的流量，保持烘干机所需的温度。风机出口到烘箱的连接管道为压风管。为了达到分层进风的目的而设计的压风管，外形仍采用方形喇叭口，其高度略低于烘箱的高度。在压风管内部设有三块分风板，分别连接在三根轴上。轴的一端伸出管外装有调节手柄，转动各手柄能分别调节烘箱内各组链板之间的风量。

⑤热风发生炉：与茶叶烘干机配套使用的加热器一般是蒸汽锅炉和热风发生炉，尤其是后者使用较为广泛。各地使用的炉子在结构参数上都有些差异，但基本原理和结构是相同的。

目前与茶叶烘干机配套的热风炉以横火管式为主，其次是无管式热风炉。

a. 横火管式。热风炉横火管式为管内壁放热，外壁加热。冷空气通过炉管吸热量，用风机将热风鼓到烘箱内进行干燥，如图 1 - 65 所示，炉内用内径 100mm 的铸铁管 2 排，内径 60mm 炉管 4 排，呈差列式排列。冷空气自进风口进入预热室，通过各排炉管最后进入热通道，由鼓风机鼓入烘箱。

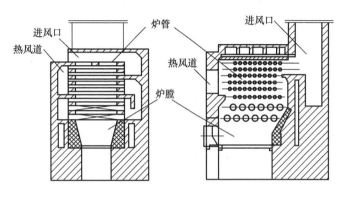

图 1 - 65　横火管式热风炉

这种热风炉有着结构简单、造价较低、维修方便的优点，但炉体的蓄热能力大，热风急转弯的次数较多，加上烟尘在炉管四周的沉积，换热效果较差。此外直接受高温辐射的底层炉管高温段达 700℃以上，因而大大缩短了管子的使用寿命。

b. 无管式热风炉。其结构如图 1 - 66 所示。它由 5 层不同直径的金属筒体组成。冷空气从外缘进入炉内，通过烟火回路夹层，再从炉顶进入受火焰直接燃烧的弯头，再由风机将热风压入烘箱。

这种热风炉的主要优点是炉子自身的热效率较高，结构简单，清灰方便。其缺点是耗用金属多，造价较高，炉内直接受高温辐射的弯头部分易烧损。

⑥使用与操作：机械安装完毕后首先检查调速电机的运转方向，确认输出链轮转向正确才可套链条并调整中心距使链条松紧适度。反转会严重损坏机械。使用前必须清机，擦去烘板表面的油迹污垢、清除杂物使之不影响机械运转和污染物料。检查各部位连接螺栓、螺钉的紧固情况，检查调整各压紧轮使之处于正常

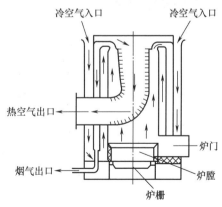

图 1 - 66　无管式热风炉

工作位置。检查调整各层烘板使之处于正确翻转方向，不得有反转现象。检查调整各层烘板曳引链及集料器曳引链使之正常松紧状态。按润滑图中的润滑点加足润滑脂。完成上述准备工作确认机械正常可进行试运转，并在试运转过程中再次观察有无异常情况，确认无误方可投入使用。

⑦维护与保养：机器运行中应经常检查各部位连接螺栓螺钉的紧固情况、链条的松紧及压紧轮的工作情况、烘板曳引链的松紧情况，并随时调整；经常检查烘板的工作位置，不得有移位、卡住和倒置情况；运行中出现不正常的冲击、振动、噪声应立即停机检查，找出原因并排除；机器运行中应经常检查电机、减速机及各传动装置轴承的温升情况，轴承温升不得超过30℃，减速机温升不得超过40℃，电动机温升不得超过50℃；定期给各润滑点加注润滑油；定期检查各传动部件、易损件的工作情况，及时修复或更换。

（2）盘式烘干机

①结构与组成：盘式烘干机可应用于毛峰茶、卷形茶、针形茶的烘干与整形工作，其结构如图1-67所示。

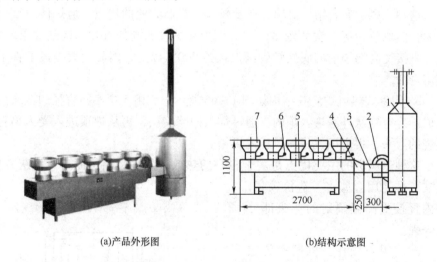

(a)产品外形图　　　　　　　　(b)结构示意图

图1-67　盘式烘干机（碧螺春烘干机）（单位：mm）

1—热风炉　2—鼓风机　3—方管　4—进风斗　5—烘床　6—调风门　7—烘茶盘（料斗）

该机由热风炉、烘床、料斗等部分组成。以6CH-941型碧螺春烘干机为例，该机烘床是一长方体烘箱，一端连接热风入口。烘箱上方有3~5个出风口，上设调风门，可以调节出风大小。出风口上端是一圆盘式料斗，料斗中有一个40目的不锈钢网（25.4mm×25.4mm），可用于盛放茶叶。茶叶在热风作用下均匀失水，同时，可以采用人工搓条或搓团的手法，完成针形茶或卷曲形茶的整形。

②操作使用：使用前准备工作：检查各紧固件是否紧固可靠；清理烘茶盘、风道、保持其清洁卫生；装配好烘焙机（包括热风炉、风机）于平整地面上；电源电压必须与风机电压相符；启动风机检查风机运转是否平稳、转向是否正确；燃气式热风炉使用液化气钢瓶时须连接适用的减压阀，用适用的气管连接本机接口。

烧热金属热风炉，为保证温度均匀、稳定，柴煤式热风炉烧火添加燃料应少加、勤加；从点火开始 10~15min，启动风机，供送热风，至风温到烘茶所需温度；将待烘茶叶均匀摊放在烘盘上进行烘焙。根据茶类和工艺情况，在烘期间适时进行翻动，有利均匀失水，提高烘焙效率。对于直毫型的曲毫茶（如碧螺春茶）烘焙，可边烘边焙边搓毫；烘焙结束，柴煤式热风炉应先撤灭炉火，清除余火、炉渣，燃气式关闭气阀总气源，等热风降至50℃以下，方可停止风机，以防热风炉炉体变形受损，影响使用寿命。

③维护保养：烘茶盘上禁放重物；柴煤式热风炉柴煤两用，烧煤时要勤出煤渣，以延长炉栅使用寿命；燃气式热风炉须关闭总气源，并检查进气管有无破损，如有破损立即更换，确保安全；严禁油污烘焙机风道、烘茶盘；每批茶加工结束，应将烘茶盘打扫干净；茶季结束后，罩上防尘罩，放置于通风干燥处。

（3）手拉百叶式烘干机　手拉百叶式烘干机的主机是一个用角钢及薄钢板制成的长方形箱体（图1-68）。箱体内设置5~6层百叶板，下部有1~2个漏斗出茶口，出茶用滑板式出茶门控制。

百叶板用小轴与百叶板片可以是12~14目的金属丝帘布（25.4mm×25.4mm），也可以是冲孔铝板。冲孔一般呈梅花形排列，孔径为3.5mm。每层配置13~15块百叶板，相邻两块略有重叠，不使漏茶。两层的百叶板重叠方向相反，使得茶叶下落时水平方向不产生位移。每块百叶板小轴穿过箱体，一端与一根横向的摆杆相连，每一层的摆杆全部铰接在手拉杆上，手拉杆控制百叶板翻转。

拉动手拉杆时，通过摆杆，使小轴转动90°，焊在小轴上的百叶板也随之从水平状态转为垂直状态，茶叶便翻落到下一层百叶板上。当手柄再拉回来时，百叶板又呈水平状态可摊放茶叶。

箱体顶部是敞开的，便于上叶和水蒸气的蒸发。在最下层百叶板与吸风管连接处，设有一个空间。这个封闭的空间，可以贮存和调节从鼓风机来的热空气，引导气流顺着箱体向上流动，气流分布更均匀。

箱体下部有漏斗形出茶口，出茶口四壁（也有的两壁）倾斜，目的是保证茶叶能顺利下落，即茶叶能依靠自重克服与出茶口壁的摩擦力，避免搁茶。出茶口底部装有滑板式出茶门，用手拉杆控制出茶门的启闭，以防热空气的流失。

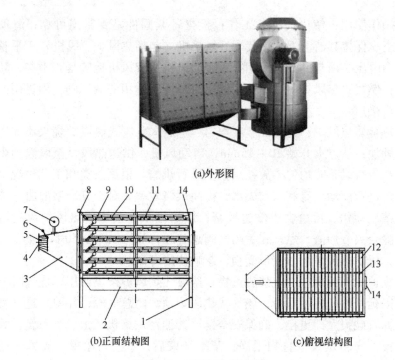

图1-68 手拉百叶式烘干机

1—机架 2—漏斗（烘好的茶叶可通过其落入事先摆放好的容器中） 3—热风斗（即热风进口）
4—连接法兰（用来连接外部热源） 5—导风板 6—导风板手柄 7—温度计 8—小筛板转动手柄
9—主动连杆 10—摇臂 11—从动连杆 12—长条形小筛板 13—小筛板转动轴 14—观察门

（4）百叶式半自动烘干机　百叶式半自动烘干机（图1-69）采用机械操作的转动链带动装于链上的拨块，拨动百叶式烘干机的连杆使百叶板自动、定时翻转，既减轻了劳动强度又可以克服手拉百叶式烘干机因人工控制烘焙时间不定而影响茶叶品质的缺点，从而保证了品质稳定。其余部分与手拉百叶式烘干机相同，也采用人工上叶，但能自动出茶。此类烘干机还带有测温计、自动报警装置，能提醒操作者及时上叶。

（5）沸腾式（流化床）烘干机　主要由喂料器、沸腾床、除尘器、卸料器和加热装置及鼓风机等部件组成（图1-70）。热风通过地下风道和沸腾床孔眼从下往上不间断地鼓入烘箱，风量大小和风向由设在沸腾床下面的风量、风向调节器分别控制。

喂料器和卸料器都采用铸铁的星形锁风，装配间隙不超过0.1mm，以防止烘箱内正压热气流冲出。茶粒在沸腾床上都以沸腾状态悬空地行进。沸腾床面设置风力挠阻器以导向和增加沸腾效果。茶粒与高温气流进行充分热交换之后，含有高水分的废气迅速由安置在箱体顶部之抽风管道抽离箱体。箱体上容积较大，起减压和沉降茶粒的作用。

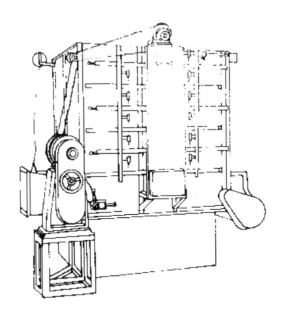

图1-69 百叶式半自动烘干机示意图

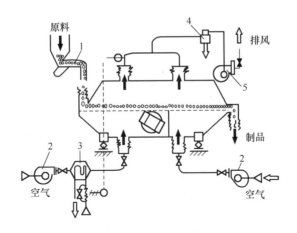

图1-70 沸腾式（流化床）烘干机原理图
1—给料机 2—送风机 3—加热装置 4—集尘器 5—引风机

配置旋风除尘器和沉茶室，用以回收茶灰和级外末茶，防止茶尘、毛衣污染空气。该机机械传动部分不多，而且传动连接部位都设于箱体之外，结构简单，故障极少，维护保养方便。

由此可见，这种干燥方法对茶叶，尤其是对颗粒比较细小的红碎茶来说，优点是显而易见的。

（6）微波烘干机 该机特别适合于含水率10%~30%的茶叶在制品的烘干。微波频率为915、2450MHz。

该机包括控制台、加热烘干装置和原料输送机构（图1-71），加热烘干装置为单元微波加热箱，单元微波加热箱的两端有口，控制台控制原料输送机构通过开口穿过单元微波加热箱，位于两端的开口分别作为进料口和出料口。

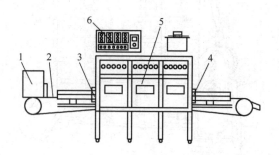

图1-71 微波干燥机示意图
1—进料斗 2—输送带 3—进料口
4—出料口 5—微波加热箱体 6—控制台

茶叶送入微波干燥箱时，茶叶中的水分在微波电磁场中因急速转向而摩擦发热，促进茶叶升温失水。

三、炒干与整形机械

炒干属于传导干燥，它主要依靠茶叶物料与加热的固体表面的直接接触而获得能量，达到干燥的目的，同时还具有整理茶叶外形的能力。

目前，常见的炒制整形机械主要有条形茶炒制机械（锅式炒干机、瓶式炒干机、滚筒式炒干机）、卷球形茶炒制机械（珠茶炒制机、双锅曲毫机）、针扁形茶炒制机械（扁形茶炒制机、名优茶理条机、茶叶精揉机）等。

1. 条形茶炒制机械

（1）锅式炒干机

①工作原理：锅式炒干机是利用热传导原理使茶叶从被炉灶加热的锅壁上吸取热量，在炒手不断转翻抛过程中，受到炒手给予的多种作用力、锅面的反作用力及茶叶相互之间的挤压力，达到逐步干燥和紧结条索的目的。

②基本结构：锅式炒干机由铁锅、炒叶腔、炒手、转动装置和机架、炉灶等部分组成（图1-72）。锅式炒干机有单锅、双锅、四锅等几种。

a. 炒茶锅和炒叶腔。炒茶锅是承载茶叶并进行热传导的部分，它用铸铁铸成空心球体的一部分，亦称球锅。锅口直径为840mm、锅深340mm，球锅球体半径为430mm。

炒茶锅锅沿宽50~60mm，锅沿上方安装炒叶腔。炒叶腔可用铁皮围绕而成，也可在安装时用砖砌成。还有用水泥预制的。由于炒干机转速较低，所以炒叶腔

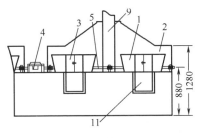

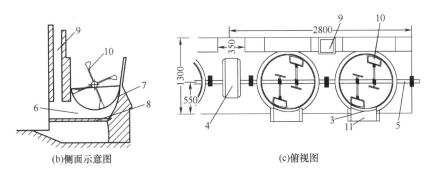

图1-72 单向旋转锅式炒干机（四锅型）示意图（单位：mm）

1—炒叶腔 2—烟柜 3—出茶口 4—传动减速机构 5—主轴
6—炉膛 7—炒茶锅 8—炉栅 9—烟囱 10—炒手与炒刷 11—出茶坡

也可以相应低一些，一般约为500mm。但其形状砌成上口大、下口小的倒锥形，上口为900~940mm，下口与锅口吻合，倒锥形炒叶腔有利于水蒸气蒸发。

b. 炒手。炒手是锅式炒干机的关键工作部件，它的形状和尺寸直接决定了成茶的品质。工作时炒手在主轴的带动下沿锅壁旋转，翻炒茶叶，从而达到紧条和干燥的目的。炒手的结构及其组合运用，对茶叶成形、碎末茶的多少，有重要作用。

炒手一般可分为炒刷和炒手（耙）两类，炒刷是一空心板棕刷，它的主要任务是使出茶干净，而在炒茶时配合炒手（耙）翻拌茶叶。由于它的板面是中空的，工作时阻力较小。当炒刷转动到锅面时，只翻动了贴锅壁部分受热较高的茶叶，而上层茶叶仍能翻入锅底受热，避免了实心板炒刷不分茶叶冷热程度全部翻炒的缺点。而炒手由于推、翻茶叶，让茶叶在铁锅与炒手的联合作用下受力，逐步成形。

现将目前国内较好的炒手作如下介绍。

炒刷：炒刷是在空心铸铁框的前缘扎上棕刷（图1-73）而成，棕刷紧贴锅壁。每口炒锅在炒手转轴上安装四只炒手，两只居中相对180°，在其左右再各安装边炒刷一只，边炒刷与中炒刷间距130mm，边炒刷与中炒刷相对成90°。

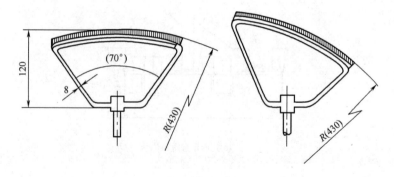

图1-73 炒刷结构示意图（单位：mm）

该炒刷的铸铁框部分尺寸不大，工作时似一块三角形板，茶叶翻抛良好。但炒刷接触茶叶的实际截面积太窄小，故给予茶叶的作用力较小，紧条效果欠佳。

燕式炒手和犁式炒手：燕式炒手和犁式炒手配合使用，均系铸造而成，结构简单，表面经加工较光滑（图1-74）。

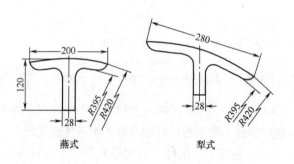

图1-74 燕式炒手和犁式炒手示意图（单位：mm）

根据作业情况配用燕式炒手和犁式炒手。三青前期，在每锅的炒手轴上居中安装一只燕式炒手，左右各相距130mm处安装两只犁式炒手，三只炒手各相隔120°。三青后期和辉干作业时，每锅炒手转轴上只安装两只犁式炒手，相距240mm，相对位置成180°。

该炒手较短窄、面积较小，对茶叶的翻抛作用稍差；尤其是用于三青后期和辉干的炒锅只用两只炒手，往往会出现茶叶在较长时间内得不到翻抛的死角。在炒干过程中，茶叶在炒锅内以滑移和左右推挤运动为主，受球形锅面的反作用力较强，易使茶叶弯曲，甚至收圆。同时，当茶叶含水率较低时，炒手与锅壁之间的间隙易轧碎茶条，增加碎茶量。

弧板炒手：弧板炒手由炒手杆和炒茶板组成，炒茶板前缘装有棕片，与炒锅锅壁相贴。常用的有窄型弧板炒手和宽型弧板炒手两种（图1-75）。

使用窄型弧板炒手时，以相对位置为180°方向安装在炒手轴上。工作时，炒锅中间的茶叶受炒手作用而被翻抛，两边的茶叶下滑，翻抛茶叶较均匀。由于炒手面积不大，对茶叶的作用力欠强，茶叶条索不易炒紧。

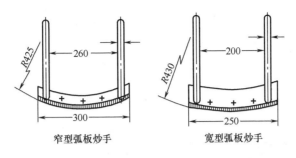

图1-75 弧板炒手示意图 （单位：mm）

角铁炒手：角铁炒手是由炒手杆和角钢弯制而成的炒手板组成，前缘无棕刷（图1-76）。每口炒锅在炒手轴相对180°位置上各安装一只角铁炒手，其对茶叶的作用力稍强于窄型弧板炒手，翻抛茶叶良好。由于炒手与锅壁之间有间隙，在三青后期，易轧断茶叶，增加碎茶。

齿形炒手（炒耙）：该炒手为铸造的五齿或六齿手掌形（图1-77）。六齿长度由长到短排列与锅面形状相吻，各齿与锅壁有3~8mm间隙。工作时既可翻炒茶叶，又能起到一定的抖散茶叶的作用，以助散发水分。

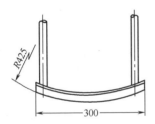
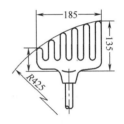

图1-76 角铁炒手示意图 （单位：mm）　　图1-77 齿形炒手示意图 （单位：mm）

板式炒手：该炒手由炒手杆和前缘装有棕片、与锅壁相贴的炒茶板组成（图1-78）。板式炒手与齿形炒手组合使用，每锅炒手轴上安装四只炒手：在中间相距160mm、相对位置为180°安装两只板式炒手；两只齿形炒手相距280mm、相对位置成180°（与板式炒手成90°）安装在两侧。这种炒手面积较大，茶叶能受到较大的作用力，翻抛、滚搓茶叶的性能良好，对成条较有利。

c. 传动装置。锅式炒干机的传动装置比较简单，多采用一级胶带传动、二级齿轮传动达到减速目的。齿轮传动采用闭

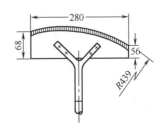

图1-78 板式炒手示意图 （单位：mm）

式传动,称减速箱。该减速箱经三对齿轮减速后向两边输出,总传动比 57.5∶1,输出轴 24r/min。

d. 炉灶。用砖砌成,锅口直径为 840mm（也有用 800mm 锅者）,锅口外倾 15°。两只锅共用一个烟囱,烟囱高度不低于 4m,以通出屋面为宜。

锅式炒干机结构简单,价格低,容易操作,维修保养都很方便;炒制茶叶时因炒叶腔大于锅口直径,透气性能良好。锅式炒干机只要掌握得当,炒出来的茶叶是符合工艺要求的,所以得到了广泛采用。

(2) 瓶式炒干机　瓶式炒干机筒体两端小中间大,炒茶部分呈锥体,形如花瓶而得名。该机为杀青与干燥两用机。以其滚筒直径大小,可以分为 60、70、80、100、110、120 型等,其中大生产以 100、110 型较为常见。

①工作原理:筒体旋转过程中,茶叶在自身重力、旋转产生的离心力及茶叶与筒壁、茶叶间摩擦力的共同作用下,在筒体内作圆周运动和翻滚运动。当转速不高时,茶叶随滚筒升到一定高度便以层层地往下滑落,即"泻落运动"。当筒体转速较高时,茶叶随滚筒旋转而上升的高度相应增加,然后离开筒体内壁按抛物线轨迹做抛下落运动,即"抛落运动"。当筒体转速达到一定值时,茶叶在离心力的作用下将随筒体内壁一起旋转,即"离心附壁运动"。

在茶叶加工过程中,叶子主要做抛落运动,也有部分做泻落运动,而应避免产生离心附壁运动,因为离心附壁运动会使机具失去制茶功能。

滚筒由于旋转,受热比较均匀。茶叶进入筒体,在滚筒内翻滚,由于筒体内壁上凸棱的作用,能把茶叶带到一定高度才抛落。因此,增加了茶叶与筒壁接触时间,更多地吸收热量,同时增加摩擦和挤压,达到逐步紧条和干燥的目的。

②机械结构:以 100 型瓶式炒干机为例,该机由滚筒体、传动机构、机架及炉灶等部分组成（图 1-79）。

a. 滚筒体。由筒体、滚筒轴和排湿风扇等组成。筒体用 2~3mm 的薄钢板卷焊而成,为两个圆锥体组成的大圆筒或八角形滚筒〔如八角辉干机（图 1-79,d）〕,呈腰鼓形。圆锥体大端直径为 1000mm,小端直径为 850mm,端面设风扇罩直径为 660mm（图 1-80）。另一端系进出茶口,长度为 45mm,焊有螺旋出叶导板 4 条,筒体总长度为 1460mm。滚筒内壁上有用硬模压出的凸棱 12 条（有的采用在筒内内壁焊上直径为 12mm 的圆钢 12 条）。进出茶口的导板,其导角为 20°（旋转角 70°）,高 70mm,筒体两端均焊有高 12mm 的挡烟板圈。

b. 滚筒轴。滚筒轴是用直径 40mm 的圆钢制成（也有用 40mm 的厚壁钢管制作）,筒体借助 8 根双头螺栓,两个十字形固定器连接于滚筒轴上,轴两端用滑动轴承支承在角铁支架上,排湿风扇采用 4 翼风扇,为防止茶叶被风扇风力吸出,在风扇与筒体之间装有 20 目的铜丝网（25.4mm×25.4mm）。

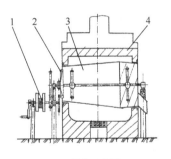

(a)结构示意图　　　　　　　　(b)产品外观图（不含炉灶）

(c)产品外观图（金属外壳与炉灶）　　(d)产品外观图（八角辉干机）

图1-79　瓶式炒干机示意图与主要产品类型
1—传动机构　2—排气风扇　3—筒体　4—炉灶

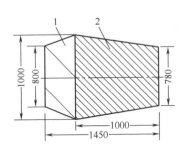
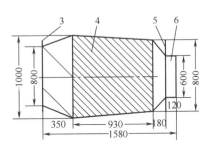

图1-80　部分100型瓶炒机筒体示意图（单位：mm）
1—出叶导板　2—筒体　3—前挡烟板　4—凸棱　5—后挡烟板　6—风扇罩

也有的瓶式炒干机筒内不设滚筒轴的，而是采用滚筒式连续杀青机的传动方法，利用传动托轮的转动，带动筒体滚动，根据生产经验，滚筒转速控制在 35~40r/min 为宜。

c. 传动机构。传动机构的作用是将动力传给滚筒，使滚筒能根据工艺要求进行工作。机器用功率为 1.1kW 的电机单机传动，通过 V 带齿轮减速。两种转速采用塔式胶带轮变换。进出茶、停车利用倒顺开关来控制。

d. 机架。机架用于安装机器。如没有配备机架的，则需用角钢自制机架。

e. 炉灶。是瓶式炒干机的加热部分，燃料在炉膛内燃烧所发出的热量，使滚筒受热。其底部长1400mm，宽1540mm。在砌至炉栏后，向上呈圆拱形环包筒体，上炉腔以滚筒为中心圆的半径540mm，形成一个椭圆形炉腔。通风洞一般高为700mm、宽250～300mm，炉条7～9根，排成500mm长、250～320mm宽的炉栏，并向里倾斜5°。吊火高度根据燃料不同，一般掌握在200～250mm。烟囱开在炉顶中心或炉顶一侧均可，烟道口为宽110mm、长120～160mm，烟囱高度7～8m。

③使用与保养：机器使用方法正确与否，对茶叶品质影响极大，而机器的维护保养是直接关系到使用年限。为此，必须掌握机器正确的使用方法，并进行正常的维护和保养。

a. 使用。使用前对润滑点加足润滑油，各螺栓加以紧固。对各部件检查确认正常无误后，再进行试运行，一切正常方能投入使用。

点火生炉并随即启动机器，待温度达到制茶要求以后，再投入茶叶。按工艺要求达到一定干度后，先行停机，再扭动倒顺开关，进行出叶。

投叶量须按规定掌握，一般二青叶20～30kg，辉干35～40kg（辉干过程中以有少量茶叶流出为度）。过多地投叶在超负荷情况下运转，不仅影响机器运转和寿命，而且影响茶叶香气和色泽；过少投叶对茶叶条索结不利，也要影响品质。

操作时应掌握好筒温，以二青180～200℃、辉干90～100℃为宜，要求先高后低，随着茶叶逐步干燥，将筒温逐渐降低。

应随时检查茶叶干燥变化，掌握工作时间。一般二青炒20～30min，辉干炒40～60min，按工艺要求达到规定的干燥的程度后，即可出茶。在茶叶炒制过程中，不论是二青或辉干，均应开动排湿风扇。如风扇停转，应立即停机检修，以免因排湿不良而影响毛茶香气和色泽。倒转出茶时，应让筒体停转后再开倒车，以免受力过猛，损坏机件。

b. 保养。机器在工作时，应随时检查电机、减速箱、轴承的发热情况。电机温升不超过65℃，减速箱温升不超过80℃，滚动轴承温升不超过40℃，如发现过热或有不正常的冲击、噪声等现象，应及时停机排除。

滚动轴承、齿轮、离合器等运动部件，每班应加注机油1～2次。齿轮箱内的机油，应保持右面线位置，各连接螺栓如有松动，要及时加以紧固。

每天下班前应清除机器内、外的茶叶、茶末、杂质。特别是开始齿轮要保持清洁。茶季结束，要用柴油清洗齿轮，再涂上润滑脂保护。V带要拆下挂起备用。

(3) 滚筒式炒干机　滚筒式炒干机目前有两种类型，一种为间歇滚筒式炒干机,是在瓶式炒干机的基础上发展起来的,该机在安徽、江西使用比较广泛,该机筒体的两端直径一样,呈圆筒状,故而得名。另一种为连续滚筒式炒干机,是近年来研制成功并应用于生产实践的,其结构与滚筒连续式杀青机相似。

①间歇滚筒式炒干机:

a. 工作原理。由炉灶中的燃料燃烧加热滚筒,茶叶在筒内随着筒体的旋转而滚翻,并不断地接触筒壁吸收热量,使茶温升高,蒸发水分而达到干燥的目的。

当滚筒正转时,在半圆形凸棱的帮助下,把茶叶带到一定高度后,因重力作用而下滑,以增加茶叶与筒壁和筒内热空气接触的机会,而加速干燥。茶叶在各种力的作用下,受到挤压,有一定的紧条作用。筒内水蒸气的排除,有利干燥,并使干茶色泽绿翠,不致闷黄和生产水闷气。

b. 机械结构。以 110 型筒式炒干机为例,该机由安徽徽州地区农机研究所设计,休宁县农机修造厂制造,在 20 世纪 70 年代已在安徽等省推广使用。机器由筒体、排湿风扇、传动机架及砖砌炉灶等部分所组成(图 1-81)。

筒体:它是筒式炒干机的主要工作部件。筒体前端为 300mm 长的锥形出茶口,出茶口直径 850mm 上设 4 块成 45°倾角的出叶板。中间为圆筒形炒茶腔,筒长 1000mm,筒径 1100mm。内壁设有突起的螺旋出叶板,与轴线成 45°倾斜,高度 60mm。后端设直径 700mm 的排湿孔,上设钢丝纱网,并设有排湿罩壳和挡烟板。筒体总长 1450mm。内有两道十字撑挡将筒体与中心轴连接。

排湿风扇:每台 4 片风扇翼,总长 300mm,或十字形安装在风扇轴套上。风扇翼子的角度固定不可以调整。

传动及机架:机器适用于集体传动。主轴横贯于筒体中心,主轴两端有两只 207 深沟球轴承和一只 206

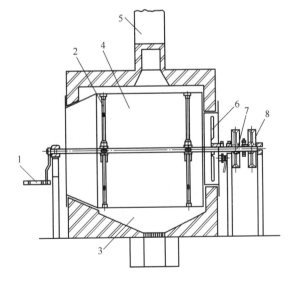

图 1-81 徽州 110 型滚筒式炒茶机整体结构图
1—摇手柄 2—十字撑挡 3—炉灶 4—滚筒
5—烟囱 6—排气扇 7—传动轴 8—传动机构

深沟球轴承,以轴承座固定在三片角钢机架上。主轴后段上两片机架之间设有两只平皮带轮,和一只风扇皮带轮及牙嵌式离合器。工作时拨动离合器,控制滚筒正反转或停机。机轴上另一皮带轮带动风扇转动或停止。

炉灶:炉、炉灶全部砖砌,包围于滚筒四周。下部为烧火炉腔,中心设一块长450mm、宽225mm的炉栅。炉栅面距筒底250mm。炉栅下设出灰腔在地面下,上部呈拱形,烟囱高度7~8m。砌灶时炉灶与滚筒间隙尽可能缩小,最大不能超过5mm,以防漏烟。

②连续滚筒式炒干机:连续滚筒式炒干机是浙江上洋机械有限公司于2005年开发的一个国家实用新性专利产品,并在生产中得以应用。

a. 基本结构。该机结构包括机架及传动装置、热源装置、滚筒和进茶斗等(图1-82)。

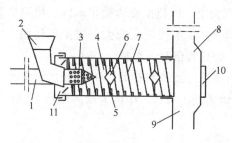
(a)结构示意图

(b)6CCL-100型连续炒干机组产品外形图

图1-82 连续滚筒式炒干机
1—热风进口 2—进茶口 3—热风出风孔 4—滚筒 5—热风挡板 6—螺旋挡风导板
7—快速推进导叶板 8—气叶分离罩 9—排叶口 10—观察孔 11—滚筒密封段

滚筒:滚筒安装在置于机架上的滚轮、托轮上。滚筒的中部横截面为八角形(也可以是六角或圆形等),中空两侧端部分别为进茶端和出茶端。滚筒内设有快速推进导叶板,进茶斗的进茶通道出口与密封段区域相通。

滚筒内壁上设有螺旋导板,并在滚筒中轴线上间隔式设置若干块中心热风挡板,其目的是防止茶叶在筒的轴向被热风吹走,以增加茶叶在筒内的滞留时间。

热风输送管:热风输送管经端封盖进入滚筒密封段区域以后的内腔,热风输送管的管壁及进茶斗的进茶通道的管壁与端封盖固接。采用这种联接方式,一是解决作业时滚筒与热风输送管之间的动静联接问题,因为工作时滚筒是要转动的;二是确保热风不外泄。

热风输送管的出风端的端部上开有多个热风管端部气孔,使刚从进茶斗进来的含水量相对较高的待干茶叶直接接受热风喷射。气孔形状可根据需要定，一般是圆形。

出叶装置：滚筒的出茶端上设气叶分离罩，滚筒的筒口与气叶分离罩为间隙联接，形成滚筒右端与分离罩结合部，其目的是解决动静联接问题。气叶分离罩上部为排气管，下部为排叶口。

b. 工作原理。输送带将待炒干茶叶送入进茶斗，在单向推叶器作用下，茶叶顺着推叶器的螺旋片进入滚筒密封段。在快速推进导叶板、螺旋挡风导板的作用下，进入到滚筒内腔。由于螺旋挡风导板与热风输送管的间隙很小，热风不会从进茶斗泄出。茶叶在滚筒内回转中被抛撒，和热风充分接触，使脱水效果最好。由于螺旋导板不断向前延伸，起到导叶作用，同时阻挡了茶叶在风力作用下迅速向出口移动，避免炒干时间不够。由于螺旋导板高度不一，从而将滚筒的内腔沿轴向分成若干温区。设置热风挡板的目的是防止热风沿中轴线即风阻较小的线路直接排出，而浪费热能。

当茶叶移动至滚筒出茶端时，热风从气通道经排气管排出，而茶叶在自重作用下经排叶口排出，由输送带送到下道工序。

这种炒干机的进出茶可以连续进行，因此设输送带后，即能实现连续化、标准化生产作业。

③使用与保养：

a. 使用。机器启动前，要检查各部件安装和连接是否可靠，各润滑点的油脂是否加足。然后点火生炉，启动机器。当炉温升到工艺要求时即可投叶炒制。原则是，老叶多投，嫩叶少投，温度先高后低。当条索、色泽、香气和含水量等因素达到工艺要求，即行出茶。一般工作结束后，及时清除炉渣和筒内茶叶、茶末等，为下一班做好准备。

b. 保养。机器启动前，须认真清查与清理机器上和四周的杂物、工具，注意传动机构有无卡住现象，检查各连件有否松动或脱落，各润滑点是否加足润滑油。运转时，若发现不正常的噪声应停机退火检查。工作中要检查皮带的松紧度。茶季结束后，应进行一次全面检查和维修，对磨损超过允许限度的零件要更换和修复。

2. 卷球形茶炒制机械

珠茶是我国的大宗出口茶类，在绿茶贸易中有举足轻重的地位。珠茶外形颗粒紧结，油润光亮似珍珠，这是在加工过程中，利用珠茶炒制机炒板与炒锅之间的反复弯曲力作用下，不断翻炒，先形成卷曲状，再形成盘花状，最后形成珠茶的颗粒状。如果在炒制过程中，紧紧将茶叶炒至卷曲状，则可用于卷曲形茶的炒制，还可实现茶叶的提毫工作。

常见的卷球形茶炒制机有双锅珠茶炒干机和双锅曲毫机。

(1) 双锅珠茶炒干机

①工作原理：以 6CC‑84 型为例，84 型珠茶炒干机是利用热传导原理，使茶叶从被炉灶加热的锅壁上吸取热量，在弧形炒板来回摆动下，使茶叶在锅中慢慢翻滚。茶叶受弧形炒板的推挤及多种作用力，锅面的反作用力，茶叶相互间的挤压力的反复作用下，逐步达到干燥和圆紧成珠的目的。

②基本结构：84 型双锅珠茶炒干机由炉灶、减速箱、联轴器、弯轴、轴承座及弧形炒板组成（图 1 ‑ 83）。

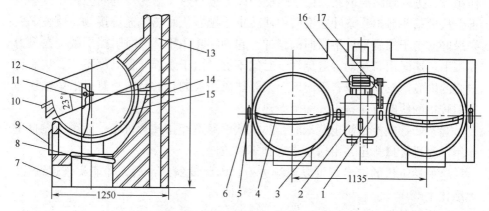

图 1 ‑ 83　双锅珠茶炒干机示意图　（单位：mm）

1—胶带轮　2—减速箱　3—轴联器　4—弯轴　5—轴承座　6—油杯　7—出灰孔　8—炉栅　9—炉门　10—出茶板　11—弧形炒板　12—夹板　13—烟囱　14—出烟孔　15—茶锅　16—电动机　17—V 带

炉灶：炉灶用砖砌成，尺寸为 2712mm × 1250mm × 1100mm。锅子直径 840mm，锅深 340mm，锅与炉栅最近处相距 150 ~ 180mm。炉栅（燃煤灶）内倾 5°，锅安装成外倾 23°，烟囱高度应不低于 4m。

减速箱：由一级胶带传动和二级齿轮减速器组成。减速器的第三轴两端装有偏心轮，通过连杆、摆杆、下拉臂牙嵌式离合器等部件，使半轴摆动输出，再由联轴器传递到弯轴、弧形炒板进行工作（有的采用无级变速机构）。弯轴最大摆幅为 90°，摆动次数为 56 次/min，炒板高低调节范围 25°左右，由筒体两侧设立独立丝杆调节机构控制，可以任意调节，也可以反转出茶，反转时转速为 24r/min。

弯轴部分：弯轴部分由弯轴（曲率半径为 600mm）、弧形炒板、弧形挡板、固定夹、轴承和紧定套组成。由五对固体夹将炒板、挡板分别固定在弯轴上，形成一个工作整体。弯轴一端安装在轴承上，另一端通过联轴器传动。

炒叶腔：采用砖砌或混凝土预制成球面，球面半径与锅面半径相同。

③使用与保养:

a. 使用。启动前要做好检查工作,润滑点的润滑油有否加足,各螺栓有否紧固,杂物是否清除干净,运转情况是否正常,只有确认无误后,才能进行作业。

生火,待锅温达到工艺要求,先启动电机使弯轴空摆,后再投叶。

炒小锅,每锅投入二青叶12kg左右,锅温达到120℃,滚翻良好(即炒板摆动1~2次,茶叶翻转一周),炒至芽叶成颗卷状卷曲,形似蝌蚪时起锅,起锅时含水率20%~25%。

炒对锅,每锅投入小锅叶20kg左右,锅温达到100℃,炒板摆动3~4次,茶叶翻转一周,滚翻良好。炒至茶叶大部分成松散颗粒,色泽乌黑,即可起锅,含水率为12%~15%。

炒大锅,每锅投入对锅叶30~35kg,锅温达到80℃,滚翻良好,上松下实(即炒板摆动5~6次,茶叶翻滚一圈),炒至后期,比较粗老的茶叶也圆紧光滑,色泽由深变浅,呈浅绿色即可起锅,含水率7%~8%。

b. 保养。开始作业前,对机器进行全面检查,排除一切故障,方能开机作业。在作业时,如发现机器有不正常的振动和声响,应立即停车检查,待查明原因,排除故障后才能重新进行作业。

要检查传动箱、电动机及轴承温度,电机温升不得超过65℃,传动箱温升不得超过80℃。

经常注意V带的松紧程度,如发现过松,应及时拉紧。机器在工作500h以后,传动箱润滑油应更换一次。同时对整机进行一次保养。

茶季结束,应全部拆洗一次。磨损零件超过允许范围的,应及时更换。在易锈部分要涂上油脂后干燥封存。V带也应拆下挂起备用。

(2) 双锅曲毫炒干机 双锅曲毫炒干机是一种制作卷曲形茶的干燥整形设备,其结构与双锅珠茶炒制机相似。在机体两边各安装一个曲面锅,曲面锅内分别安装一块弧型炒板,传动机构安装有大、小偏心装置两套,通过离合器拨动滑套分别与大、小偏心装置进行连接,在曲面锅锅体的止下方安装有加热装置(图1-84)。

茶叶双锅曲毫炒干机通过曲面锅与锅体内的弧形炒板在传动机构及加热装置的作用下对茶叶进行炒制,在锅体下方加热装置加热的情况下,通过锅体的导热对茶叶进行加热,茶叶炒制过程中,在失水的同时使茶叶以卷曲形的外形进行自动固型,从而实现卷曲形茶的自动炒制作业。

茶叶双锅曲毫炒干机具有结构紧凑、调试简便、便于运输、安装和维修的特点。用该机炒制卷曲形茶,可取代传统的手工炒制,降低劳动强度,且工效高、对茶叶无污染、成品茶质量稳定,能达到自动炒制的目的。

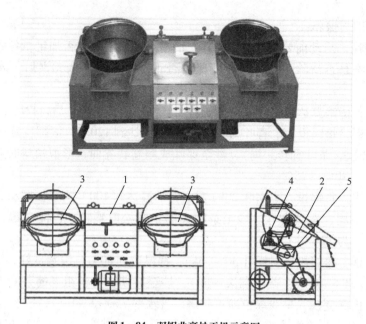

图1-84 双锅曲毫炒干机示意图
1—机体 2—曲面锅 3—弧形炒板 4—传动机构 5—加热装置

3. 针扁形茶炒制机械

针形茶和扁形茶是我国名优绿茶家族中重要的类型,如恩施玉露、南京雨花茶、西湖龙井、竹叶青等,因此选择合理的设备用于这些名优绿茶的机械化生产具有重要的经济效益和社会效益。常见的针扁形茶炒制机械有扁形茶炒制机、茶叶杀青理条机以及针形茶炒制机等。

(1)扁形茶炒制机 扁形茶炒制机是根据扁形茶手工炒制技术而进行设计的一款集青锅与辉锅于一体的新型扁形茶炒制机械。

扁形茶炒制机操作简便,生产效率高,生产效率是手工炒制的 5~10 倍,劳动强度低,制茶品质稳定。根据机械行业标准 JB/T 10748—2007《扁形茶炒制机》规定,扁形茶炒制机主参数为槽锅长度,计量单位为 cm。

扁形茶炒制机型号主要由类别代号、特征代号和主参数三部分组成,型号标记示例如下:

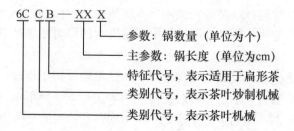

例如，锅长度为70cm、数量为1个的扁形茶炒制机表示为：6CCB-701。

扁茶（龙井茶）炒制机由曲线形炒茶锅、机架、热源、炒手、加压装置、传动结构和微电脑控制系统等机构组成（图1-85），曲线形炒茶锅以薄钢板冲压而成。

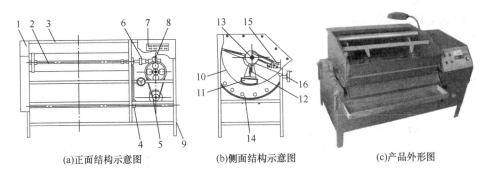

图1-85 扁形茶炒制机

1—机罩 2—传动轴 3—机架 4—凸轮调整机构 5—电动机 6—炒板位置调整磁钢 7—微电脑控制器 8—蜗轮减速箱 9—接地线 10—炒锅 11—炒板机构 12—炒板伸缩机构 13—凸轮 14—电热管 15—划杆机构 16—手轮

机架由角钢焊接，外装护板，炒茶锅、热源、传动机构、加压装置都装在机架上。热源采用红外线电热管加热，设置在炒茶锅下部，以硅藻土保温材料隔热，通过微电脑控温系统的温控设置，直接对锅体加温。炒手由炒板和划杆构成。炒板是一块独立弧形钢板，外面紧包棉布制成。划杆是一块直线形钢片，一端折边，与炒板一起连接在炒叶锅内部的炒动轴和凸轮上。传动机构由电机、V带、链轮、减速箱组成，带动传动轴，使炒手在凸轮轨迹上顺时针运转。炒手在微电脑控制系统的调控下，形成三种不同的炒制方式：第一种是炒板在锅内塌炒一下，翻炒一下；第二种是炒板在锅内塌炒一下，翻炒二下；第三种是炒板在锅内塌炒二下，翻炒一下，由此产生不同的炒制效果。加压装置采用手动调节，其连杆联接凸轮，通过调整凸轮的位置，使加压的轻重效果不同，加压轻重程度由机架上的导杆调整。

炒制机作业时，热源对炒叶锅加热，开动电机，传动机构带动传动轴，使炒手在凸轮轨迹上作顺时针运转。在适宜温度控制下，将鲜叶均匀投入炒茶锅内，随着炒板和划杆运转，并通过锅壁的高温炒制，加工叶的酶活性很快被破坏，完成杀青工序。

加工叶在炒制过程中，由于炒叶板、划杆的特殊结构与炒茶锅的有机结合，加工叶能够沿轴向顺序排列，被不断翻炒卷紧，得以杀青、理条。当杀青叶理条到一定程度，可用控制方式进行炒制，直至完成青锅作业。

青锅叶摊晾回潮,使茶条水分分布均匀。摊晾结束,将青锅叶两锅的量投入一锅,继续翻炒理条,待茶条回软时理条结束,加重炒手,采用适宜调控方式进行炒制,在不同力的作用下,使加工叶在干燥的同时使茶条变得扁平光滑,直到全部成形,完成扁形茶全程加工。为了适应不同炒制阶段的工艺需要,微电脑控制扁形茶炒制机设置不同的炒制方式和路径,使炒板的炒制动作可按加工叶进程变化需要灵活调控掌握;同时,微电脑控制系统可根据炒制过程中锅温需要灵活调控电热管开关,保证加工叶质量。

具体操作程序:接通电源,按动电机开关,将压板转至上方停住,拉起压板手柄;将温度设定在一定值(210℃左右);当温度达到要求后,投放青叶前在锅内涂抹少许制茶专用油,待油烟散尽后,适时投放约500g青叶于锅内,并开动电机;适时将压板手柄逐渐下压,使压板的压力适中,此阶段兼有杀青、成形、压扁、磨光和干燥等功能。装上料斗,适时出锅(一般为7~8min)拉起锅门手柄,当锅内茶叶出净后,关闭电机,将压板停在上方,拉起压力手柄;操作完毕后,切断电源。

为了进一步提高生产效率,实现扁形茶的连续化生产,一些生产单位研制了一种扁形茶的连续炒制机(图1-86)。该机是在单体扁形茶炒制机的基础上进行设计,将4口扁形茶炒制机槽锅进行串联,青叶从定时定量自动投料到自动进入杀青、做青、做形、辉锅、出锅,整个炒制过程实现了自动化、智能化,无需人工操作。

图1-86 6CCB-784型扁形茶连续自动炒制

该机把复杂的扁形茶(龙井茶)炒制技术编制成连续自动炒制工艺,极大降低了操作难度。炒制的成品茶品质优良,提高了茶叶加工质量,既节省了劳动力,又增加了生产效率,是新一代扁形茶(龙井茶)炒制机械,提高和推动了茶叶加工机械自动化、规模化、清洁化的生产方式。

该机特别适合标准化茶厂以及大型茶叶加工厂。

扁形茶炒制机性能如表1-17所示，常见故障原因及排除方法见表1-18。

表1-17 扁形茶炒制机性能指标

产品型号	6CCB-781	6CCB-1001
外观尺寸（长×宽×高）/mm	1235×650×785	1520×720×850
茶锅长度/cm	78	100
整机质量/kg	118	143
加热方式	电热	电热
温度控制/℃	0~400	0~400
电机功率/（kW/V）	0.75/220 0.75/380	0.75/220 0.75/380
电热功率/（kW/V）	4.4/220 4.4/380	6.0/220 6.0/380
生产率（以干茶计）/（kg/h）	≥0.4	≥0.4
炒板转速/（r/min）	25~32	26~35

表1-18 扁形茶炒制机常见故障原因及排除方法

故障现象	故障原因	排除方法
锅底茶叶不能完全扫尽	拖手不灵活	调节拖手螺丝，使拖手灵活自如
电机转动正常，但炒板不转动	减速器或电机皮带或销子脱落、皮带盘打滑或链条断裂减速器损坏	加固减速器，电机皮带或皮带盘更换链条；更换减速器
出茶有剩余	炒板压力不足	调节炒板压力螺帽
炒板转动有停顿感且不顺畅	链条或皮带太松	调紧链条或皮带
茶叶炒制色泽不佳	炒茶温度掌握不好，茶叶偏黄则温度太高，茶叶偏青则温度太低	调节炒茶温度
茶叶不光滑	炒茶压力掌握不好	炒茶时及时加压

（2）茶叶杀青理条机　茶叶杀青理条机是一种多功能机，兼具杀青与理条的作用，适合于针形茶和扁形茶的炒制，在四川、贵州等产茶省份应用较广。

茶叶杀青理条机由多槽锅（一般5~11槽，锅体呈U形或变体U形）、偏心轮连杆机构、减速传动机构、排湿装置、热源装置和机架等部件组成（图1-87）。

理条的工作原理是由电动机通过二级V形带轮减速机构带动偏心轮的运转，由偏心轮的转动带动锅体的往复运动从而达到炒制理条的目的。

连体多槽锅是理条作业的主要工作部件，它由多条横截面呈近似阿基米德

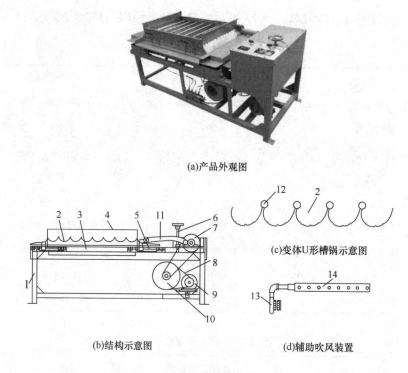

图 1-87 茶叶杀青理条机结构示意图

1—机架 2—多槽锅 3—加热装置 4—锅架 5—滑轨 6—调速轴 7—中皮带轮 8—传动V带 9—电动机 10—大皮带轮 11—曲柄 12—吹风管 13—辅助吹风电机 14—出风孔

螺线状的槽锅并联而成,呈U形或变体U形[图1-87,(c)]。锅体一侧设一个翻板式出茶门,打开此门,向上拉动锅体50°~70°,槽内茶叶即可全部排出。热源装置通过辐射传热加热多槽锅体,由于采用辐射传热,故槽锅受热均匀。并且可以根据茶叶水汽情况,开启辅助吹风装置进行排湿。通过设于机器上部的手轮带动丝杆,调节电机位置,可带动V带实现无级变速,满足不同制茶工艺的要求。

多槽锅在往复机构带动下来回运动,槽锅内茶叶在热辐射作用下均匀受热并散失水分,同时由于惯性作用,茶叶沿着锅体轨迹被摩擦挤压、翻动成条。理条机适用于针形名优茶的理条作业,如果配合使用棉质加压木棒或米棒子,还可用于扁形茶的压扁作业,制成的干茶可达到条索紧直(扁平)、芽叶完整、锋苗显露、色泽绿润的效果。

以6CMD-40/3型茶叶理条机为例,该机生产率约为20kg/h,该机共有11个连体的工作槽锅,长度为1m,宽度为0.6m,配用的电机功率为0.55kW,采用无级变速往返理条,3组电热丝的总功率为8kW。

该机为间歇式操作，为了适应茶叶生产设备连续化的需要，不少单位开发出了一些连续式杀青理条机，在此作一简要介绍。

①阶梯式连续理条机：该机是在单体理条机的基础上设计的，由3~6个单体理条机通过阶梯排列形成整体，理条机的多槽锅纵向有倾斜角，倾斜范围为0.5°~3°。多槽锅在曲柄连杆机构的曲柄作用下横向往复运动，茶叶在其中被平抛、摔撞、搓滚、刮滑，在热力共同作用下逐渐直条并初步定型。由于单体理条机阶梯排列，可实现连续式理条作业，茶叶在单体理条机振动理条的同时，利用多槽锅的纵向倾斜角自动由高端向低端流动，然后到下一个单体理条机，最后经出茶口连续流出（图1-88）。

每个多槽锅的纵向倾斜角都可以通过调节倾斜角调节螺杆来调节倾斜角。通过调节倾斜角，可以控制理条时间，一般茶叶的理条时间为5~10min。

理条时的多槽锅温度可在80~150℃调节，多槽锅调速范围有所不同，往复频率在90~220次/min，每个单体理条机的具体温度和往复频率根据工艺来决定。

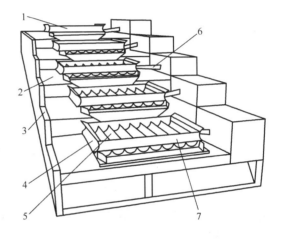

图1-88 阶梯式连续理条机结构示意图
1—机架 2—单体理条机 3—振动槽
4—锅架 5—多槽锅 6—曲柄 7—挡板

具体实施中，可以在多槽锅增加辅助吹热风装置、热风送风装置，来达到热风加速水汽的散发，让茶叶的颜色更翠、更绿。

理条过程可实现连续化操作，即该机由一端进茶，茶叶在多槽锅的振动作用下自动滑向出端，提高了生产效率。该机可与现有的任何连续杀青机、烘干机及其他制茶设备通过提升机及振动槽等辅助设备串联配套使用，实现制茶自动化、清洁化。

②连续杀青理条机：该机包括机架、锅体、加热装置和传动机构，锅体由多条横断面为"U"字形的锅槽组成，锅体的两端分别设有进料斗和出料斗（图1-89）。在进料斗的底平面上活动设有两排匀叶片，通过调整每根导流匀叶片、分流匀叶片的旋转角度，即可实现均匀向每只锅槽输送鲜叶。

加热装置位于锅体的底部，与机架之间还设有一可相对机架作水平往复运动的锅架，一端与机架铰接，另一端与锅架升降机构连接，可调节锅体一端的

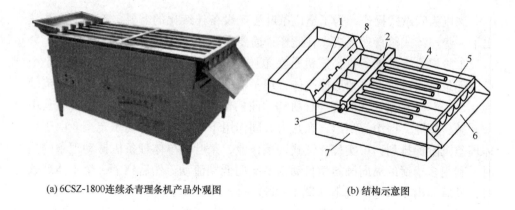

(a) 6CSZ-1800连续杀青理条机产品外观图　　　　(b) 结构示意图

图1-89　连续杀青理条机示意图

1—鲜叶自动进料斗　2—长条安装支架　3—进热风主管　4—进热风支管
5—锅体　6—出料斗　7—加热装置　8—分流匀叶片

高度，使槽锅具有一定角度。锅体的上方具有一覆盖局部锅体的保温罩，保温罩的罩壁上开有众多透气孔，锅体的每条锅槽的锅沿上设有一根热风输送支管。

　　该机工作过程如下：当该机与其他机械配接时，鲜叶由输送带或其他机械输送至进料斗内，在导流匀叶片、分流匀叶片作用下，均匀落入锅槽内。由于锅体向着出料斗倾斜，并且在锅架的往复运动作用下，因此，锅槽内的茶叶顺着倾斜方向前移，与此同时，强进风装置经热风输送总管、热风输送支管向每只锅槽输送热风，当茶叶进入隧道状的保温罩内时，温度骤然升高，实现一边杀青、一边理条的目的。最后，已杀青、理条的茶叶从出料斗流出，进入下一道工序。

　　与现有技术相比，该机以现有理条机为母机，在以下几方面作了创新：①增设保温罩和热风输送支管后，使该机同时具备了杀青理条功能，且一边杀青一边理条的工艺更加符合制茶机理，因此，很好地解决了现有技术杀青理条分机分步进行，先杀青后理条，杀青后杀青叶排列无序、可塑性差、老嫩程度不易掌握的问题，具有成形效果好，茶叶品质高等优点。②通过升降式设置、锅体、热源装置，并在锅体往复运动的作用下，使茶叶实现从进料斗到出料斗方向的运动，因此，与前后其他机械连接后，即能实现连续化生产作业。③在进料斗的底平面上增设匀叶片后，使茶叶能够非常均匀地进入到每条锅槽内，从而有利于确保加工后的茶叶在色泽、造形等方面的一致性，提高产品档次。④结构设计合理，通过调整锅体倾斜度，可以控制茶叶在锅槽内的滞留时间，从而适合不同茶叶品种、不同阶段茶叶的加工制作，适用性好。通过升降机构使锅体与热源装置即使在动态调整过程中两者的间距也能保持定值，加热均匀、效果好。

(3) 茶叶精揉机　精揉是蒸青煎茶加工中的重要整形工序，所使用的机械为精揉机。精揉机也可用于其他针形茶的整形。

一台精揉机组一般由四个揉釜组成，其中揉釜由揉盘、传动机构、机架、加压机构等组成（图1-90）。

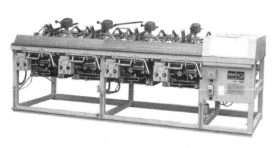
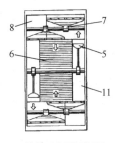

(a)茶叶精揉机组外观图　　　　　(b)工作过程图

(c)立体结构示意图（不含传动机构）　(d)结构示意图（侧面）　(e)结构示意图（俯视）

图1-90　茶叶精揉机结构示意图

1—主轴　2—导轨　3—重块　4—搓手架　5—复刷　6—揉盘　7—回转帚
8—滑动流槽　9—加热装置　10—揉压盘（或称搓手）　11—沟槽

工作时，搓手在揉盘的搓茶板上作往复运动，快慢可调。茶叶在搓手的挤、搓力作用下，不断向两边沟槽泻落。沟槽内的复刷不断把茶叶扒送到揉盘两端的沟槽内，沟槽内的回转帚又将茶叶扫入揉盘。如此往复进行搓揉和回流，茶叶一边在搓手的不断作用下逐渐理直炒紧，一边受热干燥，达到针形茶的工艺要求。

模块二 茶叶精加工机械

茶叶经初制后,其品质特性已基本形成。但由于茶叶初制生产比较分散,采摘的嫩度不一,初制技术各有差异等,因而毛茶的品质规格复杂。为了提高茶叶的商品价值,使产品品质规格化,必须通过精细的制造,才能适应国内外市场的需要,满足消费者的要求。

茶叶精制的工艺流程,因茶类的不同而异,同种茶类,各茶厂的工艺流程也不尽相同。但其目的大体相同,主要是:整饰外形,分做花色;分离老嫩,划分等级;剔除次杂,纯净品质;适度干燥,发挥色香味;调剂品质,稳定质量。但无论采用何种工艺流程,均需经过筛分、切细、风选、拣剔和再干燥等步骤。

茶叶精制加工常用的机械有圆筛机、抖筛机、飘筛机、切茶机、风力选别机、拣梗机、色选机、车色机、复炒机、烘干机、匀堆装箱机等。本模块将分别对常用的各种精制机械的基本结构、工作原理、使用方法等进行介绍。

项目一 筛分机械

筛分机械的种类较多,按其作用不同,可分为圆筛机、抖筛机、飘筛机等。根据茶类不同,其结构形式也有差异,但工作原理相似,大多是参照手工制茶的工具和动作原理设计而成的。

筛分是精制中整饰茶叶外形的作业。筛分前的毛茶含有不同长短、轻重、粗细、整碎、梗杂等成分,因此筛分就是利用不同筛分机的不同运动形式,将毛茶分出长短粗细、大小,使茶叶的外形整齐,符合规格;同时筛出茶末和粗大茶,以利于进一步加工。

筛分机的筛网有编织筛网和冲孔筛网两种。编织筛网多采用低碳钢丝编织而成,也有采用铝合金板上冲孔的筛网(图2-1)。

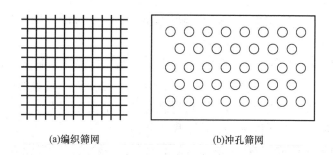

图2-1 筛网

编织筛网的孔眼为正方形,筛分的均匀度相对较差,但因其取材方便,制造简单,使用较普遍。冲孔筛网的孔眼为圆形,筛分的均匀度较好,但因其有效面积小、成本高,较少采用。

一、圆筛机

圆筛机用于分离茶叶长短或大小,类型主要有平面圆筛机和滚筒圆筛机。

1. 平面圆筛机

(1) 工作原理 平面圆筛机的筛床作水平旋转运动,当茶叶投到最上一层筛网上时,随着筛床的运动迅速均匀地散开,平铺布满于倾斜的筛面上,在相应的回转运动中,将长短、大小不同的茶叶依次在几层筛上分成数挡,分别从出茶口流出。通过筛分、潦筛、割脚等工序,分离成一定规格的筛孔茶,从而达到筛分目的。

(2) 基本结构 平面圆筛机由筛床、筛床座、机架、传动机构和升运装置等部分组成(图2-2)。

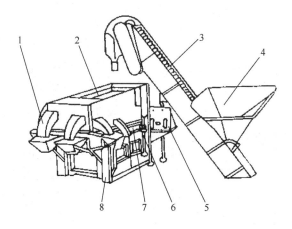

图2-2 平面圆筛机
1—出茶斗 2—筛床 3—升运装置 4—贮茶斗 5—开关箱 6—曲轴 7—筛床座 8—机架

机架用铸铁浇铸而成,或用型钢焊接而成。电动机座置于机架的一端,用以安装电动机。

筛床座常用槽钢焊接而成,筛床座上安装筛床,筛床由筛床座带动运动。

筛床为一长方形的方框,内装 1~4 面呈 5°~6.5°的倾角的筛网。分筛出来的茶叶分别从 5 个出茶口流出。可以在筛床上的出茶口装上罩袋,并连通除尘设备,有利于降低车间内的含尘浓度。

平面圆筛机筛网的数量应视工艺要求而定,一般出厂时都配有 3、4、5、6、7、8、10、12、16、18、20、24、32、40、60、80 孔等 10 余面筛网。筛分时,可根据不同的作业要求随时进行更换。常见筛孔的大小和筛号茶名称见表 2-1。

表 2-1 筛孔的大小和筛号茶名称对应表

筛网规格/〔目/(25.4mm×25.4mm)〕	筛孔边长/mm	筛号茶	归段
3	8	3 孔	茶头
3.5	7	3.5 孔	
4	6	4 孔	上段
4.5	5	4.5 孔	
5	4	5 孔	
6	3.5	6 孔	中段
7	3	7 孔	
8	2.7	8 孔	
9	2.5	9 孔	
10	2.2	10 孔	下段
12	1.8	12 孔	
16	1.2	16 孔	碎茶
18	1.0	18 孔	
24	0.8	24 孔	下脚
36	0.5	36 孔	

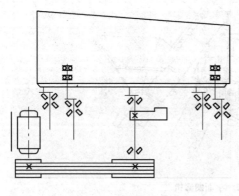

图 2-3 平面圆筛机传动示意图

平面圆筛机的传动机构,分主动机构和从动机构,主动机构由电动机、V 带传动、主动曲轴等部分组成(图 2-3)。

主动机构的主动曲轴,其下端轴承座安装在机架上,上端通过接座用螺钉与筛床座连接。曲轴旋转时,带动筛床座和筛床运动。

从动机构为四根从动曲轴,上

端与筛床座支座连接，下端与机架上的轴承座连接。

当主动曲轴旋转时，从动曲轴随之转动。由于主动曲轴的偏心距与从动曲轴的偏心距相等，因此平面圆筛机的运动，实际上是平行四连杆机构的运动，筛床相当于连杆，筛床上任一点均作轨迹为圆的平面运动。

升运装置是一个与平面圆筛机相配套的独立的辅机，它安装在平面圆筛机的进茶端，由贮茶斗、输运带、下料斗、接茶斗、传动机构和电器开关箱等部分组成。

（3）机械性能　圆筛机主参数为有效筛分面积，计量单位为 m^2。圆筛机型号主要由类别代号、特征代号和主参数三部分组成，型号标记示例如下：

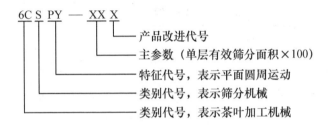

平面圆筛机的机械性能（如转速、功率、振动、噪声等）均可通过仪器来测定。而制茶的工艺性能，即筛分的质量，过去均依靠有经验的制茶师傅凭感官审定。机械行业标准 JB/T 9811—2007《茶叶平面圆筛机》的颁布与实施，解决了平面圆筛机的制茶工艺性能，即筛分质量的评定。

该标准所提出的茶叶平面圆筛机的筛分质量指标是筛净率与误筛率。

首先从筛分机出茶口接取首面筛筛上茶、筛下茶，每次各取样 500g，试验开始 15min 后实施第一次取样，然后每隔 10min 取样一次，共取样三次；三次样茶合并拌匀，按随机和对角线四分法取样法提取试验用小样，进行筛净率、误筛率的测定。

筛净率：取上述筛面茶茶样 100g，用茶样筛分机（筛面直径为 200mm，转速为 200r/min，筛面回转幅度为 60mm，筛网与圆筛机首面筛孔目相同），分筛 5 转后，称取样筛筛下茶质量，筛上茶质量与筛分前茶样质量的百分比即为筛净率（%）。

误筛率：取上述筛下茶茶样 100g，用茶样筛分机（筛面直径为 200mm，转速为 200r/min，筛面回转幅度为 60mm，筛网与圆筛机首面筛孔目相同），分筛 30 转后，称取样筛筛上茶质量，筛上茶质量与筛分前茶样质量的百分比即为误筛率（%）。

例如，有 4 号筛筛面茶 100g，经该面筛的茶样筛分机筛分后，筛下茶为 2.8g，则：

$$筛净率（\%）= \frac{100-2.8}{100} \times 100 = 97.2$$

又如，有 4 号筛筛下茶 100g，经该面筛的茶样筛分机筛分后，筛上茶为 8.3g，则：

$$误筛率（\%）= \frac{8.3}{100} \times 100 = 8.3$$

由此可见，筛净率与误筛率分别表示了在制品经筛分机的某面筛筛分后，其筛上茶与筛下茶的筛分质量，筛净率反映出筛上茶的纯净度，误筛率则反映出筛下茶的不纯净度。

平面圆筛机的主要性能指标如表 2-2 所示。

表 2-2 平面圆筛机主要性能指标

项目	性能指标		
	4 号筛	8 号筛	10 号筛
筛净率/%	≥93	≥88	
误筛率/%	≤20	≤10	
生产率/[kg/(m²·h)]	≥1100		
千瓦小时产量/[kg/(kW·h)]	≥1350	≥1280	

注：4 号筛适用于炒青绿茶；8 号筛适用于二、三、四套样红碎茶；10 号筛适用于一套样红碎茶。

影响平面圆筛机的筛分质量，主要有两个方面的因素：一是机械技术参数，如曲轴的回转速度、偏心距离、筛网的倾斜度、有效筛分长度和张紧程度等；二是筛分工艺参数，如在制品的组成情况、喂入量和喂入的均匀程度等。

在同一工艺条件下，筛分的时间越长，则筛净率越高，同时误筛率也越高。喂入量过少，筛面上的茶层过薄时，虽然可提高筛净率，但误筛率也同时增大；喂入量过多，使筛面上的茶层过厚，则必然降低筛净率，误筛率同时也降低。因此，确定合理的筛分时间和掌握适当喂入量，对平面圆筛机的筛分质量是十分重要的。

(4) 安装使用要点

①安装前，平面圆筛机的地面必须平整，机架的基准平面应用水平仪校正，以确保机器运行平稳。曲轴连接座和支座上的油杯，应定期加注润滑油。

②开机前，应检查压紧门是否压紧筛网。

③作业时，应根据不同的作业要求，更换主动带轮和筛网。

④工作中，应随时注意电动机、轴承的温升。

2. 滚筒圆筛机

滚筒圆筛机主要是按茶叶的大小、粗细作初步的分离。利用滚筒的转动，使茶叶随滚筒旋转，当茶叶达到一定高度后，由于其本身的重量自行散落。因滚筒中筛网的孔眼是由小到大顺序排列的，所以茶叶的分离也是由小到大。小于筛孔的茶叶穿过筛孔而下落，不能穿过筛孔的粗大茶叶则沿着倾斜的滚筒移至末端流出。从滚筒末端流出的茶头，需经切割后再进行分筛。

滚筒圆筛机由圆筒筛、机架、倾斜调节器、升运与进茶装置和传动机构等部分组成（图2-4）。

（1）圆筒筛 圆筒筛由多段不同孔径的筛网组成，呈圆筒形，通过铁箍固定在钢架上。钢架中贯穿一根直径6cm的管轴，轴上装有3个撑架，外端与8根轴向排列的小角钢连接，形成圆筒筛的框架。圆筒筛进茶端筛网孔眼较小，为8~9孔，依次增大至出茶部分，一般为4~5孔。每段筛网的下部均设有接茶斗和出茶口，滚筒的末端也设有出茶口。

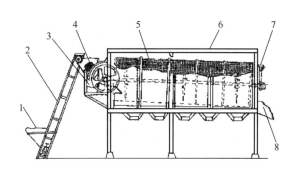

图2-4 滚筒圆筛机
1—投茶斗 2—输送带 3—进茶盘 4—接茶斗
5—圆筒筛 6—机架 7—倾斜调节器 8—出茶口

（2）机架 机架用木材或角钢制成，用于安装滚筒圆筛、进出茶装置和传动机构，是滚筒圆筛机的骨架。

（3）升运与进茶装置 升运装置是一条倾斜的斗式输送带。茶叶倒入投茶斗后，由斗式输送带将茶叶提升到接茶斗，送入进茶盘，通过凸轮振动送入滚筒。

（4）倾斜调节器 倾斜调节器位于滚筒筛出茶端的上方，通过手轮传动螺杆进行调节。

（5）传动机构 在筛筒进茶端的主轴和与主轴垂直的主动轴上，设有一对圆锥齿轮传动。主动轴两端均设有皮带轮，一端连接圆锥齿轮，用于动力传入，另一端用于传动进茶盘的振动和升运装置。

滚筒圆筛机的功率为0.75kW，滚筒的工作转速为20~22r/min，台时产量为850~1250kg。

二、抖筛机

抖筛的目的是使条形茶分出粗细，圆形茶分出长圆，并套去圆身茶头，抖去茎梗，起"抖头抽筋"作用，使茶叶的粗细和净度初步符合各级茶的规格要求。

抖筛机主参数为首面筛有效筛分面积，计量单位为 m²。抖筛机型号主要由类别代号和主参数两部分组成，型号标示方法如下：

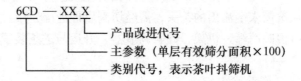

例如，经过一次改进、首面筛有效筛分面积为 1.25m² 的抖筛机型号为：6CD-125A。

抖筛机的种类较多，目前常用的主要有两种形式，一种是前后往复抖动式，称往复抖筛机；另一种是上下垂直振动式，称振动抖筛机。振动抖筛机又有机械振动和电磁振动两种不同的激振方式。现将往复式抖筛机和振动抖筛机的结构原理与安装使用介绍如下。

1. 往复式抖筛机

(1) 工作原理　往复式抖筛机的筛床由曲轴连杆机构带动而作往复运动，筛网有一定的倾斜度，茶叶沿筛面纵向前进，并在抖动中与筛面产生相对运动，从而使细小的茶叶穿过筛孔落下，粗大的茶叶则继续沿筛面滑行到出茶口流出，使粗细不同的茶叶分离出来，起抖头抽筋、分清茶叶规格的作用。

(2) 基本结构　往复式抖筛机由筛床、传动机构、缓冲装置和输送装置等部分组成。

① 筛床：筛床分上、下两层，每层筛床可安置两片筛网。筛床纵向倾斜为 0°~5°，可根据不同的作业要求进行调节。上筛床的进茶端与输送装置相连接。茶叶经进茶斗落入筛面后，随着筛床的抖动，在逐步前进中进行筛分。上筛床有两个出茶口和一个出茶抽斗，可按照制茶工艺的不同要求将抽斗抽出或放入。抽斗抽出，可使上层筛床的茶叶进入下层筛床；抽斗放入则直接出茶，以控制茶叶的流向。

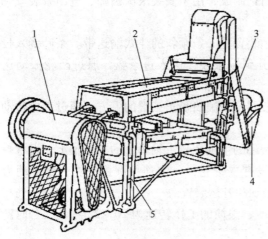

图 2-5　往复式抖筛机
1—传动机构　2—筛床　3—输送装置
4—贮茶斗　5—缓冲装置

②筛网：筛网的结构与平面圆筛机相同，一般出厂都配有3、4、5、6、7、8、10、12、14、16、18、20、24等10余片不同孔眼的筛网，可根据需要进行调换。

③传动机构：传动机构由机架、电动机、V带传动、曲轴、连杆和平衡轮等组成。机架用铸铁浇铸或用型钢焊接而成。机架上设有安装电动机的机座，动力通过V带传动传至曲轴。曲轴的转速一般为250r/min，偏心距为20～25mm。曲轴的主轴承安装在机架上，3个曲轴轴颈上套有3根连杆。中间的一根连接下层筛床，两侧的两根连杆连接上层筛床，通过曲轴的旋转使上、下筛床在连杆的带动下作往复运动，且工作时两筛床相差180°，同时在曲轴的一端设有平衡轮，有利于平衡。

④缓冲装置：缓冲装置主要由弹簧钢板和铰链组成。上下筛床各用四根弹簧钢板支撑。钢板的下端固定在底座上，上端通过夹紧圈与铰链连接，并连接筛床，筛床的倾斜度可通过筛床前端的丝杆来调节。当曲轴连杆带动筛床往复运动时，弹簧钢板便来回摆动，筛床便产生上下抖动的效果。

⑤输送装置：往复式抖筛机的输送装置与平面圆筛机的输送装置相同。

（3）主要性能　往复式抖筛机的主要性能如表2-3所示。

表2-3　往复式抖筛机的主要性能

参数	筛面斜度调节范围/（°）	抖动行程/mm	曲柄转速/（r/min）	配用功率/kW	生产率/［kg/（台·h）］
指标	0～5	50	250	1.0～1.1	100～200

2. 振动式抖筛机

振动式抖筛机由激振器（有机械激振和电磁激振两种方式）、筛床、缓冲装置、机架等组成。

（1）机械激振式抖筛机　机械激振式抖筛机具有结构简单、机架振动小、穿透性好、劳动强度低、碎末茶少、使用方便等特点。其振动频率为15.5Hz，是利用偏心轮的旋转为振源，使筛床上下振动，茶叶穿过筛孔而落下，达到筛分的目的。激振力的作用线与筛网垂直，并通过筛床的重心，确保筛床平稳工作（图2-6）。

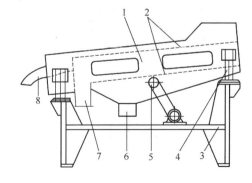

图2-6　机械激振式抖筛机
1—筛床　2—筛面　3—机架　4—缓冲装置　5—激振器
6—筋梗出茶斗　7—正茶出茶斗　8—茶头出茶斗

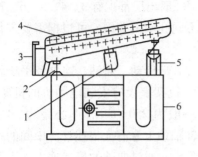

图2-7 电磁激振式抖筛机
1—电磁激振器 2—减振装置 3—出茶口
4—筛床 5—机架 6—罩壳

(2) 电磁激振式抖筛机 电磁激振式抖筛机由电磁力驱动,具有振动频率高、振幅小、消耗功率低、工作稳定可靠等特点,故使用较广。该机由电磁激振器、筛床、减振装置、进出茶设备、机架和罩壳等部分组成(图2-7)。电磁激振器装在筛床下,其激振力的作用线与筛网平面垂直,并通过筛床的重心。筛床、电磁激振器底板、平衡铁、工作弹簧的一部分和筛面上的茶叶等组成该机的前质量,振动板、电磁线圈、铁芯、工作弹簧的另一部分和配重板等组成后质量。前、后质量通过一组螺旋弹簧联系在一起,组成双质量点定向振动弹簧系统。按机械振动学谐振原理,将电振抖筛机的固有圆频率 W_0 调到与电磁激振器的电磁力的圆频率 W 相近,其比值 $Z = W/W_0 = 0.90 \sim 0.95$,使该机在低临界共振状态下工作。

3. 旋转振动筛分机

旋转振动筛分机主要由机座、弹簧支承和机体组成(图2-8)。机座呈圆筒形,由铸铁制成。弹性支承是一组圆柱螺旋弹簧,位于机座的上端,沿圆周均匀安放,以悬挂支承机体。机体由激振器、筛网、筛床、出茶口和密封罩等组成。激振器由电机输出轴两端装有的上下偏心块组成,可根据茶叶原料的不同调节偏心块的质量和偏心距离,以获得所需的振动频率。

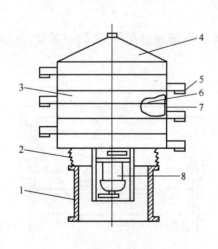

图2-8 旋转振动筛分机示意图
1—机座 2—弹簧支承 3—机体 4—密封罩
5—出茶口 6—筛网 7—筛框 8—激振器

筛分时,茶叶经机体上端的进料口进入第一层筛网,在激振器偏心块所产生的离心惯性力和弹簧的作用下,机体产生有规律的振动。茶叶随着机体的振动而均匀地分布在筛面上,并沿着一定的轨迹向筛框边缘跳动。透过筛孔的茶叶,在下一层网上作相同的运动。经分层筛分后,筛上茶和筛下茶分别从各层的出茶口流出,达到筛分的目的。

旋转振动筛分机具有振动频率高、分离充分、耗能低、筛分效率高、质量好、适应性广等特点。该机适用于眉茶、珠茶、红碎茶等筛分作业,但噪声较大。

三、飘筛机

飘筛机主要用来分离相对密度近似,下落时呈水平状态的轻黄片、梗皮等夹杂物,往往用于风力选别机无法分离的茶叶。飘筛机一般用于红茶精制,绿茶精制中很少使用。

飘筛机的筛网为锥角很大的圆锥形筛网,一边上下跳动,一边作缓慢的水平旋转运动。茶叶由筛边投入,在筛分过程中逐步向中间移动。筛面上下跳动的目的是将茶叶抛起,使其中较重而质优的茶叶先行落到筛面上,不断与筛面接触,易于通过筛网落下。较轻而质劣者随后落下,与筛面接触机会极少而留在筛面上,移到中间经孔中流出,从而达到筛分要求。筛面水平旋转是为了使茶叶在筛网上分布均匀,有利于通过筛网。

飘筛机由机架、传动机构、筛框以及输送装置组成。

机架用型钢制成,是支承飘筛机的骨架。

传动机构由电动机、涡轮蜗杆减速箱、曲轴连杆、中心轴等组成。曲轴连杆连接中心轴,当中心轴转动时,带动筛框上下跳动,跳动次数 140~320 次/min,跳动行程 25~40mm。涡轮减速器带动筛框作水平旋转运动,旋转速度一般为 4~6r/min。

飘筛机的筛网是编织筛网,筛网的锥度可通过筛框四周的 8 根拉条调节,以改变茶叶在筛面上的流动速度。筛网的外圆通过螺栓固定在筛框上,随着筛框的运动而运动。筛框为花篮形,一般多为一机两筛式,左右对称,呈天平状安放。

筛面上部设有进茶斗,可用人工直接将茶叶投入,也可通过升运进入。进茶斗下方有接茶盘,盘内设有匀茶器,盘下有振动轮,能使茶叶不断且均匀地铺撒在筛面的外缘。

项目二 切茶机

毛茶的外形是不规则的,有粗大的、有勾曲的、有折叠的、也有在梗的尖梢附着嫩叶的,等等。这部分茶叶在筛分时通不过筛孔而被夹在头子茶内,形成长圆不一、需经加工做细、或剖分(切粗为细)或折断(切长为短)才能通过筛孔,成为符合规格的茶叶。因此切茶作业是精制加工过程中不可缺少的一个环节。

在茶叶精加工机械中,根据机械行业标准 JB/T 6670—2007《切茶机》,按其结构、作业功能特点分为辊式切茶机和螺旋切茶机两大类,特征代号分别为

"G"、"L"。辊式切茶机的主参数为"辊数×辊长（cm×cm）"，螺旋切茶机的主参数为螺旋直径（单位为cm）。切茶机型号主要由类别代号、特征代号和主参数三部分组成，型号标记示例如下：

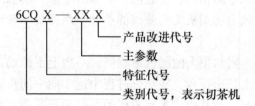

例如，切辊有效长度为80cm的辊式切茶机型号为：6CQG-2×80；螺旋直径为50cm、经过一次改进的螺旋切茶机型号为：6CQL-50A。

此外，还有平面切茶机等其他类型切茶机械。

一、辊式切茶机

辊式切茶机具有滚转运动的工作部件，在滚运过程中切细或剖分茶叶，以利汰劣除杂。辊式切茶机主要有齿切机、滚切机两种。

1. 齿切机

齿切机主要由机座、传动装置、切茶机构和贮茶斗等组成（图2-9），其主要工作部件是齿辊和齿形切刀。

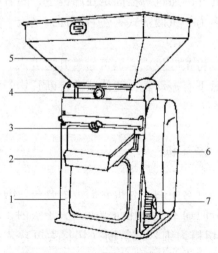

图2-9 齿切机示意图
1—机座 2—出茶口 3—齿辊间隙调节手轮
4—贮茶斗进茶门调节手轮 5—贮茶斗
6—防护罩 7—传动机构

机座一般用铸铁制成。机座内设有电动机座，座上安装电器开关箱。为使机器运转平稳，机座一般加工成梯形，上小下大。传动装置由电动机和三角带轮组成。切茶机构由齿辊与齿形切刀组成。齿辊上的齿轮与齿刀的距离一般为6~10mm，可通过手轮移动齿刀进行调节，一般调节范围为0~1.8mm，以适应不同茶叶的切细需要。茶叶由贮茶斗经进茶门落入与齿刀之间的缝隙中，在旋转的齿辊与固定的齿刀作用下，切细茶叶。

齿切机设有切刀安全装置，当茶叶中夹有硬杂物时，齿刀则会自动让刀，待夹杂物落下后，齿刀自动回复原位，并继续工作。

贮茶斗用薄不锈钢板或白铁皮制作而成,安装在茶斗座上。贮茶斗下部设有进茶门,可通过手轮控制进茶门的开启或关闭,以调节茶叶的流入量。

齿切机有切细剖分粗大茶体的效果,应用较广,主要用于切细经反复抖筛、滚切后的粗大茶体和精制过程中的抖头、撩头等。茶叶切细后再进行筛分。

齿切机有单辊筒和双辊筒两种,其中以单辊筒较多,齿辊直径多为 70~80mm,转速一般为 100~200r/min,配用功率为 0.8~1.0kW,生产率为 200~400kg/h。

2. 滚切机

滚切机由机架、辊筒、进出茶装置、切茶机构和传动机构等部分组成(图 2-10)。

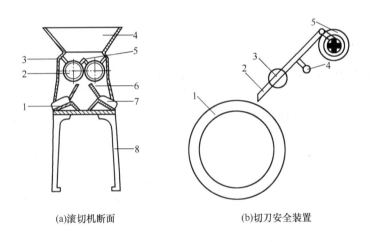

(a)滚切机断面　　　　　　(b)切刀安全装置

图 2-10　滚切机结构示意图

(a):1—出茶导板　2—辊筒　3—切刀　4—进茶斗　5—进茶挡板
　　6—出茶挡板　7—出茶滑板　8—机架
(b):1—辊筒　2—切刀　3—平衡器　4—切刀支架　5—安全棘轮

辊筒和切刀是主要工作部件,辊筒呈长筒形,用铸钢制成。辊筒的表面布满了大小相同的矩形凹槽或凹坑,心轴穿过辊筒,安装在机架内。工作时,两辊筒以相同的转速呈反向转动。经进茶斗落下的茶叶,进入旋转的辊筒表面凹坑后,被带向与辊筒相距为 0.5~1.5mm 的切刀而被切断。

切刀通过刀轴安装在机框两侧,使刀刃与辊筒轴向平行,刀面处于辊筒的径向位置。为调整刀口对茶叶切断的阻力,在刀轴上安装平衡重杆,杆上配饼状平衡重块。当夹杂物通过时,会骤然增大切刀的阻力。当阻力大于平衡力矩时,切刀则产生旋转,让出夹杂物,以保护切刀。夹杂物通过后,切刀在平衡重块的作用下恢复原位。

为了适应不同粗细茶叶的切细要求，每台滚切机应备有几组凹坑尺寸不同的辊筒。同时，辊筒与切刀之间的距离也应可调整。

进出茶装置是由进茶斗、进茶挡板、出茶挡板及出茶滑板等组成。进茶斗位于辊筒首端的上方，做贮存和投入茶叶之用。进茶挡板设在两辊筒中间，以避免投入的茶叶从两辊筒中间缝隙漏出。出茶挡板和出茶滑板用于接受切断后的茶叶。

传动机构为一对安装在两辊轴一端的齿轮，两齿轮相互啮合，齿数相等，故两辊轴的工作转速相同。

机架用铸铁或型钢制成。

滚切机采用功率为 0.8kW 的电机，齿辊转速为 150～200r/min，生产率为 600～1000kg/h。

二、螺旋滚切机

螺旋滚切机由机架、传动装置、切茶机构和进出茶机构等部分组成，其主要部件是一个螺旋滚筒和圆弧形冲孔筛板。该机具有结构简单、保梗性好、有利于拣剔等特点，使用较广（图 2-11），适用于切碎各类粗大的头子茶。

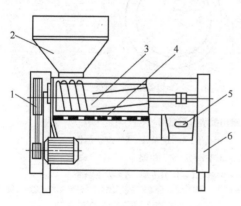

图 2-11 螺旋滚切机
1—传动装置 2—进茶斗 3—螺旋滚筒
4—筛板 5—出茶口 6—机架

螺旋滚切机的机架用型钢焊接而成。机架内安装电动机，带动 V 带传动。螺旋滚筒的转速一般为 300r/min。切茶机构主要由螺旋滚筒与圆弧筛板组成。滚筒的前段为螺旋推进段，后段为切茶段，用圆钢斜焊而成。圆弧筛板冲有均匀排列的长形筛孔或圆形筛孔。滚筒与筛孔之间间隙为 20～30mm，可根据茶叶原料粗细进行调节。当茶叶经进茶斗落入切茶机后，在滚筒螺旋推进段的推送下，集中在滚筒的后段与圆弧形筛板之间。当滚筒的斜筋对茶叶产生的作用力大于茶叶所需的切断力时，茶叶被切断，并从筛板的筛孔中落下，经出茶口流出。未被切断的茶叶在斜筋的推动下，从尾口排出。

进茶斗设在机架顶端的茶斗座上，斗内设有可以调节的进茶门，以调节进茶量的大小。

三、平面切茶机

平面切茶机分为平面圆筛式切茶机和平面往复式切茶机两种。

1. 平面圆筛式切茶机

平面圆筛式切茶机的主要工作部件是一冲孔筛板和一组交叉切刀。筛板置于筛床内，作平面圆周运动。茶叶依靠运动的筛板与固定切刀的相对运动而被切断，并通过筛孔落下。可更换不同筛孔的筛板，或调节刀具，以适应切断不同粗细茶叶的需要。

该机切茶质量较好，碎茶较少，切口有苗峰，但生产效率较低。

2. 平面往复式切茶机

平面往复式切茶机具有碎茶少、传动平稳、噪声小等特点，是一种筛切结合机械，便于与精制机械联装。其主要工作部件是一个往复运动的编织网和一组固定的平行切刀，茶叶依靠筛网与切刀的往复运动而被切断，并利用筛网的抖动使茶叶穿过筛孔而落下。由于筛网与切刀作相对运动的同时还伴随着抖动，故切茶率高，且不易堵塞筛孔。未切断的茶叶在筛面上移动，从出茶口流出。可根据待切的茶叶原料和加工要求，对筛网进行调节、更换。

平面往复式切茶机切刀设有弹性安全装置，可通过手轮进行调节。筛网的侧面设有安全通道，以保证机器在茶叶中混有硬杂物时能正常工作。

四、切茶机使用注意事项

（1）操作前应检查贮茶斗内有无异物，尤其是铁器、石块等。

（2）检查各紧固件有无松动和润滑点的润滑情况。

（3）操作中应防铁钉、石块等杂物进入切茶机内，以免损坏切茶机构。一般可在进茶斗中放置一块大磁铁，以去除铁钉等金属。

（4）应随时检查电动机等的温升情况。

项目三　风选机械

风选作业是茶叶精制工艺中定级取料的重要阶段，而风选机就是利用茶叶的重量、体积、形状的差异，借助风力的作用分离定级，去除杂质的重要设备。

一、风选机工作原理

经过筛分后的茶叶，已成为外形基本相同的筛孔茶。但由于茶叶老嫩不一，重量不同，体积形状各异，其迎风面大小也有区别。细嫩紧结、重实的茶叶迎风面小，在风力的作用下，落程短，落点较近；身骨轻飘的茶叶及黄片等迎风面大，在风力的作用下，随风飘扬，落点较远。

二、风选的作用

通过风选作业，就能将品质不同茶叶分开，从而达到轻重一致的定级标准。同时，砂、石、金属等夹杂物也能从中分离出来。

风选分剖扇和清风两个步骤，剖扇又有毛扇和复扇之分。毛扇是将轻重不同的茶叶初步分离出来，复扇是在毛扇的基础上再进行一次精分。清风是在拼堆前再用风力将轻片、毛衣等扇出，以保证拼堆茶的匀净度。

三、风选机的分类

风选机按结构、工作特点分为吹风式和吸风式两种，特征代号分别为"C"和"X"，其工作原理基本一致。不同之处在于，吹风式风选机的风机安装在机器的前端，向机内送风，茶叶处在正压状态下被吹向远处，故又称送风机。

吸风式风选的风机置于机器的尾端，向机内吸风，茶叶处在负压状态下，被气流吸向风机，又称拉风机。

风选机主参数为风选箱有效宽度，计量单位为 cm。风选机型号主要由类别代号、特征代号和主参数三部分组成，型号标记示例如下：

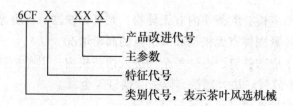

例如，杭州富阳茶叶机械总厂生产的风选箱有效宽度为50cm、经过一次改进的吹风式茶叶风选机表示为：6CFC-50A。

吹风式风选机的风力可以调节，既可用于剖扇，又可用于清风。吸风式风选机因风力较强，风量大、风速高、气流稳定性较差，故目前较少使用。

四、风选机的基本结构

以吹风式风选机为例，风选机主要由吹风装置、喂料装置、分茶箱和输送装置等部分组成（图2-12）。

吹风装置由电动机、V带传动、离心式风机、导风管等组成。离心式风机具有风压小、风量大、噪声低等特点。风机两侧进风口处设有调节风门，可以

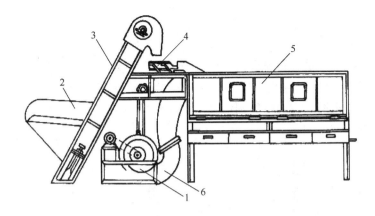

图 2-12 吹风式风选机
1—风机　2—贮茶斗　3—输送装置　4—喂料装置　5—分茶箱　6—导风管

调节风量和风速,以适应不同的工艺要求。

有的风机改 V 带传动为无级变速传动,通过手轮调节以改变风机叶轮的转速,从而达到改变风量和风速的目的,使之用途更广。风机的转速一般为 500~700r/min,最大风量约 5000m³/h,风速 6~12m/s,风压 588.4~882.6Pa。

风机出口到分茶箱间用"S"形导风管连接,导风管出风口处设有导风板,工作时通过调节风向导角 20°~30°,可使气流平稳均匀。

喂料装置有机械振动喂料与电磁振动喂料两种形式。机械振动喂料装置与振动输送相同(详见辅助输送装置部分),而电磁振动喂料装置是由通电线圈产生脉冲磁场与弹簧钢板互相作用,使喂料盘产生有规律的高频振动,当茶叶经输送带送入喂料盘后能均匀铺摊,并缓缓落入分茶箱的进茶口。

分茶箱是一个长方形箱体,用薄钢板制成。进茶口设在分茶箱前端顶部。分茶箱一般设有 4~6 个出茶口,每个出茶口在箱内均设有分茶隔板,隔板的高度可灵活调节,以控制风选取料的规格。

项目四　拣剔机械

拣剔是茶叶精制中剔除次杂、纯净品质的作业。

毛茶经过筛分、风选等工序后,还含有茎梗、老叶等次杂茶,须剔除。茶叶拣梗机就是利用茶叶和茶梗物理特性的不同,进行茶、梗分离的机械设备。

拣梗机械主要有机械式、静电式和光电式等不同类型。其中机械式主要有阶梯式;静电式有高压静电式和塑料静电式等不同机型。

一、阶梯式拣梗机

阶梯式拣梗机是一款典型的拣梗机械,其主参数为拣床的有效宽度(单位为 cm)。根据机械行业标准 JB/T 9813—2007《阶梯式茶叶拣梗机》规定,阶梯式茶叶拣梗机型号主要由类别代号、特征代号和主参数三部分组成,型号标记示例如下:

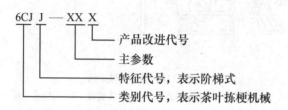

1. 基本结构

阶梯式拣梗机主要由拣床、进茶装置、传动机构和机架等组成(图 2-13)。

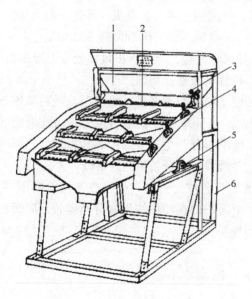

图 2-13 阶梯式拣梗机示意图
1—贮茶斗 2—拣床 3—进茶量调节手柄
4—拣梗轴调节手柄 5—传动装置 6—机架

(1)拣床 拣床是主要工作部件,它是由左右墙板、多槽板、出茶斗、出梗斗等组成。贮茶斗设在拣床后端的上方,可通过进茶调节手轮控制进入拣床的茶叶流量。拣床的床面分 3 段,每段 4~6 层,前倾 8°左右,呈阶梯状排列,安放在左右墙板之间。茶叶经贮茶斗进入振动拣床,在第一层多槽板(采用铝合金板冲压而成)圆弧形沟槽中均匀地纵向排列,并缓慢向下滑动。当茶叶滑动至两多槽板之间的间隙处时,由于拣梗轴的作用,使茶梗以及较长的茶条越过拣梗轴而汇集到出梗斗流出,茶叶则从第一层多槽板掉落到第二层多槽板,继续进行拣剔,使茶叶与茶梗基本分离干净。

拣梗轴有光滑轴和浅槽轴两种,转速一般为 150r/min,直径一般为 6~7mm,安装在两层多槽板之间的空隙当中,略低于上一层多槽板最低点。拣梗轴离多槽板边缘的距离,可通过拣梗轴调节手柄调节。

(2) 传动机构　传动机构由电动机、V 带轮、偏心轴和链轮等组成。V 带将动力传递到偏心主轴上，带动连杆使偏弹簧定向振动，从而使整个拣床振动，振动频率为 450~500Hz。另一个 V 带传动传至拣床上的链轮，使拣梗轴旋转。

(3) 进茶装置　进茶装置由进茶斗、铺茶盘、振动凸轮和匀茶器等组成。

(4) 机架　阶梯式拣梗机的机架是一个用型钢制成的、具有一定斜度的方架，并通过弹簧钢板将拣床与机架连成整体。传动装置安装在机架上，机架的后端高出拣床，用以安装进茶装置。

2. 工作原理

茶叶均经过筛分、风选作业，再交阶梯式拣梗机复拣，其重量、大小较接近。茶梗多为长直整齐形状，且较光滑，重心一般都在中间。而茶叶外形多呈不均匀弯曲，重心往往不在中间。阶梯式拣梗机就是利用茶叶与茶梗的几何形状和物理特性的不同，进行茶、梗分离。拣床不断地前后振动，使茶叶在拣床上纵向排列，并沿着倾斜的多槽板向前移动，在通过上、下多槽板的边缘而落在槽沟内，从出茶斗流出；较长而平直的茶梗因重心尚未超过多槽板，能保持平衡，则由拣梗轴送越槽沟至出梗斗流出，从而使茶梗与茶叶分离。

3. 安装使用注意事项

(1) 安装后拣床应平衡稳定，否则拣床在运动中受力不均衡，易发生茶叶偏移或漏茶的现象。

(2) 振动频率应调整合适，以适应多种茶类的拣剔工艺要求。

(3) 上茶要均匀，流量要适当，应以茶叶在多槽板上成直线排列滑行为宜，茶叶流量不可过大，否则拣剔不净。

(4) 要合理调节多槽板间的空隙，以利拣出粗长筋梗，提高拣剔效果。

(5) 各润滑点定期加注润滑剂。

二、静电拣梗机

静电拣梗机是利用静电来拣剔茶梗的机器。茶叶通过电场后产生极化现象，由于叶与梗所含水分不同，在电场中受静电力大小也不同，因此产生的位移也不相同。茶梗含水量较高，在通过电场时，感应电量较大，吸引力也较大；而茶叶的含水量较低，在通过电场时，感应电量较小，吸引力也较小，因位移不同，从而达到梗、叶分离的目的。

茶叶含水率决定了电场对梗、叶吸引力的大小，也决定了拣梗效果。一般付拣茶叶的含水量在 7% 左右时静电拣梗的效果最好。

1. 高压静电拣梗机

(1) 工作原理　一个物体带电以后，会对周围物体产生作用力，即在此带电物体的周围存在着电场。当电介质通过静止不动的该电场时，就会产生极化效应，即电介质在静电场中，分子的正、负电荷中心将产生相对位移，形成电偶极子，使电介质的表面产生束缚电荷。

在正负电极组成的电场中，茶叶是一种电介质，会产生极化效应。组成茶叶各种成分的分子会在指向正电极的方向感应出的负电荷，同样，在指向负电极的方向感应出数量相等的正电荷。根据同性相斥、异性相吸的原理，正电极会吸引感应出的负电荷，负电极也会吸引感应出的正电荷，两吸引力的方向相反且在同一直线上。如果两吸引力大小相等，则茶叶在电场中所受到的合力为零，此时茶叶经过电场则不会产生位移。

电荷间的距离大小对吸引力有着决定性的作用，距离近，吸引力大；距离远，吸引力小。因此，在高压静电拣梗机中，设计了两个曲率半径大小不同的圆弧形电极，曲率半径大的吸引力小，曲率半径小的吸引力大，使两者产生不均匀的电场。当茶叶流经这两个电极中间受到的正、负电极吸引力有差异，从而使茶叶的位移偏向吸引力大的一面，即在下落的同时作水平方向上的位移。

在电场中，茶叶的极化在宏观描述上是一致的，但茶叶、茶梗以及其他夹杂物极化的微观过程却有差异。组成茶叶的各种成分中，水分含量不高，但由于它是强极性分子，因此在电场中极易极化，成为决定电拣有无成效的关键。其他一些成分如多酚类、糖类、蛋白质等也会产生一定的极化作用，因此不同茶叶的极化作用是有区别的。

茶叶中的叶与梗所含水分及其他化学成分差别较大，尤其是含水率。通常干燥后的茶梗含水率明显高于叶条，静电拣梗机就是利用这种物理性状的不同达到拣剔茶梗的目的。高压静电发生器产生直流高压，输送给静电辊（也称电极筒），在静电辊与喂料辊（也称分配筒）之间产生高压静电场，输入到拣梗机中的茶叶，经过喂料辊进入静电场后产生极化现象并在下落的同时向曲率半径较小的电极偏移，即作抛物运动。由于叶、梗的极化程度不一样，两者水平方向的运动也不一样（通常茶梗偏移大，茶条偏移小），通过分离机构即可达到分离茶条和茶梗的目的。

（2）机器结构　高压静电拣梗机主要由机架、运输装置、高压静电发生器、分离机构和传动机构等部分组成（图2-14）。

机架是一个用型钢制成的框架，用金属薄板围成，以隔离静电，并设有安全接地装置。工作部件、传动机构和调节装置等均安装在机架上。在机架正面安装玻璃观察窗，以观察工作的进程。

输送装置包括贮茶斗、输送带、流量控制器和喂料辊等，起输送茶叶、控制流量、连续均匀地将茶叶送往高压静电场中的作用。喂料辊为滚筒式，随着滚筒的旋转将茶叶均匀地送入电场；也可采用振动槽输送或风送。

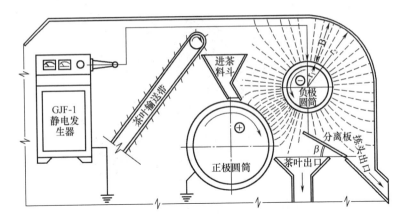

图 2-14　高压静电拣梗机结构示意图

高压静电场发生器一般由稳压器、调压器、升压变压器和倍压整流网络等组成，通过调节初级电压，产生 0~30kV 的直流高压，输送到静电辊上，从而满足了茶叶拣梗的需要。高压静电发生器设有信号指示灯，能自动放电、断电，具有使用方便，操作安全的特点。

分离机构的主要工作部件由静电辊和分离板组成。静电辊为一光滑的金属辊筒，其端部设有滑环和电刷，静电辊直径为 100~150mm、长度 500mm、转速 100~150r/min。分离板一般采用绝缘有机玻璃制成，倾斜安放，其上沿接受落下的茶梗。使用中，要根据实际情况适当调整分离板的分离角，以提高拣剔的净度。

为了提高拣净率，一般采用两组静电辊呈立式安放，将下落的茶叶两次经过高压静电场，重复拣剔，提高拣剔效果。

高压静电拣梗机对红碎茶使用效果最好，几乎可以全部取代手工拣剔，其次是绿茶和工夫红茶。各类茶叶的不同品种，有其最适合于电拣的含水率。工夫红茶以含水率 3%~3.5%、绿茶 6%~6.5%，拣剔效果较好。而对于红碎茶要求则不甚严格。

2. 塑料静电拣梗机

塑料静电拣梗机是利用塑料辊和羊毛辊相互摩擦所产生的电场（羊毛辊带正电、塑料辊带负电）来达到拣剔茶叶的目的，其工作原理与高压静电拣梗机相同。

该机由机架、传动机构、摩擦辊、拣板、贮输等部件组成（图 2-15）。

机架由固定机架和振动机架两部分组合而成，均由角钢焊制。固定机架主要固定机身的三组摩擦辊和贮输支架，振动机架主要装有振动轴及三层拣板，并连接出茶口和接梗口。

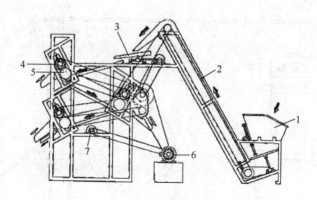

图 2-15 塑料静电拣梗机结构示意图
1—贮茶斗 2—输送带 3—喂料跳斗 4—羊毛辊 5—塑料辊 6—电动机 7—振动轴
空白箭头为茶叶,黑色箭头为茶梗

塑料辊、羊毛辊和拣板是塑料床式静电拣梗机的主要工作部件。塑料辊采用聚氯乙烯制成,羊毛辊用羊毛毡毯制成。一只塑料辊和一只羊毛辊组成一组,平行靠紧安放。由几组辊子组成拣梗机构。两辊转向相同,转速不同。塑料辊约 25r/min,羊毛辊 385r/min。每组辊子的压紧程度可根据付拣原料的不同进行调节,以获得不同强度的电场。投入的茶叶,依靠塑料辊吸出茶梗。经反复拣剔,达到拣剔茶梗的目的。

拣板是茶叶通过的滑板。为使茶叶均匀流动,要求拣板表面平整光滑。几道拣板作"一"字形排列,随着振动架而振动。拣板与塑料辊之间的间隙可根据付拣原料的不同进行调节。

喂料跳斗接受输送带送来的茶叶,振动送料。输送带呈倾斜安放,其线速度一般为 0.45m/s。

电动机经 V 带分别传动振动轴和传动轴。振动轴供振动部分工作,一方面传动轴有胶带传动羊毛辊转动,用链轮带动喂料跳斗;另一方面经减速箱以链轮带动塑料辊,再由链轮驱动升运带。

该机配用功率 2kW,台时产量 200~250kg,用于红碎茶拣剔效果最好。

三、茶叶色选机

茶叶生产过程中,拣梗是一项特别消耗劳动力的作业,特别是名优茶和高档绿茶等,鲜叶嫩度好,成茶梗叶差别小,对拣梗机的性能要求苛刻,以往生产中所常用的阶梯式拣梗机、静电拣梗机,使用效果均不理想,目前茶区主要依赖人工进行拣梗作业。当前,茶区劳动力越来越紧张,拣梗作业已成为茶叶加工的瓶颈之一。茶叶色选机的出现,很好地解决了名优茶拣梗难的问题。

1. 主要结构

茶叶色选机是一种应用电脑技术和色差测定技术相结合而完成茶叶拣梗作业的高技术、高精密度设备，主要由送料器、茶叶摄像用彩色 CCD 镜头、用于去除茶梗等异物的摄像镜头、荧光灯、电磁送风和吹气系统、茶梗和茶叶出料口、机架与罩壳和控制系统等组成。

送料器是将需要拣剔的茶叶送入拣梗机的装置，合肥美亚光电技术有限公司的产品采用两套相互垂直喂料系统和平板滑道，使被选物料更加均匀地下落。茶叶摄像用彩色 CCD 镜头，实际上是一种使用色差感应的系统，收集茶叶色彩信号，输入计算机，由计算机发出信号指令，从而彩色 CCD 镜头对茶叶进行摄像，所摄影像则输入计算机。同样，去除茶梗等异物的摄像镜头也是利用高精度的色差感应系统收集茶梗色彩信号，输入计算机，由计算机发出信号指令，使彩色 CCD 镜头对茶梗进行摄像，并将所摄影像输入计算机。

荧光灯则为镜头摄像提供光源。

电磁送风和吹气系统在接到计算机发出的指令后，通过该系统的电磁喷嘴吹出强风，把茶梗从含梗的茶叶中吹出，茶叶和茶梗分别通过茶叶和茶梗出料口排出机外。该机控制系统采用了一种简明易识的触摸键操作平台，大屏幕宽视角彩色显示屏和友好的用户界面，实现人机对话，可以方便地将各种要求的色选精度调整至最佳状态。

机架与罩壳使整个机身全封闭，抗干扰能力强，各项设计充分考虑工学合理性，整机人性化设计，使操作更加简洁、方便。

合肥美亚光电技术股份有限公司目前生产的 3 个型号茶叶色选机产品的性能参数如表 2-4 所示。

表 2-4 美亚公司茶叶色选机产品性能参数

项目	SS – B60MCCH	SS – B90MCCH	SS – B120MCCH
通道数	60	90	120
产量/（kg/h）	60 ~ 80	90 ~ 270	120 ~ 360
电源电压/V	220	220	220
主机功率/kW	1.9	2.4	3.0
气源压力/MPa	0.6	0.6	0.6
气源消耗/（L/min）	600 ~ 800	1000 ~ 2500	1200 ~ 3000
机器质量/kg	800	950	1000
外形尺寸（长×宽×高）/mm	1400×1550×2500	1900×1550×2500	1900×1550×2500

2. 工作原理

茶叶色选机采用 DSP 技术和数码技术，并采用一种色选精度很高、可靠性好的色差感应系统，有包括黄绿同选等在内的 5 种色选方式可供选择，做到一机多能，同时除具有色选传统茶叶物料外，还针对条状和片状物料进行特殊算法处理，从而扩大色选范围，采用两次采集、处理和色选，使色选精度大大提高，使用快速图像修正和通道均衡技术，提高精度，降低损失。茶叶色选机作业原理示意图如图 2-16 所示。

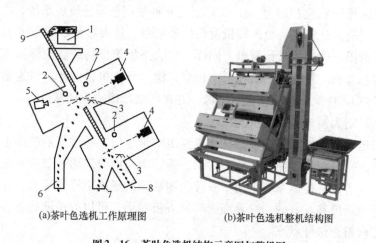

(a)茶叶色选机工作原理图　　(b)茶叶色选机整机结构图

图 2-16　茶叶色选机结构示意图与整机图

1—选料器　2—荧光灯　3—电磁喷嘴　4—彩色 CCD 镜头　5—去异物用镜头
6—第一段去除产品　7—第二段去除产品　8—产品　9—茶叶下落滑槽

现以绿茶拣梗为例进行茶叶色选机的拣梗原理说明。在进行绿茶拣梗时，其色差测定系统对茶叶色泽组成参数进行测定，从而得出茶叶色泽偏绿或偏黄的程度。一般情况下，"$-a^*$"值表示茶叶色泽偏绿的程度，"b^*"值表示茶叶色泽偏黄的程度，"L"值代表茶叶的明亮度。而所有名优绿茶的茶条和茶梗颜色存在颜色差别即色差，一般茶条色泽绿翠，而茶梗色泽偏黄。故色差测定系统进行测定时，色泽偏绿的茶叶，"$-a^*$"值也就偏大，并且茶条越嫩，"$-a^*$"值就越大，满足一定要求的茶叶会被装有绿色色彩信号色差感应系统的茶叶摄像用彩色 CCD 镜头所捕捉，并进行摄像，然后将所摄影像输入计算机，通过计算，发出指令，使茶叶通过茶叶通道进入第 2 次拣梗或排出机外。而一般情况下茶梗偏黄，"b^*"值偏大，茶梗越老，色泽越黄，"b^*"值就越大，则更容易被装有黄色色彩信号的高精度的色差感应系统捕捉和收集，并输入计算机，由计算机彩色 CCD 镜头发出信号指令，对茶梗进行摄像，同样将所摄影像输入计算机，通过计算发出指令，使控制送风机运转的电磁阀接通，送风机运转，高压空气通过管道和喷嘴吹出强风，把茶梗从含梗的茶叶中吹出，通过茶梗通道和茶梗出料口排出机外,从而完成拣梗作业。

为了使被选茶叶物料均匀地下落,该机采用了两套相互垂直喂料系统和平板滑道式送料器,并采用了一种简明易识的触摸键操作平台,大屏幕宽视角彩色显示屏和友好的用户界面,可根据上拣叶的不同状态将色选精度方便地调整至最佳状态。

3. 拣梗效果和拣梗成本

2005年前后,四川省峨眉山竹叶青茶业有限公司引进日本色选机,用于竹叶青名茶的拣梗作业,浙江嘉盛茶业有限公司也引进该类机型用于名优绿茶拣梗作业,之后漳州天福茶业有限公司引进韩国相似机型用于金骏眉红茶的拣梗与分级,效果良好。

以浙江省松阳县生产的松阳香茶的拣梗作业为例,香茶含梗量较一般名优茶高,以往拣梗作业需消耗大量人工,一般1个工人每班仅可拣茶叶5kg左右,每千克茶叶需支付拣梗工资5~7元。现改用茶叶色选机进行拣梗,茶梗拣净率可达95%以上,误拣率为7.82%,虽较精细手工拣梗还稍有差距,但拣梗效率可达300kg/h以上,比人工拣梗提高300倍以上(表2-5),显著提高了劳动生产率。

表2-5 茶叶色选机的拣梗效果

拣梗方式	付拣原料茶等级	原料茶含梗率/%	工效/(kg/h)	茶梗拣净率/%	误拣率/%	拣梗单价/(元/kg)
SS-B90MCCH型色选机	香茶2级	1.35	312.50	95.76	7.82	1.85(代加工收费)
手拣	香茶2级	1.35	0.75	97.10	2.31	6.50

四、乌龙茶拣梗专用机

该机最早由台湾人黄仲佑设计,并经过数次改良,已经应用于颗粒状乌龙茶的拣梗,目前福建安溪佳友茶机厂等茶机企业也有生产。

1. 结构组成

该机由初选筒、第一选层、次选筒、第二选层、分离器、输出输送装置和传动链组成(图2-17)。

(1) 初选筒 初选筒由筒体、中空承接座和网片组成,其筒体为漏斗状,顶部为一可转动的刷杆,刷杆底部有刷毛,筒体底端设有一矩形的底盘。

中空承接座供筒体的底盘叠合,并借由枢设在承接座端角的扣固装置即可达到筒体与承接座活动结合目的,同时也可利用筒体与承接座通过拆卸而自由

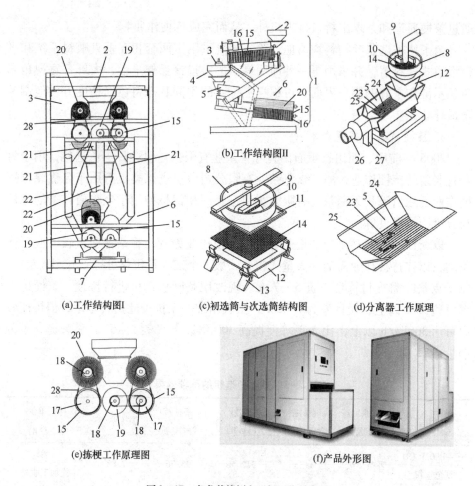

图2-17 乌龙茶拣梗专用机工作示意图

1—机体 2—初选筒 3—第一选层 4—次选筒 5—分离器 6—第二选层 7—输出输送装置
8—筒体 9—刷杆 10—刷毛 11—底盘 12—承接座 13—扣固装置 14—网片 15—筛选滚筒
16—锥形凹孔 17—大链轮 18—小链轮 19—导引滚筒 20—圆刷棒 21—接片 22—导管
23—隔杆 24—凸肋 25—导引槽 26—上出口 27—下出口 28—链条

更换具有适合粗、细网目的矩形或圆形等不同形态的网片,以供不同粒径的茶叶筛选需求,从而达到不同程度的茶叶、茶梗初步筛选的目的。

(2)第一选层 第一选层位于初选筒下方,包括二支筛选滚筒,其表面设若干个锥形凹孔,且筛选滚筒间并设有一具有光滑表面的导引滚筒,各滚筒是以预设倾角且相互平行地设置,彼此间仅有极小的间隙,该间隙仅略大于茶梗径宽。

各筛选滚筒表面具有锥形凹孔,由高向低以逐渐变大的方式开设。筛选滚筒上方设有一圆刷棒,在筛选滚筒一端有一大链轮,圆刷棒相同端设有一小链轮,大小链轮间套设有一传动用的链条,由圆刷棒带动筛选滚筒同步转动。由于主动轴是具有小链轮的圆刷棒，从动轴为具有大链轮的筛选滚筒，通过小链轮带动大链轮的传动结构设计，可达到各滚筒间旋转筛选过程更省力功效。

同时，其中一筛选滚筒的大链轮前端另设有一小链轮，与中间导引滚筒一端相连，由该圆刷棒同步联动该筛选滚筒及导引滚筒反向旋转。

此外，在各筛选滚筒与圆刷棒下方对应有一向下倾斜的接片及导管，而导引滚筒下方同样设有一接片和一导管，分别用于收集分离后的茶梗与茶叶。

（3）次选筒　次选筒设于第一选层下方，结构与初选筒相同，不再赘述。

（4）分离器　分离器设置在次选筒下方，该分离器是连接在次选筒的底部并呈一预设倾角状态（与次选筒相接位置较高），且底部设有一弹簧形态的振动机构，内部设有若干突起的隔杆，令分离器呈现具有筛选分离的设计结构。另外，各隔杆凸设有一个三角锥状的凸肋，增设凸肋的目的是导正横向落下的茶梗，令其转以直向并落入隔杆间的导引沟槽内，通过导引沟槽的导引，而由分离器前方的下出口排出至输出输送装置，以有助于将茶梗排出，而分离器前端的上出口则对应到第二选层。

（5）第二选层　第二选层包括筛选滚筒（表面有若干锥形凹孔）、光滑导引滚筒（位于筛选滚筒一旁）、圆刷棒（位于导引滚筒上方），各滚筒均设置一预设倾角，而且各锥形凹孔由高向低以渐次增大形态排列。在筛选滚筒与导引滚筒的上方对应分离器的上出口，下方对应输出输送装置，供筛选后的茶叶、茶梗分别排出。

2. 工作过程

使用时，将烘焙后的干燥茶叶倒入初选筒中，经刷杆转动以刷毛拨开，并与可自由更换的网片摩擦，将部分茶梗与叶片部分分开。接着，茶叶落入第一选层中，部分梗、叶已经分开的茶叶，其茶梗部分由各筛选滚筒与导引滚筒间的间隙落下，同时较细小的茶叶也从间隙中落下，由收集茶梗和细小茶叶的接片与导管收集。同时筛选滚筒上的茶梗被圆刷棒刷落，而颗粒形的茶叶则落入外掀式喇叭口装的锥形凹孔中，并随各筛选滚筒转动而落下。

由筛选滚筒落下的茶叶则由茶叶接片、导管收集，通过导管的引导落入输出输送装置内，而茶梗、细末的部分则由茶梗导管收集，导入另一侧的输出输送装置。

在各筛选滚筒转动过程中，部分未被锥形凹孔承接的茶叶和部分梗叶未分的茶叶，都随之移动到末端落下，由次选筒收集，落入次选筒的茶叶，由刷杆的刷毛将其拨开进行梗叶分离，接着进入分离器中，在倾斜的振动装置的振动辅助下，茶叶逐渐移动，完整的茶叶粒以及梗叶未分的茶叶将由上层移动，而叶片细末、茶梗则通过隔杆上的凸肋导正并垂直落入下层。

当茶叶在第二选层时，筛选滚筒、圆刷棒转动，使茶叶移动、落出，而且茶梗于圆刷棒的拨刷下而落出，以上动作方式与第一选层相同。

该机目前在闽南茶区已经开始应用，但单机作业效果不太理想。漳州天福茶业有限公司采用三台联装的方式，用于铁观音和台式乌龙茶的拣梗，效果良好，可大大提高生产效率，值得推广。

五、拣剔机械的质量指标

衡量拣梗机拣剔效果的质量指标是误拣率和拣净率，其定义分别如下。

误拣率——拣出物料中所含茶叶的质量与拣出物料质量之比，以百分数（%）表示。

根据上述定义可列出以下计算公式：

根据机械行业标准 JB/T 9813—2007《阶梯式茶叶拣梗机》规定，阶梯式茶叶拣梗机误拣率的测定方法为：在试验的拣出物料中取样 50g，以手工挑拣出所含茶叶并称量，取三次样，求平均值。误拣率按下式计算：

$$\varepsilon_y (\%) = \frac{m_y}{m_t} \times 100$$

式中　ε_y——误拣率，%

　　　m_y——拣出物料中所含茶叶的质量，g

　　　m_t——拣出物料的质量，g（一般为 50g）

拣净率——试验用原料茶叶经拣梗机拣剔出来的茶梗质量与试验用原料中所含茶梗质量之比，以百分数（%）表示。拣净率按下式进行计算：

$$\varepsilon_g (\%) = \frac{m_g (1 - \varepsilon_y)}{m \varepsilon_s} \times 100$$

式中　ε_g——拣净率，%

　　　m_g——出梗口物料质量，kg

　　　m——各出口物料总质量，kg

　　　ε_s——试验用茶叶含梗率，%

其中试验用茶叶含梗质量与试验用茶叶质量之比即为试验用茶叶含梗率，其测定方法为：在试验用茶叶中取样 50g，以手工挑拣出茶梗并称量，取三次样，求平均值。计算公式为：

$$\varepsilon_s (\%) = \frac{m_s}{50} \times 100$$

式中　ε_s——试验用茶叶含梗率，%

　　　m_s——试验用茶叶含梗质量，g

阶梯式拣梗机的拣净率与误拣率指标规定为：三级四孔红绿条茶的本身或长身茶（含梗率 3%~5%）拣净率 $\varepsilon_g \geq 35\%$，误拣率 $\varepsilon_y \leq 70\%$。

项目五 干燥设备

在茶叶精制加工中,"干燥"仍然是重要的作业之一,其中方法主要是"烘"和"炒"。

"烘"是利用烘干机,"炒"是利用复炒机。由于干燥的次序和目的的不同,有"复火"与"补火"之分。因为茶叶在加工过程中仍然在吸收水分,尤其是雨天。茶叶若过多地吸收水分,就会影响茶叶的品质,所以必须经过烘干机加热干燥,使水分蒸发,便于筛分、风选及拣剔付制。这一加热干燥过程称为复火。

绿毛茶在经过毛分粗选之后,还要进行复炒干燥,再经车色机磨光上色,目的是便于成品工段精选,筛分取料,风选定级。

茶叶在匀堆装箱前,一般精制厂对各种筛号的半成品定级茶,还要进行复炒和车色,使茶叶的含水量达到规定标准;同时,进一步发挥茶叶的香气。这种炒干和车色过程,是补复火之不足,故称"补火"。有些茶厂的工艺流程中,除复火与补火外,由于取料的需要,先进行干燥,如头子茶在上切之前,先进行烘干,习惯上称为"做火"。

炒车机械是茶叶精制加工过程中用于复炒和车色工序的设备,经过复炒和车色,可以提高成品茶的色、香、味、形。

车色机的作用是车色滚条,一般都在补火后趁热进行,使茶条紧、色泽均匀有光、外形美观。

烘干设备有链式烘干机、柜式干燥机(提香机)以及传统烘焙设备等,其中链板式烘干机结构与使用详见茶叶初加工机械相关部分;炒车机械包括车色机、炒车机等。

一、提香烘焙机

提香烘焙机是名优绿茶、乌龙茶精制中常用的提香烘焙设备,整机呈立柜式,又称柜式烘焙机或立式烘焙机(图2-18)。

该机包括机体、电气控制部、电加热器、电机及离心风机等,其机体由左、右侧板分隔开,右侧板与机体之间形成正压仓,左侧板与机体之间形成排气仓,左、右侧板之间设若干个搁档形成烘焙提香仓;左、右侧板上分布若干个孔眼。机体内壁设有内胆,内胆与机体之间设有保温层,且在机体上端设有循环冷风口、冷风补充口和排湿口。

工作时,电加热器横置于离心式风机的前端,给离心风机源源不断地提供热空气,离心风机将通过电加热器产生的热能吸入热空气压缩增压后送入右侧

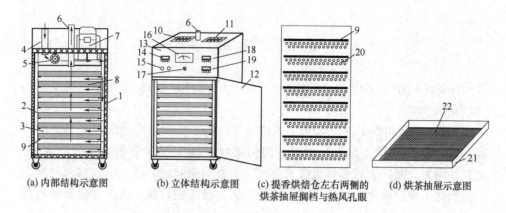

(a) 内部结构示意图　(b) 立体结构示意图　(c) 提香烘焙仓左右两侧的烘茶抽屉搁档与热风孔眼　(d) 烘茶抽屉示意图

图 2-18　提香烘焙机工作原理与结构示意图

1—机体　2—内胆　3—提香烘焙仓　4—冷循环风道　5—加热器　6—排湿口　7—离心式风机　8—烘茶抽屉　9—烘茶抽屉搁挡　10—冷循环风道口　11—离心式电机进风口　12—提香烘焙仓门　13—控制面板　14—时间控制器　15—开关按钮　16—电流显示器　17—手自动挡控制器　18—温度控制器　19—冷却时间控制器　20—热风孔眼　21—不锈钢边框　22—20~40目不锈钢筛网

板与内胆之间的热风道，正压仓中的热空气通过右侧板上的孔眼向烘箱内提供循环的均衡的热空气。水汽受热膨胀后，通过排湿口排到机外。热空气在烘箱内与茶叶发生作用后又通过左侧板上的孔眼流入排气仓，同时又有部分湿热空气透过各层茶叶后从排湿口排出。在排气仓中，气压逐渐下降，到达电加热器处几近零压，此时的热空气和由进气管外充入的冷空气一道又经过电加热器的加热后提供给离心风机开始下一轮循环。烘焙提香仓中的茶叶即在这干热空气的循环作用下更干燥、更清香。

二、车色机

车色机为八角滚筒式，一台机器并列安放两只滚筒，或呈上下两层安放，每层1~2只滚筒。由于滚筒的旋转，茶叶在筒内随滚筒的旋转而互相摩擦、挤压，使茶条光直，条索逐渐滚紧，色泽嫩绿起霜，达到紧条和车色的双重目的。

根据滚筒形状的不同，车色机可分为筒式和瓶式两种。筒式车色机效果好，瓶式车色机紧条作用强。

1. 滚筒式车色机

滚筒式车色机由机架、滚筒、传动机构和电气控制箱等部分组成（图2-19）。

机架用铸铁或型钢制成，中部装电动机和传动机构，两端各安装一只滚筒，每只滚筒的下部设有接茶斗。滚筒用薄钢制成，呈八角形，以增强茶叶翻滚作用。滚筒上设有一长方形进出茶门。筒体的两端有透气网，使筒内不至于产生闷气,以保证茶叶色泽。

传动机构由电动机、涡轮减速箱、链传动和离合器等组成。电动机经涡轮减速后,由链传动作减速后传递到主轴,带动滚筒转动。滚筒转速一般为 32~48r/min。主轴上设有离合器,可控制主轴的转与停,便于车色和进出茶叶。电动机的启动或停止,可通过电器控制装置来进行。

滚筒车色机的安装必须注意:安装滚筒车色机的地面必须平整,并用水平仪校正;两滚筒必须保持安装在同一水平面上,并注意两筒体进出茶门呈对角线交错安装,以保持两滚筒运转时的平衡;各润滑点应定期加注润滑油。

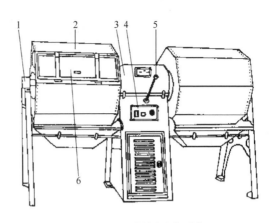

图 2-19 八角滚筒车色机示意图
1—机架 2—滚筒 3—传动机构 4—电气控制箱
5—离合手柄 6—进出茶门

2. 瓶式车色机

瓶式车色机主要由机架、传动减速装置、筒体、前后罩、进料斗和电气控制部分等组成(图 2-20)。

机架用槽钢制成,分前、后两部分。前支架上装有轴承座、前罩和电器控制装置,后支架上安装后轴承座及电机。前后支架通过两根左右撑档连接,支撑着整个筒体。

电动机经涡轮减速器、联轴器将动力传至主轴,带动滚筒以 36r/min 的速度旋转。

筒体用薄钢板制成,为瓶式正八边形。筒体的前端呈喇叭状,以利出茶;后端设有透气窗,窗上安有铜丝网布,便于空气流通。筒体内焊有与轴线呈一定角度的进出茶导板 4 块,茶叶随滚筒的旋转而翻动,使之车色均匀。出茶时,筒体反转,在导板的作用下,使茶叶流出筒外而完成自动出茶。

操作时,首先应将输送装置与进茶斗衔接好,并在输送装置下方

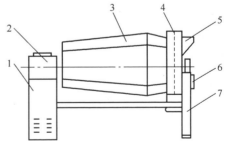

图 2-20 瓶式车色机示意图
1—后罩 2—涡轮减速器 3—滚筒 4—前罩
5—进茶斗 6—电气控制部分 7—机架

的贮茶斗中放好茶叶；开动车色机，使之正转，然后启动输送装置将茶叶送入筒内。每次送入筒内的茶叶，一般应控制在50kg左右为宜。

车色时间的长短，应视茶叶品种、品质和等级的不同灵活掌握。出茶时，先按动停止按钮，再按反转按钮，使筒体反转而自动出茶。

当茶叶出完后，先按动停止按钮，再按正转按钮，使筒体正转，然后进料，继续作业。但必须注意，一定要在筒体正转后，方可进料，否则茶叶就会自动流出筒外。

3. 联装车色机

联装车色机由振动槽、垂直升运装置、贮茶斗、行车、行车轨道、车色机及除尘设备等部分组成（图2－21）。

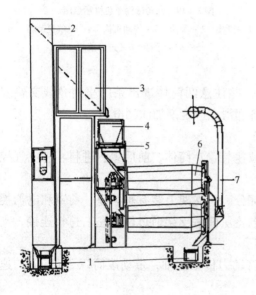

图2－21 联装车色机示意图
1—振动槽 2—输送带 3—贮茶斗 4—行车
5—行车轨道 6—车色机 7—风管

该机主要工作部件是八角形滚筒。滚筒总长2.4m，有效长度2m，筒径一般为0.80~0.82m，中间略大，筒壁外斜2°。

滚筒一端装有进茶漏斗，茶叶从漏斗口经筒体中间30cm的孔中流入。出茶端外倾10°，筒体内壁安有8片与筒体轴线呈45°的导叶板，筒口设有出茶斗和除尘罩。转轴贯穿滚筒中间，两端各用4根撑档将滚筒与轴连接起来。电动机经齿轮减速箱减速，带动转轴，使滚筒以51r/min的转速转动。

联装车色机一般以12对滚筒为一组，12对滚筒的进出口相向排列。滚筒的中上方纵贯行车轨道，行车来回运行于滚筒与出茶漏斗之间，定时定量接送茶叶，先投送上滚筒，然后转入下滚筒。完成车色以后的茶叶，向纵向振动槽卸出，输向筛分工段。该机适合大型茶厂使用。

三、远红外线干燥机

远红外辐射波被茶叶吸收后，可直接转化为热能。茶叶在远红外线的照射下，光热化学反应速度快。预热温度200~240℃，生产率250~300kg/h。茶叶从进机到出机，仅需70~80s。为使湿热空气及时排除，该机设有排风装置。

远红外线干燥机具有热效率高、干燥时间短、效果明显、香气较透发等特点。

项目六　匀堆装箱机械

匀堆，又称"打堆"、"官堆"。匀堆装箱是茶叶精制加工的最后一道工序，是将同等级别的各种筛号茶按拼配的比例，均匀地拼配在一起，组成符合标准的成品茶，然后装存到箱内的过程，所用的设备称为匀堆装箱机。匀堆装箱机分匀堆和装箱两个部分。

一、匀堆机械

匀堆机有行车式匀堆装箱机、箱体式匀堆机、滚筒式匀堆机、撒盘式匀堆机、连续式自动匀堆机以及联合式匀堆机等几种类型。

1. 行车式匀堆装箱机

该匀堆机是根据手工匀堆"水平摊放、纵剖取料、多等开格、拼合均匀"的原理设计的，由多格进茶斗、升运器、行车和拼合斗等组成（图2-22）。

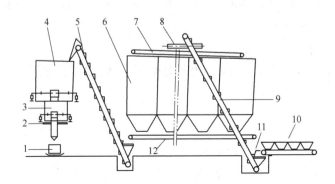

图2-22　匀堆装箱机工作示意图
1—装茶箱　2—磅秤　3—称重箱　4—存茶斗　5—升运带　6—拼合斗　7—行车输送带
8—上平送带　9—升运带　10—多格进茶斗　11—振动槽　12—下平送带

多格进茶斗是投入各种筛号净茶的容器，并按拼配比例，调节各出茶门开口大小，使茶叶流向升运器。

升运器为一倾斜的帆布输送带，它将茶叶升运到机顶，然后翻落到上平输送带上。

上平输送带为一水平的胶布输送带，它能换向运行，将所需拼合的茶叶送往行车。

行车安置在拼合斗的上方，沿拼合斗来回运动，接受上平输送带落下的茶叶，并在运动中将茶叶均匀地投放到拼合斗内。行车由电动机传动，经两级变速后，使行车行走在轨道上。当行车行走到一端点时，撞开换向开关，电动机换向，从而使行车行走到另一端。当行车到达另一端的端点时，同样撞开换向开关，电动机又换向。行车如此反复行走，在拼合斗上完成运送茶叶的工作。

拼合斗用薄钢板和型钢制成。一组拼合斗由数个拼合分斗组成，每个拼合分斗下方设有漏斗和出茶滑门。通过操作手柄可开启或关闭出茶滑门。

下平输送带与上平输送带结构物相同，它接受拼合斗落下的茶叶，并送往振动槽，再投向升运器，升运到拼合斗中进行复拼，直接送往装箱机。

拼合斗中的茶叶在下落时，可能会出现细茶先落、粗茶后落的现象。为了保证匀堆的质量，一般都需进行二次复匀，使同批茶叶的均匀度一致。

2. 箱体式匀堆机

该机是根据手工匀堆"水平层摊、纵剖取料"原则而设计的（图2-23），又称为断面开茶匀堆机。匀堆仓为一个长方体结构，容量6t左右。在上方，并排安装2部行车。工作时，行车接受送来的茶叶，沿着匀堆仓来回运动，使茶叶达到"水平层摊"。匀堆仓底部是链式传动的百叶板，通过拖动百叶板将拼配茶带到前方特制的耙茶器处，从而达到"纵剖取料"的效果。经过匀堆后的茶叶落入出茶输送带上。

3. 滚筒式匀堆机

该机主要由匀茶滚筒、折流板和输送装置等部分组成（图2-24）。

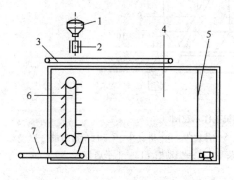

图2-23 断面开茶匀堆机
1—旋转器 2—移茶斗 3—送料行车 4—箱体
5—推茶板 6—耙茶装置 7—出茶输送带

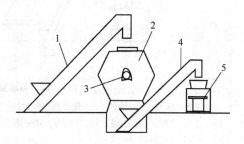

图2-24 滚筒式匀堆机示意图
1—上茶输送带 2—匀茶滚筒 3—机架
4—出茶输送带 5—装袋部分

匀堆时只要将各种待拼茶用输送机从进茶口全部投入匀茶滚筒中，然后关闭进茶门，使滚筒缓慢旋转。茶叶在重力、摩擦力和离心力的作用下，与滚筒、折流板产生相对运动，使茶叶在筒中翻滚混合。待一定时间后停止旋转，打开出茶口卸出已混合均匀的茶叶。目前漳州天福茶业有限公司、安溪天福茶厂等单位都使用该类型的匀堆机。

在使用滚筒式匀堆机时应解决好以下两个关键问题。

①滚筒转速：对滚筒式匀堆机来说，茶叶在滚筒内受重力、离心力、摩擦力作用产生流动而混合。当离心力大于或等于重力时，茶叶随滚筒以同样速度旋转，茶叶颗粒间失去相对流动不发生混合。

②装料率：由于滚筒作旋转运动，在滚筒径向方向上，各处的线速度都不相同，存在一个速度梯度。茶叶在滚筒中会产生分料现象。当滚筒中的茶叶过多时，茶叶的速度梯度较大，易产生分料现象，而且靠近滚筒轴线的茶叶流动速度较慢，影响茶叶的均匀度和匀堆机的生产率。另一方面，由于装料率的大小，会影响整体的对流混合，对均匀度和匀堆速度有较大影响。通过测试可得出装料率与匀堆速度的关系曲线，并可从中找出最佳装料率。

不同形状的滚筒，其最佳装料率各不相同，一般在30%~50%，在具体使用匀堆机时，应作精确的计算及测定。

4. 连续式自动拼配匀堆机

该机由进茶斗、电磁振动输送箱、平输送带、平面圆筛机、贮茶斗和装箱部分组成（图2-25）。

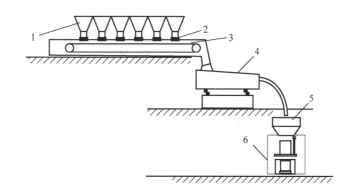

图2-25 自动拼配匀堆机工作示意图

1—进茶斗　2—输送槽　3—平输送带　4—平面圆筛机　5—贮茶斗　6—装箱部分

将各种规格的筛号茶分别投入进茶斗，通过调节各茶斗下方电磁振动输送槽的振幅，使茶斗内的茶叶自动地按给定的拼配比例流到平输送带上进行拼合，并经圆筛机去末，再流入贮茶斗，然后称重装箱。这种匀堆形式配比比较准确，茶尘也少，可连续作业。

5. 撒盘式匀堆机

该机由多格进茶斗、平输送带、斜输送带、撒盘、拼合大斗、贮茶斗和装箱部分组成（图2-26）。

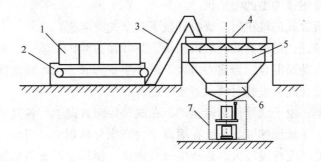

图2-26 撒盘式匀堆机示意图
1—多格进茶斗 2—平输送带 3—斜输送带 4—撒盘 5—拼合大斗 6—贮茶斗 7—装箱装置

将待拼筛号茶分别投入多格进茶斗，按拼配比例打开茶斗下方的出茶门，茶叶经平输送带及斜输送带送到旋转的撒盘上方各茶斗内，待茶斗内装入一定数量的茶叶后，打开各茶斗出茶门，此时茶斗内的茶叶一边随斗旋转，一边从出茶口撒落到拼合大斗内，然后流向贮茶斗，最后称重装箱。

这种匀堆形式结构紧凑，占地面积小，但匀度欠佳，因为从撒盘上方的茶斗内向下撒落到拼合大斗，又从拼合大斗下落到贮茶斗，下落约3.5m路程。由于各档筛号茶的容重及迎风面积各异，故它们在自由下落的过程中所受到的空气阻力也各不相同，使身骨重的茶叶先落到贮茶斗的底部，结果在装箱时，就出现开头几箱茶叶颗粒明显粗大，而最后几箱茶叶则又比较细碎的不均匀现象。

6. 联合式匀堆机

该机由多格进茶斗、平输送带、风力输送管道、贮茶斗及装箱部分组成（图2-27）。

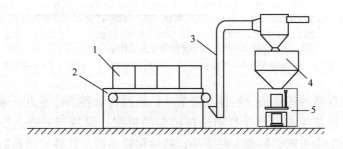

图2-27 联合式匀堆机工作示意图
1—多格进茶斗 2—平输送带 3—分离输送管道 4—贮茶斗 5—装箱装置

将各档筛号茶按拼配比例分别投入多格进茶斗并根据各格内茶叶的多少，分别调节斗下比例门的开口大小，茶叶经平输送带、风力输送管道，送到贮茶斗内，然后称重装箱。

这种匀堆形式的优点是结构简单，茶尘较少，可连续作业，但所需场地较大，且比例门开口大小很难控制，难以做到使各格茶斗内的茶叶在相同时间内流完，匀度不很理想。另外，由于采用风力管道输送，易使茶叶的苗锋折断，碎茶增加。

尽管上述六种匀堆机结构上有所不同，匀堆机械也各具特色，但工作原理差异不大，各大茶叶精制厂可以根据具体情况进行配置。

上述六种匀堆机的生产性能总结如表2-6所示。表中数据表明，行车式匀堆机具有生产率高、均匀度好、碎茶率低、操作方便等优点，因而被广泛采用。滚筒式匀堆机具有均匀度好、使用方便、占地小、产尘少、结构简单等优点，因而特别适用于中、小茶厂，值得在我国推广应用。

表2-6　各种匀堆机生产性能比较

匀堆机类型	生产率	均匀度	碎茶率	可靠性	方便性	占地面积	产尘
行车式	高	匀	较低	好	方便	大	多
滚筒式	较低	匀	较低	好	方便	小	少
连续式	高	较匀	低	较好	方便	较大	少
撒盘式	较高	较低	较低	较好	较方便	较大	多
箱体式	较高	较匀	高	较好	较方便	较大	较多
联合式	高	较低	较高	较好	方便	较大	多

二、装箱机

装箱机由升运器、贮茶斗、称重机构和装箱部分等组成（图2-28）。

升运器是一条垂直的斗式输送带，将匀堆机下平输送带送来的茶叶升运到贮茶斗。

贮茶斗外形为一方形大斗，置于称茶斗上方。贮茶斗下侧设出茶插门，通过启门杠杆用手动或采用电磁铁带动杠杆控制出茶插门的上下启闭。贮茶斗内的底板为斜面，其斜度应保证出茶干净。

称重斗安装于磅秤上，用于接受贮茶斗放出的茶叶并进行称重。称茶斗下部设有出茶插门，完成称重后即开门，使茶叶落入茶箱内。

茶箱安置在装箱机的摇板上，摇板通过偏心机构带动，不断摇振，使茶箱

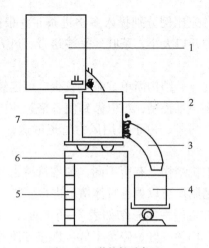

图2-28 装箱机示意图
1—贮茶斗 2—称茶斗 3—漏斗 4—茶箱 5—梯子 6—工作台 7—磅秤

内茶叶振实。摇板上设置滚轮,以便于茶箱移动。

项目七 辅助输送装置

在茶叶加工过程中,各种机械往往需要配以输送装置,如初制加工中将鲜叶送入杀青机,揉捻叶送入烘干机。特别是初制连续化生产线以及精制单机联装流水作业线中,将遇到大量的在制品上机、下机的输送问题,每个工序都要借助于各种合适的输送装置来衔接。因此,输送装置在茶叶加工中有其不可忽视的地位。

输送装置种类很多,如带式输送机、斗式提升机、振动输送机以及气力输送装置等,都是茶叶生产中常用的输送装置。

一、带式输送机

带式输送机是最典型的连续运输机,生产技术比较成熟,使用极为广泛。根据工作的需要,它可以在水平方向输送物料,也可以在倾斜角度不大的情况下运送物料;可以制成工作位置不变的固定式带式输送机,也可以装上行走轮而成为工作位置可变的移动式带式输送机;它不但能输送各种散状物料,而且能运送成件物品。

1. 优缺点

带式输送机的主要优缺点如表2-7所示。

表2-7 带式输送机的主要优缺点

优点	①结构简单，容易制造 ②工作平稳，噪声小 ③输送速度快，生产率高 ④能耗低，动力消耗较大多数连续运输机少 ⑤操作使用安全、方便，容易维修 ⑥不但可以短距离输送，而且也可较长距离输送 ⑦水平方向输送时，可单向输送，也可制成输送方向可改变的可逆式输送
缺点	①不能在大倾角情况下工作 ②不宜运送沉重的货件 ③敞开的带式输送机运送粉末状物料时容易扬起粉尘，特别是在卸料点和两台带式输送机的连接处粉尘更大，必须采取防尘措施

茶叶生产中应用的带式输送机，有水平方向输送的，也有倾斜方向输送的。倾斜输送时，输送带倾斜角应小于物料与输送带之间的摩擦角，物料才不致沿着升运相反方向下滑。考虑到输送带的两相邻支点间有一定的垂度会使局部实际倾斜角增大、工作时物料有跳动及表面圆形物料会发生滚动等因素，输送带最大倾斜角应比摩擦角小10°左右，故常用的橡胶输送带其倾斜角一般不超过25°。如遇必须增大倾斜角的场合，则可采用特殊的齿形胶带或在胶带上增设板条，以防物料下滑，但通常倾斜角最大不得超过45°。

2. 主要构件

带式输送机的主要构件有输送带、驱动装置、托辊、张紧装置等（图2-29）。

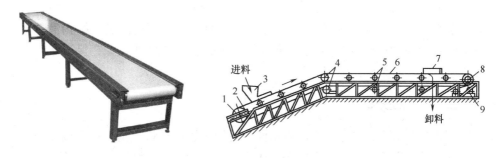

图2-29 带式输送机结构图
1—张紧滚筒 2—张紧装置 3—装料斗 4—改向滚筒 5—托辊
6—环形输送带 7—卸料装置 8—驱动滚筒 9—驱动装置

（1）输送带 对输送带的要求是强度高、抗磨、耐用、伸长率小、挠性好。茶叶生产过程中负荷较轻，通常采用一般的运输胶带。胶带的接头处可用皮带扣连接，或用胶接法（硫化接头）连接，前者连接迅速方便，检修时间短，但接头强度及工作平稳性差；后者接头平滑、可靠，连接强度高，使用寿命长，但胶合技术要求高。

（2）驱动装置　驱动装置包括电动机、传动装置与驱动滚筒。驱动滚筒是传递动力的主要部件。为了传递必要的牵引力，输送带与滚筒间必须有足够的摩擦力，常采用增加摩擦因数和包角的办法来解决。

为了减小结构尺寸，希望尽可能采用较小的滚筒直径，但必须考虑输送带的纵向挠性，这取决于输送带的允许弯曲度。滚筒的工作表面常制成鼓形，以便使输送带在运动时不易跑偏。

（3）托辊　托辊用于支承输送带和输送带上所承载的物料，使输送带稳定地运行。一台输送机的托辊数量很多，其质量好坏直接影响输送机的运行，因此，要求它能经久耐用，轴承密封可靠，润滑良好，以保证输送机的运转阻力小，使动力消耗降低。

为了提高生产率，输送散状物料的上托辊常采用槽形托辊。

托辊间距的布置应保证输送带在托辊间所产生的下垂度尽可能小，其值一般不超过托辊间距的 2.5%。在实际应用中，上托辊间距常取用 1～1.5m，下托辊间距可取上托辊间距的 2 倍，常取 2.5～3m。

（4）张紧装置　张紧装置的作用是保证输送带具有足够的张力，以使输送带和驱动滚筒间产生必须的摩擦力，并限制输送带在各支承间的垂度，使输送带机正常运转。

带式输送机所用的张紧装置有螺杆式和坠重式两种。螺杆式张紧行程受到限制，故一般适用于输送距离较短、功率较小的输送机，其优点是结构紧凑，外形尺寸小，而缺点是需人工张紧，并需定期查看调整。

坠重式适用于输送距离较长、功率较大的输送机，其优点是结构简单可靠，能自动补偿由于温度变化、变形等引起的输送带松弛现象，保证张力恒定。它的缺点是结构比较庞大。

二、斗式提升机

斗式提升机采用料斗作为承载构件，适用于松散物料的垂直提升或倾斜度很大的提升。由于它能在垂直方向输送物料而占地很小，因而显著地节省了地面面积。与倾斜的带式输送机相比，在提升同样的高度时，输送路程大为缩短。同时，它能在全封闭罩壳内进行工作，不扬灰尘，可有效地防止污染环境。它的缺点是运输物料的种类受到限制，过载的敏感性大。

1. 基本类型

（1）倾斜斗式提升机　倾斜提升机的料斗固定在牵引链带上，属于链带斗式提升机。为改变提升机的高度，机上备有可拆装的链节，使提升机缩短或伸长，以适应不同情况需要。支架也可伸缩，用螺钉固定。支架有垂直的，也有做成倾斜的固定在外壳中部，底下用活动轮子。该提升机机动灵活，便于生产线的调配、组合。

（2）垂直斗式提升机　图2-30所示为垂直皮带斗式提升机结构。此种提升机由料斗、牵引带（链）、罩壳、驱动装置、张紧装置、进料装置和卸料装置等主要部件组成。其中料斗安装在牵引带上随其一起运动。

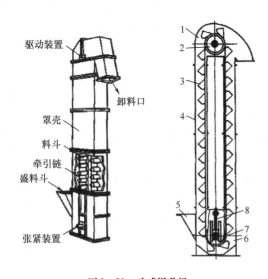

作业时，料斗在下方装料，于封闭的机筒内提升，当它升至顶部翻转时，靠重力和离心力将物料倾倒出来。适用于输送粉粒状和中小块状物料，对湿度大的物料不宜采用。

垂直斗式提升机的提升高度可达30m，一般常用范围1～20m，输送能力在5～160t/h，有时可达500t/h。其缺点是过载能力差，必须均匀供料，不能进行水平输送。

2. 主要构件

（1）料斗　常用的料斗有三种结构形式（图2-31）：深斗、浅斗和导槽斗（三角斗）。

图2-30　斗式提升机
1—机头　2—头轮　3—料斗　4—罩壳
5—盛料斗　6—机座　7—底轮　8—张紧螺杆

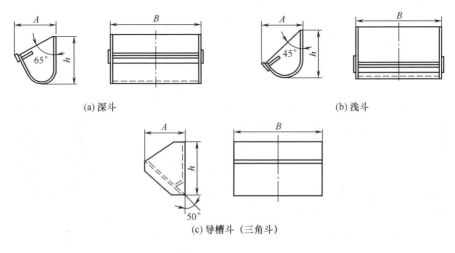

图2-31　料斗形式

深斗的前壁斜度小而深度大，每个料斗可装载较多的物料，但较难卸空，它使用于升运干燥的流动性好的松散物料。

浅斗的前壁斜度大而深度小，每个料斗可装载的物料量较少，但容易卸空，它使用于升运潮湿的流动性不良的物料。

导槽斗是具有导向侧边的三角形料斗，这种料斗在提升机中采用密集布置的形式，当这种料斗绕过上滚筒时，前一个料斗的两导向侧边和前壁成为后一个料斗的卸载导槽，它使用于提升速度不大和运送沉重的块状物料。

（2）牵引构件 斗式提升机的牵引构件，常用的有胶带和链带两种。

胶带牵引用于升运速度较快、量较小、高度不大的场合。它具有运转较平稳和噪声小的特点。胶带宽度一般应比料斗宽度宽25~50mm。料斗与胶带的固定常采用在胶带上打孔，用扁头螺栓连接的方法。胶带宽在300mm以下，常采用普通传动胶带；带宽大于300mm时；可采用运送胶带。

链带牵引又可分单链式与双链式两种，用于升运速度较低、质量较大、高度较高场合。链带牵引一般采用双链式，单链式很少用。

（3）罩壳 为防止粉尘污染环境，斗式提升机通常装在密封的罩壳之内。罩壳的上部与驱动装置等组成提升机头部。为使物料能够卸出，设有卸料槽。头部罩壳的形状应保证能使从料斗中抛出的物料完全进入卸料槽中。

罩壳的下部与紧张装置、张紧滚筒或链轮组成提升机底座，在底座罩壳上开进料口。进料口的位置要有一定的高度，以便使料斗达到要求的装满程度。为了对装料过程进行观察及便于检修，通常还开有观察孔和检查孔，并覆以可拆卸的孔盖。中部是整段或分段的方形罩壳。对分段的罩壳，其连接处应加密封衬垫，并用螺栓连接。

（4）驱动与张紧装置 驱动装置位于提升机上部，除电动机、传动装置、驱动滚筒或链轮之外，为防止突然断电时在物料重力作用下提升机逆转引起的损坏，还必须装设制动器。

斗式提升机牵引构件的张紧装置一般采用螺杆式。

3. 装料方式

物料装入料斗的方法有挖取法和灌入法两种（图2-32）。

（1）挖取法 挖取法易于充满，可以采用较高的料斗速度（0.8~2m/s），但阻力较大，适用输送中小块度或磨损性小的粒状物料。对

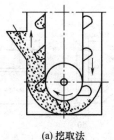
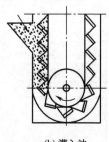

(a) 挖取法　　(b) 灌入法

图2-32 装料方式

于挖取法，根据物料进入机座时的运动方向与该处料斗运动方向间的关系，有顺向进料和逆向进料两种喂料方式，其中顺向进料是指两者方向相同，即喂料斗设置于机座的料斗向下运动一侧，更为有利于物料的充填，尤其适用于轻质物料。对于一般物料应优先选择逆向进料，避免过大的装料阻力。

（2）灌入法 灌入法的物料直接装入运动着的料斗，难以充满，需要采用较低的料斗速度（不超过1m/s），采用较为密集的料斗布置，用于块度较大和磨损性大的物料。

4. 卸料方式

斗式提升机按其卸料的工作特点不同，可分为重力自流式、离心式和混合式三种卸料方式（图2-33），它们的输送速度，料斗尺寸和间隔距离，卸料口位置尺寸等方面均有所不同。

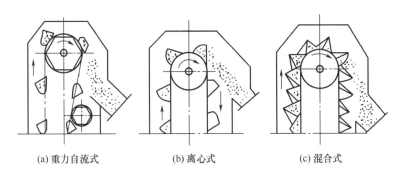

(a) 重力自流式　　(b) 离心式　　(c) 混合式

图 2-33　斗式提升机卸料方式

（1）重力自流式 重力自流式升运速度比较低（一般为0.4~0.8m/s），当料斗绕过上端驱动滚轮时，物料产生的离心力较小，卸料主要靠物料本身的重力作用，使物料沿料斗的内壁卸落，故卸料口尺寸较小。由于输送速度低，生产率低，但料斗间隔距离可较小。重力自流式卸料一般用于升运潮湿、沉重或脆性较大的物料。

（2）离心式 离心式升运速度较高（一般大于1m/s），当料斗绕过上滚轮时，物料产生的离心力远远大于重力，故卸料主要靠离心力的作用，使物料从料斗中抛出。料斗的间隔距离不能太小，以免从料斗内抛出的物料落在前面料斗的斗背上。这种卸料方式的生产率高，但输送速度有一定的限制，输送速度高，则料斗中物料不能卸空，不仅降低生产率，而且造成回茶数量过多。离心式卸料多用于升运干燥、流动性好的小颗粒物料。

（3）混合式 混合式升运速度介于上述两种方式之间，物料同时以上述两种卸料方式从料斗中卸出，接近料斗外壁的物料离心力较大，主要靠离心力抛出;接近内壁的物料离心力较小,主要靠重力卸落,故它的特点在重力自流式与离心式之间。

茶叶加工生产中使用的斗式提升机,卸料方式一般均为离心式。

三、气力输送装置

运用气流的动压或静压,将物料沿一定的管路从一处输送到另一处,称为气力输送。茶厂中散粒的茶尘,利用气力输送可收到良好效果。

根据物料的流动状态,气力输送按基本原理可分为悬浮输送(利用气流的动能进行输送,输送过程中物料在气流中呈悬浮状态)和推动输送(利用气体的压力进行输送,物料在输送过程中呈栓塞状态)。其中,前者适宜于干燥的、小块状及粉粒状物料,如茶尘,气流速度较高,沿程压力损失较小,但功耗较大,且可能造成物料的破碎;而后者除能输送粉粒状物料外,还能输送潮湿的和黏度不大的物料。在茶叶加工中多采用悬浮输送。

与机械输送相比,气力输送的系统结构简单,只有通风机是运动部件,投资成本低;输送路线能随意组合、变更,输送距离大;输送过程中能使物料直接降温,有利于产品质量及物料贮存;密封性好,可有效地控制粉尘外扬,减少粉尘爆炸的危险性,保证了安全生产,改善了劳动条件;工艺过程容易实现自动化。同时也存在许多弱点:动力消耗较大,噪声高,弯管等部件易磨损;对物料的粒度、熟度、温度等有一定要求。

广泛采用的悬浮气力输送装置基本类型包括吸送式、压送式和混合式(图2-34)。

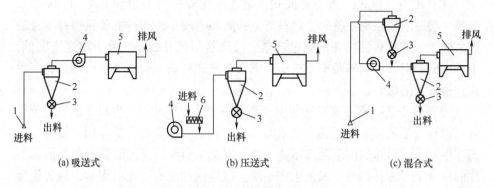

图2-34 气力输送装置
1—吸嘴 2—分离器 3—卸料器 4—风机 5—除尘器 6—供料器

1. 吸送式气力输送装置

吸送式气力输送装置又称为吸引式。借助于压力低于0.1MPa的气流输送物料。工作时，系统的输料段内处于负压，物料被气流携带进入吸嘴，并沿输料管移动到物料分离器中。在物料分离器内，物料和空气分离，而后物料由分离器底部卸出，而空气流被送入除尘器，回收其中的粉尘，经过除尘净化的空气排入大气。

吸送式气力输送装置按系统工作压力可分为低真空吸送式（工作压力在-20kPa以上）和高真空吸送式（工作压力在-50～-20kPa范围内）。

出于净化排风因素的考虑，有些配置成循环式系统，通过在风机出口处设有旁通支管，部分空气经过布袋除尘器净化后排入大气，而大部分空气则返回接料器再循环。循环式气力输送系统适用于输送细小的粉状物料。

2. 压送式气力输送装置

进料端的风机运转时，把具有一定压力的空气压入导管，物料由密闭的供料器输入输料管。空气与物料混合后沿着输料管运动，物料通过分离器、卸料器卸出，空气则经过除尘器净化后进入大气中。

压送式气力输送装置按系统工作压力分为低压输送式（工作压力在50kPa以下）、中压输送式（工作压力在0.1MPa左右）和高压输送式（工作压力在0.1～0.75MPa）。压送式气力输送装置便于设置分支管道，可同时将物料从一处向几处输送，适合大流量、长距离输送，生产效率高。由于通过鼓风机的是洁净的空气，故鼓风机的工作条件较好，但管道磨损较大，密封性要求高，必须有完善的密封措施，供料器较复杂。

3. 混合式气力输送装置

混合式气力输送装置由吸送式及压送式两部分组合而成。在吸送段，通过吸嘴将物料由料堆吸入输料管，并送到分离器中，从这里分离出的物料，又被送入压送段的输料管中继续输送。它综合了吸送式及压送式两者的优点，在使物料不通过风机的情况下，可以从几处吸取物料，又可以将物料同时输送到几处，且输送距离可较长，但带粉尘空气通过风机使工作条件变差，整个装置结构复杂。

茶叶生产中常使用的是吸送式气力输送装置，主要应用于生产车间的除尘。其主要特点是：适用于一点或多点吸尘并向一处集中的输送场合；可用于分布范围广、位于低处深处茶尘的输送；由于系统在负压状态下工作，茶尘不会外扬，易保持车间卫生条件，所配供料设备结构简单；气体输送机械位于系统末端，水分不易混入而污染。同时，为保持系统足够的负压，要求管道设备严格密封，此外也不宜用于大容量长距离的输送，且动力消耗较高。

气力输送系统主要由供料器、输料管道及管件、分离器、卸料器、除尘器和风机等组成，详见清洁化茶厂加工环境控制相关内容。

四、振动输送机

振动输送机是一种利用振动技术,对加工后的茶叶在制品,如杀青叶、初烘叶进行中、短距离输送的输送机械,并能起到冷却效果。

1. 振动输送机的构造

如图 2-35 所示,振动输送机主要由输送槽、激振器、主振弹簧、导向杆架、平衡底架、进料装置、卸料装置等部分组成。其中,输送槽用于输送物料,底架主要平衡槽体的惯性力,减小传到基础的动载荷。激振器是振动输送机的动力源,产生周期性变化的激振力,使输送槽与平衡底架持续振动。

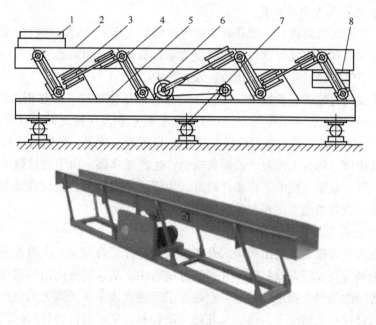

图 2-35 振动输送机
1—进料装置 2—输送槽 3—主振弹簧 4—导向杆
5—平衡底架 6—激振器 7—隔振弹簧 8—卸料装置

主振弹簧支承输送槽,通常倾斜安装,它的作用是使振动输送机有适宜的近共振工作点(频率比),便于系统的动能和势能互相转化,有效地利用振动能量。导向杆的作用是使槽体与底架沿垂直于导向杆中心线作相对振动,通过橡胶铰链与槽体和底架连接。

进料装置与卸料装置用来控制物料流量,通常与槽体软连接。

按物料的输送方向,有水平、微倾斜及垂直振动输送机。

2. 工作原理

振动输送机工作时，激振力作用于输送槽体，槽体在主振板弹簧的约束下做定向强迫振动。装在槽体上的茶叶在制品，受到槽体振动的作用断续地被输送前进。

当槽体向前振动时，依靠物料与槽体间的摩擦力，槽体把运动能量传递给物料，使物料得到加速运动，此时物料的运动方向与槽体的振动运动方向相同。当槽体向后振动时，物料因受惯性作用，仍将继续向前运动。槽体则从物料下面往后运动。由于运动中阻力的作用，物料越过一段槽体又落回槽体上。当槽体再次向前振动时，物料又因受到加速而被输送向前，如此重复循环，实现物料的输送。

振动输送具有产量高、能耗低、工作可靠、结构简单、外形尺寸小、便于维修的优点，目前在茶叶加工中广泛应用。

模块三　茶叶再加工机械

精加工后的茶叶，具有等级分明、品质纯净、干燥适度、质量稳定等特点，但产品形式相对单一。消费者越来越趋向于茶叶产品的多样性，例如茶叶窨花后制作花茶、精制后的茶叶经蒸汽蒸软，再压制成各种紧压形，这些就属于茶叶再加工。

因此，本模块重点介绍茶叶窨花机械和紧压茶加工设备。

项目一　窨花机械

花茶系用精制后的茶叶，经过一定的窨制工艺吸收鲜花的香气而成。由于所用茶叶种类和鲜花种类互不相同而形成多种多样的花茶。以所用茶叶种类分，有花绿茶、花乌龙茶、花红茶等，而各类茶又有许多不同的花色品种，如花绿茶中又有花烘青、花炒青、花龙井、花毛峰等之分。以所用鲜花种类分，有茉莉花茶、白兰花茶、珠兰花茶、玳玳花茶、桂花茶、玫瑰花茶和柚子花茶等。我国花茶中产量最多消费最广的种类是用茉莉鲜花烘青绿茶窨制的茉莉烘青。通常以茉莉花茶为花茶的代表，而以茉莉烘青为茉莉花茶的代表。因此，本项目在介绍窨花机械时，都以茉莉花茶的窨花机械为典型代表进行介绍。

一、茉莉花茶加工工艺简介

茉莉花茶窨制基本工艺流程为：茶坯处理→鲜花处理→窨花拌和→静置窨花→通花散热→收堆续窨→起花→复火干燥（冷却）→再窨或提花→匀堆装箱。

从窨花拌和到复火干燥，称为一个窨次。不同的质量标准，采用不同的窨次。高级茉莉花茶的窨次较多，用花量多。

在茉莉花茶的加工过程中，要求茶坯能尽可能地吸收茉莉花香，茉莉花长时间地吐香，因此，就需要对茶坯和鲜花进行维护。茶坯的维护主要是复火干燥，所用设备为链板式烘干机，烘焙时温度宜高、时间宜短，以 120~130℃烘 8~10min。烘后茶坯需冷却至 35~37℃方可使用。而鲜花的维护与处理则是采用堆花与摊花的方法来提高花温，以促进含苞待放的花蕾开放，以释放出芬芳的茉莉花香。同时对已经开放的鲜花还要进行选剔，优选符合窨制要求的鲜花。

当鲜花和茶坯均处理好后，即可进行窨花拌和，让茶坯缓缓吸收茉莉花香和水分。窨花拌和前要确定茶花的配比量，而后将茶坯总量的 20%~30%摊于洁净的板面上作底层，厚约 10~15cm，再将鲜花按总量的 20%~30%均匀地铺撒在茶坯面上，一层茶一层花相间，共 3~5 层，最后一层用茶作盖面。铺撒后进行拌匀，作成长方形堆垛，一般厚 25~30cm，最后用茶叶盖面，以防鲜花香气损失。再将拌和好的在制品静置窨花，依窨花方法依容器不同分为箱窨、囤窨、堆窨等，一般小量窨花用箱窨和囤窨，大量窨花用堆窨或机窨。

在窨花过程中，因鲜花呼吸作用增强而释放出热量，致使在窨品温度升高。当堆温升高至 48℃以上时，鲜花吐香能力下降。为了维持鲜花的吐香时间，需要将在窨品扒开，以降低堆温，维持鲜花生机，增强吐香能力，提高茶坯含香量，这个过程称为通花散热。当堆温下降至 35℃左右时，再行收堆续窨。待在窨品温度再行升至 45℃左右时，即可起花，即将茶与花再行分离。茶坯须复火后方可进行下一次窨花或提花。

窨花拌和是茉莉花茶品种形成的重要加工工序，传统的窨花拌和工序都是采用人工操作，工作强度大，卫生条件差，质量不稳定，因此不少单位先后开发出一系列用于花茶窨制的机械和设备。

二、花茶加工机械

机械化窨花是用机械来代替手工窨制作业的综合加工过程，其主要作业设备包括：茶花合并输送装置、茶花拌和器、茶花配比流量控制系统、窨花主机、湿坯摊凉机、起花（出花）机、贮茶斗、烘干机械、电气操纵控制柜等，其中窨花主机是花茶加工的关键设备，直接影响到花茶品质。当前花茶加工的机械设备主要有下列几种类型。

1. 流动式窨花机

流动窨花机是我国机械化窨花历史上出现最早的机种，于 1953 年由福州茶厂研制，它具有结构紧凑、用料省、制造方便等特点，可流动进行茶花拌和，生产率 15000kg/h。

(1) 结构与组成 该机主要由送茶输送装置、送花输送装置、螺旋式茶花拼合装置、铺茶装置和机架等组成（图3-1）。

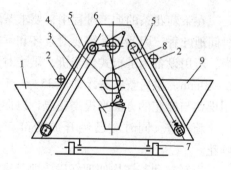

图3-1 流动式窨花机
1—投茶斗 2—调节手轮 3—摆斗
4—搅龙 5—输送带 6—偏心轮
7—行走轮 8—连杆 9—投花斗

①送茶和送花输送装置：送茶输送装置是一条倾斜的帆布输送带，输送带的工作宽度70cm，下方有一个高为98cm的投茶斗，送茶量由调节闸门控制，通过闸门上的齿条和手轮端的齿轮进行调节。

送花输送装置是一条与茶输送带相对应的倾斜输送带，输送带的下方设有一个高度为118cm的贮花斗，通过闸门控制出口开度。输送带设有4个不同的送花速度（220、120、80、60r/min），以适应不同投花量的要求。

②螺旋式茶花拼合装置：螺旋搅龙同时接受两输送带投下的茶坯与鲜花，边搅拌混合，边向一侧推出，使拌有鲜花的茶坯流向摆斗中。

③铺茶装置：铺茶部分由曲柄摆杆机构及其驱动的摆斗组成。当拌有鲜花的茶坯从搅龙流向摆斗时，摆斗在曲柄摆杆机构的带动下，不断向两边摇动，将茶与花的混合料铺撒在洁净的窨花操作地面上。当铺放高度达到要求厚度时，将机器向前移动一段距离，继续铺撒，周而复始。

④传动机构：由两台电动机作动力，一台传动窨花机工作，功率为2.8kW；一台作机器行走的动力，功率为2.5kW。

传动窨花机工作的电动机，经两级变速后，既驱动送茶输送带的主动轴，使送茶输送带运转，又由一双圆柱齿轮过桥传动4级齿轮变速，带动花输送带工作。4级齿轮变速由操纵杆移动其管轴中的滑键进行变速，传动机器行走的电动机，经两级减速后，驱动行走轮。

⑤机架：机架由两条倾斜的输送带构成三角形的骨架，机架上设有传动装置和电缆引出装置。全部框架均安装在底盘上。

⑥底盘：底盘采用行车式。底盘的底部设有4个轮子，其中2个为驱动轮，2个为导向轮，操作者可坐在底盘上的座位进行操作。

（2）工作过程　工作时，茶坯和鲜花分别倒入投茶斗和投花斗，由送茶输送装置及送花输送装置送入机器上部的茶花拼合装置，经螺旋拌和器均匀拼合后落入铺茶装置，并均匀地铺撒在地面上。当铺放厚度达到要求时，在窨堆面覆盖一层大约1cm厚的茶叶，完毕后机身向后倒退，进行另一块作业。

2. 百叶板式窨花机

该机为一种立体式联合窨花机，适合于各级茶坯的窨花，可进行摊花、筛花、拌和、窨花、通花、提花、压花、起花等作业，还可用于复火后冷却，一机多用，全机只需5人操作。

（1）结构　该机由贮茶斗、升运带、茶花拼合装置、窨花机、筛花机、传动机构、操纵台等组成。

贮茶斗设在窨花机前端顶部，用于储存茶坯。

斗式升运机为两条可无级变速的倾斜输送带，将茶和花分别升运到窨花主机的顶部。

窨花拼合装置位于主机进料端上方，用于接收茶坯和鲜花。位于斗下的螺旋搅拌器将茶坯与鲜花拌和，经过拼合斗的下流口向主机的百叶板输送带上，并由窨花机上的匀叶轮将混合料铺平。窨花机结构类似于百叶链板式烘干机，上下分4层，每层可载3000kg，每层能单独传动，每层传动所需时间3~12min，全程共28min；电气操纵台对送花输送带和百叶链输送带的5台直流电机进行无级变速，对11台交流电动机采用磁力启动控制；筛花机为一大平面圆筛机，其进口与窨花机的出口相连。筛花机出口在通花时与窨花机进口相连，在起花时则另行流出，落下来的茶与花由设在窨花机底部的振动槽收集输送。

（2）工作过程　作业时，茶与花按一定配比分别由送茶和送花输送带送至茶花拼合装置内混合，落在窨花机最上面的百叶板输送带上。最上层百叶板输送带前端的匀叶轮将混合料铺平。在每层的端处，百叶板可翻转为垂直状态，从而使上层茶花落入下一层。依次铺满底层后，百叶板停止运动，进行窨花。通花时，开启窨花机，百叶板翻转使茶、花落入振动槽，进入筛花或续窨作业。

该机是目前我国较为先进的一种窨花机械，其窨花主机能适应花茶机械连续化生产，但也存在一些问题，如设备容量偏大，其产量可达10~12t/d，机型过大，适应性较差，而且设备钢材耗量大，投资较高，也不利于节约能源。因此，目前使用该机的茶叶生产单位较少。

3. 立体窨花机

该机由福鼎市银龙茶叶公司研发，每批可窨制花茶4~6t/台。该机为立体结构，结构紧凑，主要包括养花输送带，花提升机，花、茶进料输送带、滚筒式茶花拼合机、窨茶主机、筛花机以及微波烘干机等部分组成。

窨花主机输送带采用强度高的粗钢丝网，表面铺设韧性好的尼龙布，强度高，投资省；采用滚筒式茶花拼合方式，结构简单，拼合均匀；养花输送带、窨花输送带、振动槽等机械皆可无级调速器调速，其传动比调节范围大，节约电能；采用降速比大的摆线针轮减速电机，提高了传动效率，具有噪声小的特点。

4. 气流式窨花机

气流式窨花机窨花时，鲜花与茶坯不直接接触而靠气体循环完成茶坯窨香，其特点是鲜花采摘后不需要堆花与摊花处理，也不需要通花和起花，窨花的香气鲜灵度较高，但持久性较差。该机主机由输送装置、贮茶箱、贮花箱、管路系统、传动机构、电气控制系统、机架等组成（图3-2）。贮茶箱与贮花箱在鼓风机的作用下通过管路系统构成气体循环。

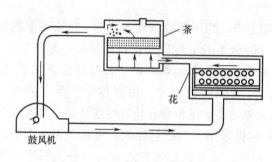

图3-2 气流式窨花机

窨制过程中，整个系统形成密封循环体，开启风机，管理系统进入工作状态，气体定时交替循环流动，使鲜花香气反复通过茶层，茶坯不断吸附花香。同时向系统内外不断补充氧气，以利于长时间保持鲜花活力。

5. 花茶摊凉冷却机

该机用于复火后的花茶降温，起均匀混合的作用。该机由输送带、三层振动槽、振动机构等组成（图3-3）。

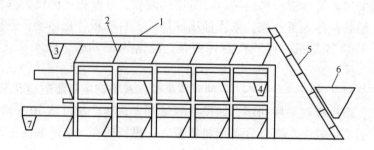

图3-3 花茶摊凉冷却机
1—振动输送带 2—弹簧钢板 3—顶层出茶口
4—中层出茶口 5—输送带 6—投茶斗 7—下层出茶口

经复火的花茶送入输送带，将茶叶平铺在长约10m的振动输送带上。在振动输送带的振动力作用下，茶叶边向前移动边散热冷却，经出茶口落入中层的振动输送带。茶叶自上而下缓慢移动，经过三层输送带的摊晾，历时约30min，叶温由100℃降至60℃以下。

项目二 紧压茶加工设备

紧压茶多数供应边区少数民族饮用,主要有黑砖、茯砖、花砖、米砖、沱茶以及普洱紧压茶等。紧压茶品种多,采用原料各不相同,有些茶形状也有较大差异。

一、紧压茶加工工艺简介

紧压茶一般以黑毛茶、绿毛茶或红毛茶为原料,需要经过筛选、拼配、蒸茶、压茶、退压、干燥、包装等工序,如果以绿毛茶为原料,则在筛选或拼配后还要进行渥堆处理。其中渥堆、蒸茶是紧压茶加工的重要工序。

1. 渥堆

渥堆是黑茶制造中的特有工序。经过这道特殊工序,使叶内的内含物质发生一系列复杂的化学变化,以形成黑茶特有的色、香、味。

渥堆要求有适宜的条件。渥堆场所要清洁,无异味,无日光直射,室温保持在25℃以上,相对湿度在85%左右。

渥堆要求操作过细。渥堆时要求茶坯含水率在30%~60%,堆高60~100cm,甚至更高,并在茶堆上方加覆盖物。在渥堆过程中,堆温会上升,当堆温上升至60℃左右时,需翻堆处理,使茶堆里外交换,降低堆温,继续渥堆。翻堆的次数根据各地生产黑茶类型不同而有所差异,少则1~2次,多者可达8~10次。

当将手伸入堆内感觉发热,茶堆表层出现水珠,色泽已变成黄褐,青气消除,嗅到有酒糟气或酸辣气,叶片黏性不大,即为渥堆适度。

关于渥堆的实质有酶促作用、微生物作用和湿热作用等三种学说。1991年,湖南农业大学通过传统渥堆和无菌渥堆试验研究,探明了黑茶渥堆的实质:黑茶渥堆的实质,是以微生物的活动为中心,通过生化动力——胞外酶、物化动力——微生物热、茶内化学成分分解产生的热以及微生物自身代谢的协调作用,使茶的内含物质发生极为复杂的变化,塑造了黑茶特殊的品质风味。

2. 蒸压

蒸茶的目的是使茶胚变软便于压制成形,并可使茶叶吸收一定水分,进行后发酵作用,同时可消毒杀菌。蒸茶的温度一般保持在90℃以上,蒸茶时间30~60s,待蒸汽冒出茶面,茶叶变软时即可压制。压茶分手工和机械压制两种,在操作上要掌握压力一致以免厚薄不均。装模时要注意防止里茶外露。压制后的茶胚需在茶模内冷却定型3min以上再退压。退压后的紧压茶要进行适当摊凉,以散发热气和水分,然后进行干燥。

3. 干燥

干燥方法有室内自然风干和室内加温干燥两种。干燥的时间随气温、空气相对湿度、茶类及各地具体条件而有所不同。在干燥季节，室内自然风干的时间要120~190h才能达到标准干度。室内加温干燥一般在烘房内进行，烘房温度先从低到高，再从高到低：室温→60℃→40℃。温度不能过高，超过70℃时会产生龟裂、剥落或外干内湿、郁热烧心等现象，同时也易引起烘房着火。下烘时成品含水量由高降至标准干度，即可包装或进一步陈化处理。

二、紧压茶加工设备

1. 蒸茶器

蒸茶器由进茶斗、蒸汽通道、蒸笼、出茶器等部分组成（图3-4）。

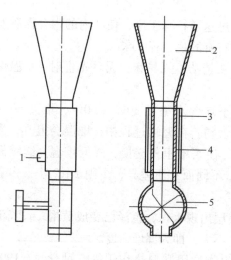

图3-4 蒸茶器
1—蒸汽进口 2—进茶斗 3—蒸汽通道
4—蒸笼 5—出茶器

进茶斗用薄钢板制成，是一喇叭形的漏斗，斗高1m，上口80cm×80cm，下口30cm×30cm。进茶斗与蒸笼相连接，蒸笼高1m，口径一般为30cm×30cm。蒸笼壁上钻有许多蒸汽通孔，孔径为2.5mm，孔距3cm。蒸汽通道包裹在蒸笼外边，与蒸笼壁之间的空隙为5mm。出茶器的直径为60cm。出茶器内设有4片的叶轮，叶轮逆时针旋转，转速为48r/min。

蒸茶过程：当半成品茶从进茶斗徐徐落入蒸笼后，蒸汽通过蒸汽通道，经通气孔进入蒸笼而蒸软茶叶。蒸汽通过叶层后由进茶斗排出。茶叶在蒸笼内停留时间的长短，由出茶器控制。出茶器转速快，茶叶在蒸笼内停留的时间就短，反之则长。出茶器具有密封作用，以防止空气倒流。

2. 压砖机

压砖机是将蒸茶器蒸软的茶叶压制成型的机具。常用的压砖机有蒸汽压砖机、螺旋压砖机等。

（1）蒸汽压砖机 蒸汽压砖机的工作原理与螺旋压砖机相同，不同之处是改用蒸汽作为动力，蒸汽压力推动活塞上、下运动，从而带动压板上升或下压。压板的上下行程为20cm，向下压砖时的压力为30t。蒸汽压砖机是由气缸和活塞等组成（图3-5）。

活塞连接压板，蒸汽由气门控制。当气门中的气阀向上运动时，蒸汽则从气门下部的进气管进入气缸下部，推动活塞向上运行，而活塞顶部的蒸汽则通过气缸上部通气管从气门中部的出气管排出。当气门中的气阀向下运动时，蒸汽则从气门上部的进气管进入气缸上部，推动活塞向下运行，而活塞下部的蒸汽则通过气缸下部通气管从气门中部的出气管排出。活塞的上下运行，带动压板上升或下降。

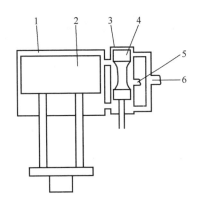

图3-5 蒸汽压砖机
1—气缸 2—活塞 3—气门
4—气阀 5—出气门 6—进气门

（2）螺旋砖机 螺旋压砖机是由螺旋杆、摩擦轮、压板和机架等部分组成。

螺旋杆为方牙螺杆，其下端连接铸铁压板。压砖时，在压板与机座之间放入装好的茶叶的水戽与套箱进行压制。螺母与中间的摩擦轮固定在一起，旋转时，螺母则带动丝杆上升或下降。两主动摩擦轮相对固定在主动轴上，主轴的左端设有离合器，既能使主轴左右移动，以保持一对摩擦轮的结合，又能使两主动轮同时与中间轮分离，使压板保持不动。在主动轮转向保持不变的情况下，变换主动摩擦轮与中间摩擦轮的结合，可改变螺母的转动方向，使方牙螺旋杆能上下运动，从而带动压板上升或下压。压板上下行程为30cm，向下压砖时的压力为28t。

摩擦轮用铸铁制成。方牙螺杆用45号钢制成。配用电动机功率为28kW，电动机转速为1450r/min。

模块四 清洁化茶厂建设

长期以来,茶叶加工尤其是初制加工,在我国一直被当作一般的农副产品加工,造成加工环境和卫生条件低下,茶厂建设和设备配备落后,茶叶产品加工质量难以保证。随着茶叶生产的日益发展,清洁化茶叶加工厂的规划与建设是茶叶生产中一个必须要解决的问题。要建设一座理想的茶厂(或对老厂进行改造扩建),一定要预先进行全面详细的可行性分析,并写出可行性分析报告,这样才能做到合理规划,提高设备利用率,减少投资,缩短建设周期,降低生产成本。

项目一 清洁化茶厂规划与设计

茶厂优化改造和建设首先要改变对茶叶加工业地位的认识,要充分认识到茶叶是一种直接冲泡饮用的高档饮品,茶叶加工绝对不应属于农副产品加工范畴,理应划入食品加工的领域和范畴。为此,茶叶加工厂应参照《中华人民共和国食品卫生法》、GB 14881—1994《食品企业通用卫生规范》和 NY/T 5244—2004《无公害食品茶叶》等标准,进行规划、设计和建设,从茶厂环境条件、厂区规划、厂房建设、生产设备配备、茶厂运行和卫生管理等系统工程着手,不断提高我国茶叶加工厂的规划、设计和建设水平。

一、基本原则

茶叶加工厂规划的原则是,首先要根据生产需要,确定生产茶类、年产量、高峰日产量及茶叶加工工艺。在此基础上,确定茶叶加工设备配备方案,并完成生产线设计。然后,根据生产线和设备要求,参考茶厂用地状况,进行茶叶加工车间、附属用房平面和设备布置设计。加工车间设计时,要注意留出机器安装洞和操作进出门等,并将所需要的电线线路及油、煤气、水的管道按使用位置预埋好。在各车间和用房完成总体方案设计的基础上，进行茶厂厂区总体方案布置，使其建筑物、道路、绿化等整体上井然有序，能满足茶叶加工工艺和环境生态要求。要绝对避免未作茶叶加工工艺设计、机器选型和生产线设计前，盲目进行车间和其他厂房的设计和建造。

二、厂区规划

1. 茶厂规模

茶厂的规模应该根据加工原料——鲜叶的多少而定，同时还要考虑今后 3～5 年的加工任务。茶叶的生产季节性很强，在整个茶叶生产季节中，鲜叶的日产量也很不平衡，特别是春茶期间，由于气候条件适宜茶叶生长，且采制的高峰期突出。当天采摘的鲜叶，要求当天付制完毕，否则就会影响毛（成）茶品质。茶厂规模过大，则造成机械设备空闲，厂房、资金、人力等的浪费；茶厂规模过小，所配备的机械设备少，厂房不够用，鲜叶不能及时加工，就会出现积压和变质，使毛（成）茶品质下降和劣变，甚至腐烂，造成不应有的经济损失。因此，茶厂规模的确定，应以年产量和今后 3～5 年内茶叶产量的变化，估算出平均日产量和春茶最高日产量，为茶厂规模设计的依据。

2. 茶厂选址

茶厂是茶叶生产、加工和经营活动的中心，加工场所环境条件良好、无污染源、安全、卫生是最基本的要求，故厂址选择要充分考虑用地、投资、环保、交通、能源、水源、地势等各种相关因素。

（1）场地要求

①地形条件：要求比较平坦、开阔，能适应茶叶加工工艺流程的要求，要有一定坡度，以便排水。为使地形平坦又不占良田、耕地，可采用台阶式布局。

②地质条件：要求选址具有较好的地质条件，有足够的承载能力。

（2）位置要求

①茶叶初加工厂：一般要靠近原料区，建在茶园集中连片的地方，以保证鲜叶能及时集中加工付制，并兼顾交通、生活、通信的便利。

②茶叶精加工厂、深加工厂：一般靠近茶叶销区，建在电力、能源、交通便利的城镇。

（3）外围工程要求

①水源和水质要求：加工厂所在地必须有足够清洁的水源，以满足生产和生活用水要求。茶叶加工中直接用水、冲洗加工设备和厂房用水要达到国家标准的要求。对深加厂用水，还要进行前期水处理。

②能源要求：目前茶厂的各类加工机械大多采用电力带动，厂址应尽可能

选在靠近大电网的地方，同时具有充足的电力供应和燃料供应，以保证正常生产。

③交通运输条件：茶叶加工厂的运输任务繁重，交通不便的茶厂生产成本可比交通方便的茶厂增加5%~10%，而加工能力下降15%~25%，因此厂址应尽量靠近公路、铁路，以便运输。

④环境条件：茶叶吸附性极强，因此茶叶加工厂不允许建在化工厂、农药厂、电镀厂等附近，以防止异味气体、有害气体及其他有毒物质的污染。

3. 厂区布置与绿化

（1）厂前区布置　厂前区是厂内外联系的枢纽，其建筑的内容与茶厂规模有关，可根据需要而定。一般厂前区可布置工厂出入口、传达室、车棚、厂部办公室、工程技术室、中心试验室等建筑物。需要指出，厂前区要远离烟尘及噪声源的车间，并与生产区有明确的分界。

（2）厂区绿化布置　绿化具有净化空气、调节小气候、降低噪声、防止水土流失等作用。茶厂的绿化分为局部环境绿化、道路绿化、厂前绿化和周围绿化等。

①局部绿化：局部绿化是指车间周围及休息场所的绿化。在车间东、西两侧宜种高大荫浓的乔木，以在夏季防日晒；在车间的南侧一般种植落叶乔木，以在春、夏和秋季防风、降温，在冬季还可以获得充足的阳光；车间北侧宜种常青灌木和落叶乔木混合品种，以防冬季寒风和尘土；休息场所可布置花园，设置假山、喷水池和座椅等。也可在厂区内栽种部分茶树，与加工车间相映衬。

②道路绿化：道路绿化通常是在道路两侧种植稠密乔木，形成行列式林阴道。一般树的株距为4~5m，树干高度为3~4m。

③厂前及周围绿化：厂前区的绿化要结合厂前建筑群和美化设施统一进行，厂区周围绿化可参照《工业企业设计卫生标准》进行设计。

4. 厂区排水

厂区雨水排水可采用明沟排水、管道排水及混合结构排水。在地面有适当坡度、场地尘土、泥沙较多易造成堵塞、地下岩石较多埋设管道困难的地方可采用明沟排水，否则采用管道排水。

明沟排雨水时，有土沟、砖沟、石沟、混凝土沟。明沟的断面有三角形、矩形和梯形3种，一般常用梯形。梯形沟底宽度不应小于0.3m，沟的起点深度不小于0.2m。

采用管道排水时，雨水口的布置应使集水方便，能顺利地排除厂区的雨水。

5. 道路

道路为茶叶加工厂的原料、燃料及成品的及时运进、运出提供运输条件，而厂内道路是联系生产工艺过程及工厂内外交通运输的线路，有主干道、次干道和人行道等。

主干道为主要出入道路，供货流、人流等用。次干道为车间与车间、车间与仓库、车间与主干道之间的道路。人行道为专供人行走的道路。根据工厂规模的大小不同，道路的结构会有所差别。

厂内道路布置形式有环状式和尽端式两种，环状式道路围绕各车间并平行于主要建筑物，形成纵横贯穿的道路网，这种布置占地面积较大，一般用于场地条件较好和较大的加工厂。尽端式是主干道通到某一处时即终止了，但在尽端有回车场，其占地面积小，适应地形不规则的厂区。也可采用环状式与尽端式相结合的混合式布置。

6. 管线布置

（1）管道布置 茶叶加工厂常用的管道有蒸汽管道、液化气管道、电缆管道、进排水管道等，这些管线可布置在地上或地下。布置在地下时，厂容整齐，空间利用率高，但投资大。布置在地上时，投资少，易检修，但占用空间和影响厂容。

（2）管线布置 管线可直接埋设在地下，这种铺设方法的优点为投资少，施工方便。地埋管线一般布置在道路两侧或道路一侧与建筑物之间的空地下面，地下管线的埋设深度一般在 $0.3\sim0.5m$，依管线的使用、维修、防压等要求而定。

7. 配电设置

茶厂供电多为乡村用电，经配电变电所或小型电站，通过低压架空线路将电源输送到用电单位的。有条件的大中型茶厂还应配备应急柴油发电机组，以应对生产期停电带来的不利影响。应急柴油发电机组宜建在车间 50m 以外，以降低噪声。

三、厂房设计

初制茶厂的厂房建筑包括生产车间、辅助车间、生活用房和附属建筑等。茶厂厂房建设项目的多少，应根据建厂规模和当地的具体条件合理确定。要尽量节省投资，有条件的可以利用现有房屋进行改造。

生产车间包括贮青、萎凋、做青、揉捻、发酵、杀青、干燥等。辅助车间包括毛茶仓库、审评室、材料间、机修和配电间等。生活用房包括办公室、厨房、食堂、宿舍和厕所等。附属建筑包括车库、传达室等。

1. 车间平面形式

车间的平面布置要按照茶叶加工工艺流程，合理地安排制茶机械，成为流水作业生产线，达到高效、低耗、安全的目的。一般小型茶厂（日产干茶 500~750kg），车间平面形式宜采用"一"字形。中、大型茶厂（日产干茶 1000~1500kg），车间平面形式可采用"＝"或"工"形，茶机分别安排在若干栋厂房内，各个厂房则按加工工艺流程进行布置。

2. 车间平面布局

（1）生产车间平面布置　为了便于生产和管理，生产车间一般按流水线自左向右（操作人员面向生产线）排列。加温与非加温工段需要隔开，以保证各车间的环境和卫生要求。在各工段都应留有空地，用于摊晾在制品。

茶叶初加工车间平面布置总的要求是做到工序合理，生产效率高，劳动强度低，生产安全，设计时应全面考虑，细心安排。不同茶类的加工工艺不同，生产线的布置不同，如绿茶初加工厂生产线为：贮青→杀青→揉捻→干燥；红茶初加工厂生产线为：贮青→萎凋→揉捻（切）→解块→发酵→干燥；乌龙茶初加工生产线为：萎凋（含日光萎凋）→做青→杀青→揉捻→包揉、松包、复烘→干燥。

大型茶叶精加工厂连续化、自动化程度较高，可按工艺流程布局，即：毛茶→复火→筛分→风选→拣剔→匀堆装箱→成品库。为改善车间环境，烘干与筛分工段、手拣场与机拣场工段要分开。同时，精加工机械之间配以输送机械进行在制品的输送。同样，精加工车间各工段均应留有适当余地。

为使生产线布置合理，在厂房建设前，应按比例绘制车间机组排列平面图，反复比较，筛选较优方案进行施工。

（2）生产车间面积　生产车间面积与建厂规模、设备占地面积及设备排列方式有关，为提高厂房的使用效率，同时兼顾车间整齐宽敞，可根据下列公式计算：

生产车间面积 =（6~9）×各机械设备占地面积总和

例如，年产 1000t 炒青绿茶的加工厂生产车间面积计算如表 4-1 所示。

表 4-1　年产 1000t 炒青绿茶的加工厂生产车间面积计算表

序号	工序名称	茶机数量	茶机占地面积/m²	设计面积/m²	厂房面积/茶机面积
1	鲜叶验收	—	—	45	
2	贮青	—	—	216	—
3	杀青	7	25.75	260	12.98
4	揉捻解块	9	33.19	222	6.69

续表

序号	工序名称	茶机数量	茶机占地面积/m²	设计面积/m²	厂房面积/茶机面积
5	烘二青	2			
6	烘三青	6	25.2	432	6.23
7	炒干	6	44.16		
	合计	30	128.5	1175	9.15

注：①摊叶面积按10kg鲜叶/m²计算；②厂房面积以墙体中心线计算；③采用鲜叶贮青设备可节约厂房面积的1/3~1/2。

（3）生产车间要求 茶叶品质除了与鲜叶原料、加工工艺及其设备有关外，还跟茶叶加工环境条件密切相关。如乌龙茶炒青之前经过萎凋、摇青和晾青，其历时长，受外界环境影响大，青叶萎凋、做青过程中与环境进行着能量和物质的交换与转化。如果厂房低矮，空气郁闷，潮湿阴暗，光线不足，做青时青叶供氧不足，排湿不畅，空气不清新，青叶的物理变化和化学变化受阻，则难以加工出香高味醇的好茶。

个别茶叶加工厂（尤其是个体小作坊）往往不重视茶叶加工环境中的空气流量和质量，设备拥挤，卫生状况很差，蜘蛛网遍布，与茶叶的清洁化生产要求相差甚远。事实上，茶叶加工环境的"温、湿、风"三要素是茶叶加工中非常关键的影响因素，在加工过程中每时每刻都在影响着茶叶品质，影响到茶叶的商品价值，加工中必须重视到这一点。

现代化茶叶生产车间应达到的基本要求如表4-2所示。

表4-2 现代化茶叶生产车间基本要求

序号	车间名称	基本要求
1	贮青室	要求空气对流，室内阴凉潮湿，以保证鲜叶在一定时间内不变质
2	萎凋室	①自然萎凋室要避免阳光直射，通风良好，温度保持20~24℃，相对湿度70% ②加温萎凋室要求空气流通适当，排湿性好，加温设备（热风发生炉）外置 ③日光萎凋室要求通风良好，具备遮雨和遮阳设施
3	做青车间	要求门窗可开闭，设有排风扇和循环风扇，便空气流通，室温均匀稳定，温度在22~25℃，空气相对湿度70%~80%
4	杀青车间	①要求空气流通，上设天窗或排风机降温排湿，下砌梅花窗进气 ②杀青灶与杀青车间隔离，以防烟气窜入室内 ③烧火间地面应低于杀青间地面，以便于操作和降低劳动强度
5	揉捻车间	要求室内潮湿阴凉，避免阳光直射
6	发酵车间	要求与其他车间隔开，保持较高的相对湿度，并设有增湿装置，地面设有排水沟
7	干燥车间	要求地面干燥，空气流通，屋顶设有气窗，便于排除水汽和烟气，热风发生炉外置

(4) 其他建筑　茶厂建筑除生产车间外，还有辅助车间和生活用房。辅助车间包括成品茶仓库、审评室、机修车间、配电房、工具保管室等；生活用房包括办公室、食堂、职工宿舍、卫生间、公共浴室等。

茶厂应有足够的辅料、原料、半成品和成品仓库或场地，均要求分开放置。成品茶仓库一般建在地势较高的地方，室内铺设地板，下部开通风洞，以防地下水气渗入室内，室内地面应比室外地面高 50~60cm，门和窗密闭性好，以保持室内干燥。有条件的地方可建立冷藏库保鲜茶叶，保存温度为 5℃ 左右。

3. 厂房建筑尺寸

(1) 厂房跨度　厂房跨度依作业机组的排数而定（图 4-1）。根据建筑统一模数制规定：跨度小于 18m 时，以 3m 为模数，厂房跨度即为 3 的倍数，如 6、9、12、15、18m。一般安装单排茶机的厂房跨度应不小于 6m；安装二排茶机的厂房跨度不小于 9m；安装四排茶机的厂房跨度不小于 12m 或 15m。大跨度厂房的地面利用率较高，但建筑材料要求也高，造价较高。

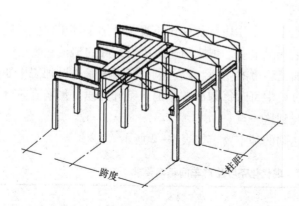

图 4-1　厂房构建示意图

(2) 厂房长度与开间　厂房长度和开间要根据各机械设备的长度总和、设备间距、横向通道总和及墙厚，参照当地建筑习惯而定，并符合建筑模数所确定的柱距要求。

(3) 厂房高度　单层厂房高度指室内地面至屋顶承重结构（屋架和梁）下表面之间的垂直距离；多层厂房高度为各层厂房高度之和；厂房高度由生产和通风采光要求确定，一般混凝土框架结构厂房高 3.5~4m，钢架结构厂房一般采用 6~8m 高。

4. 厂房采光与通风

厂房朝向一般选南北方向，以获得良好的采光和通风，减少日晒。

(1) 厂房采光　厂房应采光良好，车间内照度达到 500lx 以上。

厂房尽量用自然采光，自然采光可分为侧窗采光和天窗采光两种。当厂房跨度不大时，可采用侧面采光。当厂房的跨度较大（超过 12m），侧面采光达不到要求，还应开设天窗，以弥补车间中部光线的不足。常用的天窗有两种形式，即矩形和锯齿形（图 4-2）。矩形天窗宽度较大，照度均匀，其宽度一般为跨度的1/2，高度为宽度的1/3。锯齿形天窗一般为北侧采光，其采光效率较矩形天窗好，但通风效果稍差些。

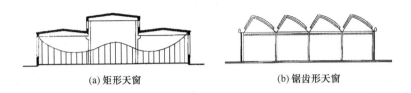

(a) 矩形天窗　　　　　　　(b) 锯齿形天窗

图4-2　天窗类型

不同的采光等级要求相应的采光面积，采光面积可根据推荐的窗地面积比（表4-3）进行测算。

表4-3　窗地面积比

采光等级	单侧窗	双侧窗	矩形天窗	锯齿形天窗
3	1/3.5	1/3.5	1/4.0	1/5
4	1/6.0	1/5.0	1/8.0	1/10
5	1/10	1/7.0	1/15	1/15

注：窗地面积比指采光面积除以室内净面积。

（2）厂房通风　通风有利于改善厂房内的环境，降低温度。为了节约能源，厂房一般采用自然通风。自然通风有多种类型，如图4-3所示。多数情况下，厂房是在热压和风压同时作用下进行自然通风的。

如果自然通风不能满足要求，可辅以机械通风，如采用无动力的屋顶旋风扇，既可防雨，又能在室内外温差大于1℃时，自动旋转排除室内热气。在高温高湿车间还可采用排风机进行机械强制通风。

灰尘较大的车间还要安装换气风扇或除尘设备。

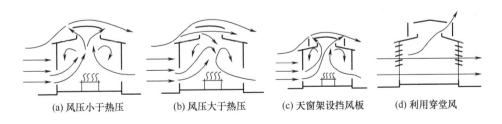

(a) 风压小于热压　　(b) 风压大于热压　　(c) 天窗架设挡风板　　(d) 利用穿堂风

图4-3　热压和风压对气流的影响

(3) 门与窗　门的形式有平开门和推拉门。平开门制作简单，安装方便，但开启时占用一定空间；推拉门用于经常有运输车辆或手推车进出的车间。不同的门的规格如表4-4所示。

表4-4　各类车间门的规格

门的类型	用途	宽度/mm	高度/mm
单扇门	人员通行	800~900	2000~2100
双扇门	人员通行	1200~1600	2000~2100
推车门	货物运输	1800	2100
轻型卡车门	运输上卸货	3000	2700
中型卡车门	运输上卸货	3300	3000

窗的形式可采用平开窗和悬窗。平开窗通风好，悬窗常用于天窗，窗扇绕水平轴转动，有上悬窗、中悬窗、下悬窗之分。上悬窗一般都向外开，有防雨作用，但通风较差。中悬窗上部向内，下部向外，通风较好，用得最多。

5. 厂房结构

(1) 厂房结构类型　常见的厂房结构类型有砖木结构、砖混结构、钢筋混凝土结构、钢架结构等。

砖木结构的承重部分为木柱或砖柱，其取材方便、施工容易、造价低，但强度低，木材易腐蚀。一般用于跨度不高于5m、柱距不大于6m、柱高不超过10m的单层厂房。

砖混结构承重部分为砖或石，屋架为钢筋混凝土结构，其取材和施工较方便，费用低。

钢筋混凝土结构承重部分和屋架均采用钢筋混凝土浇筑，其强度高，刚度大，适应建筑层数多、载荷大和跨度大的厂房，其抗震性能好。厂房的跨度一般为9~24m，柱距6m，层高达5~10m。

钢架结构厂房承重部分和横梁均为钢材搭建，多呈"门"形结构，其强度高，刚度大，一般适用于单层厂房。其跨度可以达到25m以上，柱距与梁距多为6m，层高6~8m，最高可达20m。钢架结构厂房造价较高，但因其空间大，抗震性能好，是当今新建茶厂常采用的厂房结构类型。

(2) 厂房地面　地面要硬实、平整、光洁，常采用水泥砂浆地面、水磨石地面及缸砖地面，各自特点如表4-5所示。

表 4-5　厂房地面类型

地面的类型	优点	不足
砂浆地面	结构简单，坚固、防水，造价低	易起灰
水磨石地面	光滑耐磨，不易起灰，多用于卫生要求较高、需水冲洗的车间	造价较高，比水泥砂浆地面高1~2倍
缸砖地面	强度高，坚硬、防水、耐磨、耐酸、耐碱、不起灰、易清洗	造价高，为水泥砂浆地面的2~3倍

项目二　茶机的选用与配备

茶叶的初加工过程是成茶品质形成的决定性过程，而茶机是决定茶叶品质的重要条件。茶叶加工过程中使用的机械设备多，每一工序也有多种机型，其性能、效率和产量均不相同，应根据所加工的茶类进行选型配套，选择性能好、产量高、价格合理、可靠性高的机械。

一、茶机选配基本原则

茶机选择要根据茶厂规模、产品类型、加工工艺灵活选配。

一般情况下，年产毛茶 50t 以上的大型初加工厂，以选配大型茶机为主，适当兼配中型茶机；年产 25~50t 的中型初加工厂，以选配中型茶机为主，适当兼配小型茶机；年产 25t 以下的小型初加工厂，以配备小型茶机为主，适当兼配中型茶机。

二、茶机选配的步骤

在茶机选配过程中，要根据各类茶叶的加工工艺需求和有关茶叶机械性能，按全年茶叶最高日产量法计算主要设备配备数量，在此基础上确定各类辅助和控制设备的型号和数量，最终组成生产线。

1. 确定生产工艺

根据各类茶叶加工工艺确定，例如大宗炒青绿茶工艺一般为：鲜叶→杀青→揉捻→解块筛分→烘二青→滚（炒）三青→滚足干；乌龙茶加工工艺为：鲜叶→萎凋→做青→杀青→揉捻→初烘→（初包揉→复烘→复包揉）→足干。名优绿茶种类繁多，各地方法不一。

2. 茶叶最高日产量的确定

茶叶最高日产量的确定，大宗茶加工一般以全年茶叶产量的 3%~5% 或春茶产量的 8%~10% 作为计算依据，也可用春茶高峰期中 10d 日平均产量作为依据。名优茶则可用高峰期 3~5d 日平均产量作为最高茶叶日产量的计算依据。相关计算公式、计算依据和案例详见表 4-6。

表 4-6 最高日产量计算方法

计算公式	计算依据	举例
最高日产量（kg/d）= 全年茶叶总产量×（3%~5%）	根据长江中下游茶区茶树物候期变化，最高日产量约占全年总产量的 3%~5%，或占春茶产量的 8%~10%，而春茶产量约占全年的 50%	某茶厂年产干毛茶为 8t，则最高日加工量为： 最高日产量 = 8000×（3%~5%）= 240~400（kg/d）
最高日产量（kg/d）= 春茶产量×（8%~10%）		某初制茶厂春茶产干毛茶为 4t，则最高日加工量为： 最高日产量 = 4000×（8%~10%）= 320~400（kg/d）
最高日产量（kg/d）= 春茶高峰期产量/高峰期天数	利用春茶高峰期的平均日产量来计算，春茶高峰期一般为 10~12d	某茶厂春茶高峰期产干毛茶为 5t，高峰期为 10d，则最高日加工量为： 最高日产量 = 5000/10 = 500（kg/d）

在计算时，应尽可能多采用近几年的统计资料，并充分考虑当前发展需要，加以认真分析和计算，使茶叶最高日产量更为精确。

3. 根据在制品余重与余重率计算各工序日加工量

我国所生产的茶叶加工设备，因为所标注的台时产量均为该机器所加工的茶叶在制品的数量，因此，需计算出各类在制品的余重率，了解各加工工序茶叶的余重，作为计算机器配备数量的依据。

茶叶在制品的余重可用下式计算：

$$Q' = Q \times (4 \sim 5) \times \eta$$

式中　Q'——各工序最高日加工量，kg 在制品/d

　　　Q——茶叶最高日产量（以干茶计，设定为 4~5kg 鲜叶加工 1kg 干茶），kg/d

　　　η——在制品余重率，%

各工序在制品余重率的含义为各工序在制品质量与投入加工鲜叶质量的比值，用下式计算：

$$\eta = \frac{Q'}{Q} = \frac{1-w}{1-w'} \times 100\%$$

式中　w——鲜叶含水率

　　　w'——在制品含水率

大宗茶加工由于一般批量较大，加工工艺也较成熟，如炒青和烘青在制品的余重和余重率，一般已有经验数据可取，如表 4-7 所示，直接选用即可。

而名优茶加工工艺复杂，各地工艺差异又较大，因此其余重和余重率应在实验的基础上，按上述公式计算获取。

表 4-7　炒青和烘青绿茶加工各工序在制品含水率与余重率

	工序	鲜叶或在制品质量/kg	含水率/%	余重率/%
	鲜叶	100	75	100
	杀青	63	60	63
	揉捻	63	60	63
	烘二青	42	40	42
烘青绿茶	初烘	36	30	36
	足干	26	5	26
炒青绿茶	炒（滚）三青	32	33	32
	辉干	26	5	26

4. 各工序单台茶机最高日产量的确定

各工序单台茶机最高日产量计算公式为：

$$q = q' \times k$$

式中　q——单台茶机最高日产量，$\text{kg}_{\text{在制品}}/\text{d}$

　　　q'——茶机台时产量（可从使用说明书中查到），$\text{kg}_{\text{在制品}}/\text{h}$

　　　k——茶机日工作时数，h（一般初加工茶机取20h，精加工茶机取16h）

5. 茶叶机械配备数量的确定

茶叶机械设备配备数量（n）可用下式计算：

$$n = \frac{Q'}{q}$$

计算之后，还应使各工序之间机械衔接配套，留有适当的周转余地，并考虑不同产品的工艺区分，进行适当调整，最后确定茶机台数。

三、茶机的选配举例

1. 大宗绿茶初加工设备的配置

大宗茶的种类较多，现以炒青绿茶为例，介绍其初制加工设备的配备。

现有一个茶叶加工厂需进行炒青绿茶初制（采用"烘→滚→再滚"干燥工艺）设备配备，茶厂提供的基础数据如表4-8所示。

表 4-8 某茶厂生产基础数据

序号	项目	数量
1	茶园面积/亩	1000
2	茶园单产（以干茶计）/（kg/亩）	125
3	年总产量/t	125
4	最高日产量/t	3.75（以年总产量的3%计）
5	折合日加工鲜叶/t	15

注：1 公顷 =15 亩。

根据炒青绿茶初制工艺，参考初制机械性能确定需配备的茶叶初制机械，并选择合适台时产量的机型（表 4-9）。

表 4-9 部分初制机械性能

茶机名称	台时产量/[kg/(台·h)]	优选台时产量/[kg/(台·h)]
6CST-80 型滚筒杀青机	300~400	350
6CR-55 型茶叶揉捻机	60~160	80
6CJS-30 型解块筛分机	500	500
6CH-16 型茶叶烘干机	400~1000	700
6CBC-110 型八角炒干机	40~45	40
6CPC-100 型瓶式炒干机	40~45	40

根据该茶厂情况及各工序余重率，计算鲜叶、各工序在制品和干茶数量，并计算确定各种茶叶机械的台数，如表 4-10 所示。

表 4-10 选用茶机型号及配置数量

工序	鲜叶或在制品数量/(kg/d)	选用茶机型号	计算配备数量/台	配备数量/台
杀青	15000	6CST-80 型滚筒杀青机	2.1	3
揉捻	9500	6CR-55 型茶叶揉捻机	5.9	6
解块筛分	9500	6CJS-30 型解块筛分机	1.0	1
烘二青	9500	6CH-16 型茶叶烘干机	0.7	1
滚三青	6300	6CBC-110 型八角炒干机	7.9	8
滚足干	4800	6CPC-100 型瓶式炒干机	6.0	6

2. 名优茶加工设备的配备

名优茶种类繁多，在江浙一带多以小作坊形式生产。现在各茶机厂生产的名优茶机,大多也是针对名优茶一家一户生产形式而设计的,故名茶生产多凭经验进行机器配套。

现有一较大农户,统计表明其最高名优茶日产量200kg,相当于日加工鲜叶900~1000kg。根据最高日产量与名优茶机台时产量的计算和生产实践经验,扁形、毛峰形、针形、球形等名优茶加工机械配备方案如下。

(1) 毛峰形名优茶加工设备配备　毛峰形名优茶加工除提毫工序外,已可全部实现机械化加工。其加工工艺一般为:杀青→初揉→解块→初烘→复揉→复烘→提毫→足干。

毛峰形名茶加工机器配备一般为:6CST-40型滚筒式名茶杀青机1台;6CR-35型名茶揉捻机2台;6CJM-12型名茶解块机1台;6CHM-3型名茶烘干机1台,用于初干和足干;电炒锅2台,用于提毫。

(2) 扁形名优茶加工设备配备　当前生产中使用的扁形名优茶加工设备,虽然基本上能满足扁形名优茶加工质量要求,工效也比手工作业大为提高,但是与较精细的手工炒制相比,干茶色泽和外形光扁程度尚有差距。为了提高工效及保证扁形名优茶的加工质量,目前,扁形名优茶如龙井茶的机械加工工艺一般为:杀青→青锅→辉锅→手工辅助,这样可获得质量较理想的扁形名优茶。

扁形名优茶加工机器配备一般为:6CST-40型滚筒式名茶杀青机1台;5~7槽6CSM-42型多槽式扁茶炒制机(名优茶多功能机)4台或6CCB-7801型长板式扁茶炒制机6台,用于青锅和辉锅炒制;电炒锅4台,用于手工辅助辉锅,整形足干。

(3) 针形名优茶加工设备配备　针形名优茶加工的主要工序一般为:杀青→揉捻→解块→初烘→整形→足干。其加工机械配备一般为:6CST-40型滚筒式名茶杀青机1台;6CR-35型名茶揉捻机2台;6CJM-12型名茶解块机1台;双锅式针形名优茶整形机2台,用于整形干燥;6CHM-3型名茶烘干机1台,用于足干。

(4) 球形名优茶加工设备配备　球形名优茶的加工工艺一般为:杀青→揉捻→解块→初烘→炒三青→辉锅→足火。其加工机械配备一般为:6CST-40型滚筒式名茶杀青机1台;6CR-35型名茶揉捻机2台;6CJM-12型名茶解块机1台;6CCQ-50型球形名茶炒干机2台,用于炒三青和辉锅;6CHM-3型名茶烘干机1台,用于初烘和足干。

3. 乌龙茶初加工设备的配置

例如,设计一个年产量100t干茶的某武夷岩茶初加工厂。按春茶最高日产量为全年产量的5%、闽北乌龙茶制率20%计算,该茶厂最高日产5000kg干茶,最高日加工鲜叶25000kg。

根据武夷岩茶加工工艺,确定各工序在制品质量,如表4-11所示。

表4-11 各工序在制品质量

工序	萎凋	做青	杀青	揉捻	初烘	足干
在制品质量/kg	25000	20750	19500	13750	12500	8000

武夷岩茶初加工设备及设施配备拟定如下。

(1) 晒青机具 配备适量的水筛、晒青布以及运青车,有条件的地方搭盖晒青棚,覆盖材料为透光性强的太阳板,并安装遮阳网,这样即可以进行全天候晒青,提高晒青场的利用率,生产高档乌龙茶。

(2) 做青机 采用6CZ-100型综合做青机,以鲜叶总量计算做青机台数,在加工高峰期,一台做青机一天最多可加工5批在制品,每批可处理萎凋叶250kg。

$$做青机台数\ n_1 = m_1/5P_1 = 20750/(5 \times 250) = 16.6 \approx 17\ (台)$$

式中 m_1——萎凋叶质量,kg

P_1——做青机的盛叶量,kg/筒

(3) 杀青机 按生产经验,武夷岩茶区多采用6CST-110型滚筒式杀青机,其台时产量为300kg。各台做青机先后下筒杀青的相隔时间为2h左右,同时要求做青叶下筒后1h内要及时杀青,以免产生过度发酵、闷味、香气散失,成茶品质下降。所以一批做青叶应在3h内完成杀青,确保品质。

$$杀青机台数\ n_2 = m_2/(5 \times 3 \times P_2) = 19500(5 \times 3 \times 300) = 4.3 \approx 5\ (台)$$

式中 m_2——做青叶质量,kg

P_2——杀青机台时产量,kg_{做青叶}/(台·h)。

(4) 揉捻机 揉捻机的选型应考虑与杀青机的台时产量相匹配,6CST-110型滚筒杀青机每批杀青叶约为30kg,一般配备6CR-55型揉捻机。由于杀青时间与揉捻时间相近,因此配备该型号的揉捻机5台。

(5) 烘干机 选择6CH-20型自动链板式烘干机,其有效烘叶面积$20m^2$,适合于大中型茶厂,且较为适合武夷岩茶的干燥需求。该机台时产量高,初烘作业每小时可处理揉捻叶1200kg,足干作业每小时可处理初干叶250kg。

$$初烘作业的烘干机台数\ n_3 = m_3/(20 \times P_3) = 12500/(20 \times 1200) = 0.5 \approx 1\ (台)$$

$$足干作业的烘干机台数\ n_4 = m_4/(20 \times P_4) = 8000/(20 \times 250) = 1.6 \approx 2\ (台)$$

式中 m_3、m_4——分别为揉捻叶和初烘叶质量,kg

P_3、P_4——分别为烘干机初烘和足干时的台时产量,kg/(台·h)。

因此,干燥作业(包括初烘和足火)可配备6CH-20型自动链板式烘干机3台。

茶机选配适当后，即可进行招标购买，并委托茶机生产企业负责安装。

项目三　茶机的使用与维护

茶机使用得当，注意日常维修与保养，并按原设计要求正常运转，即可保证制茶品质，延长机器的使用寿命，提高经济效益，降低消耗。

茶机的使用必须严格按操作规程操作，禁止违章作业，以免损坏机器或发生各种事故，确保安全产生。要正确调整好各个工作部件，监督操作使用，注意日常的维修与保护。在茶季结束后，应定期拆检，排除故障，修理或更换损坏的零件，以保证机器的正常运转。

一、茶机的操作规程

各种机器均有各自特定的操作规程，各种机器的操作规程在产品使用说明书中均作了详细的说明，因此，操作人员必须在使用前认真阅读，熟悉操作规程。决不能不了解操作规程就急于上机操作。

操作规程因机器不同而有所差异，但一般的规律和内容大致相同。

1. 运行前的准备

（1）清理设备　清除机器及附近的杂物，保持机器的清洁。

（2）运行前检查　检查各螺钉、螺母等零件的紧固情况。如有松动应及时拧紧。检查各传动带、链条的松紧程度是否适当。检查电器设备是否安全可靠，接地装置是否牢固等。检查各润滑系统的润滑剂是否加足，以免在运行中缺油发热而增大机器的磨损。

（3）试运行　各部分检查确认无误后，应进行试运转。在试运转过程中，应进一步检查各工作部件是否正常，各传动部分是否平稳，输送装置的运转方向是否正确等。一旦发现情况不正常，应立即停机检查，待故障排除后方可继续试车。经试车确认一切正常后，才能正式操作使用。

2. 操作步骤

（1）清洁机器及工作面。

（2）检查机器各连接件、传动件，在各润滑点上加注润滑剂。

（3）启动机器试运行，观察全机的运转情况。如发现有异常，应停机检查。对需加热的机器，应先生火加温，然后开动机器（先开主机），使之均匀受热。

（4）放置好接茶器具，待温度达到制茶工艺要求后投叶。

（5）操作中，工艺参数应根据制茶要求作必要调整，并注意各部分的运转和工作情况，如有异常，应找出原因，必要时应停机检修，故障排除后方可继续作业。

（6）加工完毕后，降温停机（先停辅机、后停主机），打扫机器、工作面和场地的卫生。

二、茶机的维护

茶叶机械的维护，目的是保证机器按原设计要求安全运转，充分发挥机器的效能，延长机器的使用寿命，确保茶叶品质。因此，认真做好茶叶机械的日常维护工作十分重要。

1. 电动机

电动机在使用前必须进行认真的检查，检查接线是否正确、牢固及接地是否良好；轴承的装配与传动装置的松紧度是否合理；润滑油是否清洁、充足等。

当确认一切正常，准备工作完善后，方可启动电动机。

电动机周围环境应保持清洁，以避免杂物在电动机转动时卷入，影响电动机的正常运行，甚至损坏电动机。要定期清除电动机的污垢、灰尘，更换润滑油。

电动机运行中应随时注意温升情况，如发现温升过高，甚至有冒烟现象，必须立即停机检查。

2. 轴承

茶叶机械中所使用的轴承有滚动轴承和滑动轴承两类。

滚动轴承一般以润滑脂或润滑剂进行润滑，采用黄油杯或滴油杯定期加油或换油方式进行润滑，或采用飞溅式进行润滑。滚动轴承在使用中，其温升不得超过 70℃，轴承壳表面的温度应保持在 40℃ 左右。

滑动轴承分普通铜质滑动轴承和含油轴承两种。普通滑动轴承上开有油孔和油槽，油孔与轴承座油杯孔相通，用以加注润滑剂。含油轴承平时不需要加注润滑油，只要定期拆检更新即可。滑动轴承在使用中，其温升不得超过 65℃，轴承壳表面温度应保持在 35℃ 左右。

如轴承发热过高，用手触摸感到发烫，则应停机检查。若遇油孔不通，则应清洗油孔，更换润滑油。当油封漏油，应及时予以更换，以防失油而烧坏轴承。如发现有异常现象，必须停机检修。

3. 减速箱

减速箱内装有涡轮蜗杆或齿轮时，工作时需要有一定数量的机油作润滑剂，减少磨损，降低摩擦热量，防止各机件锈蚀，保证机器的正常运行。

润滑油使用一段时间后消耗减少，同时也因运动件摩擦而产生金属屑，使机油中的杂质增多而变质，反而使运动件磨损增大，故应定期更换减速箱内的润滑油。在添加或更换机油时，要注意加到油标规定的位置，同时要经过过滤，以防杂质混入机油内。

在机器运行中，应经常检查减速器的温升情况，一般减速器在润滑情况下，其发热温度不得超过 60℃。如发现过热或有不正常的冲击、振动、异常声响等现象，应立即停机检修。

一般减速器的润滑油用 20 号或 30 号机油。减速箱应保持清洁，当有密封圈或密封垫片损坏，应及时更换，避免漏油。

4. 机器

在使用过程中，机器应经常擦洗和清除灰尘，以保持机器的清洁。要防止杂物进入机内，以免影响机器的正常运转。注意保持厂房的环境卫生，减少灰尘、杂物等对机器的侵蚀和损害。应定期加注润滑脂或润滑剂。加注润滑剂时，注意不要玷污茶叶。同时，应经常注意运行中电动机、减速箱及轴承等的发热情况，如有异常现象，应停机检查，更换已损坏的零件，待故障排除后，方可继续进行工作。

长期搁置的机器，在使用前应进行清扫，并对全机进行全面的检查，彻底更换减速箱和各轴承内的润滑脂或润滑剂。在试运行中，注意观察各部分的运动情况。确认无误后方可投入使用。

三、茶机的检修

茶机的检修分日常检修与定期检修两部分。

日常检修是指在日常工作对临时发生故障的检修，并使之恢复原有性能的过程。

定期检修是指在非生产季节内，按规定拆检更换易损零件及润滑剂，提前消除隐蔽的故障，使之运转良好，以保证生产季节能正常工作。

各种茶叶机器均有常见的故障，这与机器的制造质量、操作方法和工作条件等有关，其故障发生的原因及排除的方法，详见各种机器的出厂产品说明书。整体上，茶机检修可从以下几个方面进行。

（1）检查减速箱内齿轮或蜗轮蜗杆及各运动部分的轴承磨损情况，磨损过大，应及时更换。

（2）检查各传动齿轮、链轮的磨损和张紧程度，如果磨损超过规定范围，影响正常工作，要及时更换；发现链条松边垂度过大，则应合理张紧。

（3）检查胶带的松紧和磨损程度，如胶带过长或磨损过大，应重新张紧或更换。

（4）检查各炒茶机构的磨损、变形情况，如有变形或损坏，应予整修或更换，以保证茶叶加工质量。

（5）检查各紧固件的松紧程度，当发现有松动现象，应及时拧紧，以保证紧固件连接可靠，防止在运动中脱落。

(6) 检查电动机的运转和电器设备是否安全可靠。

(7) 定期更换各润滑点的润滑剂,保证机器的正常运转。

项目四　清洁化茶厂加工环境控制

茶叶品质的形成决定于原料、加工工艺设备以及加工环境,而加工环境又决定于温度、湿度、气流三要素,即茶叶的品质与加工环境的温度、湿度以及气流变化有关,而温度、湿度二因素又可通过气流进行调节。此外,在茶叶生产中,因外力作用,产生较多的茶尘,具有危害性。因此,本项目重点介绍清洁化茶厂加工环境的通风与除尘要求。

一、茶厂通风

茶厂通风分为自然通风和机械通风两种方式。自然通风是设进、排风口(主要指门窗),靠风压和热压为动力的通风;机械通风是靠通风机械为动力的通风。在有高温高湿设备的车间,仅靠自然通风难以满足要求,还须设置通风机,在必要时进行机械辅助通风。

1. 自然通风

自然通风的动力为风压和热压。

自然通风以风压为动力的,如图4-4(a)所示。当外界有风时,车间迎风面气压大于大气压而形成正压,而背面形成负压。空气则从迎风面的开口流入,从背风面的开口流出,即形成风压通风

自然通风以热压为动力的,形式如图4-4(b)所示。车间空气被加工设备等热源加热,膨胀变轻,热空气上升聚积于上空,车间上部气压大于室外,下部则小于室外,在车间中部形成一个等于室外大气压的"中性面"。此时墙上如有开口,则中性面移至开口中部,室内空气由开口上部流出,室外空气由开口下部流入。

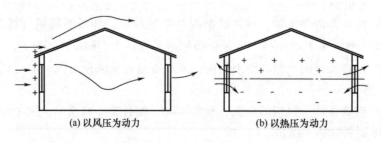

图4-4　车间的自然通风模型

2. 机械通风

机械通风的目的利用通风设备,是把室内污浊的空气排出室外,把室外的新鲜空气经适当的处理后(如加热等)补充进来,使车间的空气环境符合工艺要求。

(1) 机械通风的形式　机械通风通常有进气通风系统、排气通风系统和进排气通风系统三种形式。

①进气通风系统:风机将室外一定温度的新鲜空气强制送入室内,在车间内形成正压,迫使室内空气通过排气口排出,实现通风换气(图4-5),这种方式称为进气通风系统(或正压通风系统)。其优点是可以对进入车间的新鲜空气进行加热、冷却等预处理,从而可有效地保证室内适宜的空气环境,空气分布比较均匀,适用于春季或夏暑季要求加热或降温的茶叶加工车间。

②排气通风系统:利用排风机将室内不良空气强制排出室外,使室内空气压力小于外界大气压,在压力差作用下,室外空气从进气口流入室内达到通风换气的目的(图4-6),这种方式称为排气通风系统。排气通风系统一般将风机安装在侧墙上,便于施工和维护,成本低廉,是通风工程中应用最广的一种形式。按风机的安装位置,排风通风系统可分为屋顶排气式、横向通风式。屋顶排气式是将风机装在屋顶上,从屋顶的气楼排出湿浊空气,这种型式适用于气候温和地区;横向通风式将排风机安装在一侧纵墙上,新鲜空气从对面纵墙上的进气口进入。

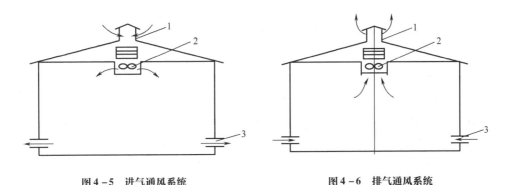

图4-5　进气通风系统　　　　　　　图4-6　排气通风系统
1—屋脊进风口　2—送风机　3—排风口　　　1—屋脊排风口　2—排风机　3—进气口

③进排气通风系统:进排气通风系统是一种同时采用机械送风和机械排风的联合形式,常用于工艺要求较高、上述两种形式不足以满足要求的情况。其功能可靠,但投资费用较高,白茶的萎凋室常采用这种通风形式,由百叶窗进风、送风机以及排气风机组成,如图4-7所示。

（2）通风机类型　通风机分为离心式通风机和轴流式通风机两种，主要用于机械通风系统和通风除尘。轴流通风机的比转数较高（图4-8），流量大而风压低，可实现正反转，可改变气流的方向，因此常用于进气通风系统和排气通风系统的进风和排风。

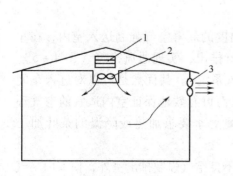 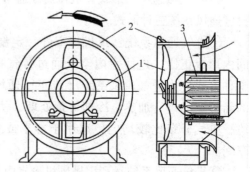

图4-7　白茶萎凋室进排气通风系统　　　　　图4-8　轴流式通风机
1—进风百叶窗　2—送风机　3—排风机　　　　1—叶轮　2—机壳　3—电动机

二、车间除尘

1. 茶尘的特性

（1）茶尘的产生及危害　茶尘是茶叶在挤、搓、揉、压、摩擦、冲击等外力作用下产生的，在炒干、烘干、滚干以及精加工的筛分、切茶、风选、匀堆拼配、包装运输等过程，均会产生茶尘。茶尘具有危害性，主要体现在：

①茶尘多为$15\mu m$以下颗粒，长期吸入会导致肺病发生。据实验，粉尘颗粒大小不同进入人体的深度也不同，粒径为$5\sim 10\mu m$的粉尘部分进入肺部，$5\mu m$以下的粉尘直接进入肺泡。

②茶尘将加速机械磨损，缩短设备的使用寿命。粉尘落入电器设备中，可破坏绝缘，引发火灾事故。当车间空气中茶末浓度达到$32.8g/m^3$时，在外界高温、摩擦、碰撞下，易引起燃烧甚至爆炸。

③茶末不能回收处理，将造成茶叶制品损耗率在$2.5\%\sim 3\%$。

（2）茶尘特性

①离散性：茶尘与茶叶一样，也是离散体。在振动、冲击及气流的冲刷下，将离开茶叶群体而扩散。

②飘浮性：茶尘的主要成分是微细纤维，在气流的作用下容易在空中飘浮。

③分级性：茶尘按粒径大小可以分为三级：粒径$15\sim 25\mu m$的称为茶末；

10～15μm 的称为粗尘；10μm 以下称为微细尘。微细尘容易上浮，捕集比较困难，净化效果差；粗尘要在 13m/s 以上的气流速度的推动下才能上浮，捕集比较容易，基本能达到净化的要求；茶末比较容易沉降，也容易捕集，净化效率较高。

2. 除尘系统

除尘系统由吸尘罩、风送管路、净化设备（除尘器）、离心风机等组成。

（1）吸尘罩 吸尘罩位于除尘系统的最前端（图 4 - 9），它是借助通风机在罩口产生的负压，有效地将生产过程中散发出来的粉尘吸走，不使其在车间内扩散。

吸尘罩在设计时，要求吸尘罩所能形成的负压区应能覆盖某设备的扬尘区，同时吸尘罩产生的吸力仅能使扬起的茶尘发生加速，而不能吸走茶末。根据经验，茶尘的吸入速度一般为 0.5～1.4m/s。

为使吸尘罩罩口风速均匀，吸尘罩的开口角（喇叭角）一般小于 60°。开口角越大，边缘风速与中心风速的差值越大，吸尘效果降低。当尘源平面尺寸较大时，为了减小吸尘高度，可将长边分段设置。

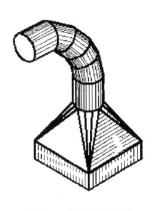

图 4 - 9 除尘罩示意图

（2）通风管道 通风管道一般为圆形管，用铁板、胶合板、塑料板等材料制成。

为减少阻力，便于清扫，通风管的内表面应尽量平滑。由于通风管的摩擦阻力与通风管的长度及空气运动速度成正比，因此通风管要尽量短，其断面呈圆形，且其断面积宜大些。为了减少管道阻力，在最接近通风机的区域内，空气速度宜为 12～18m/s，在距其最远的区域内，空气速度为 4～8m/s。

分支和转弯处应用圆形平滑过渡，拐脖相互间的距离应尽量大（图 4 - 10）。当两个拐脖间的距离等于直径的 3 倍时，阻力约增大 80%；距离等于直径的 5 倍时，阻力只增大 30%。一般总管和支管的轴间夹角必须在 15°以上。

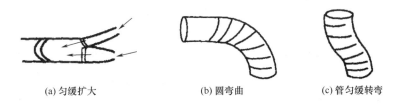

(a) 匀缓扩大　　　　(b) 圆弯曲　　　　(c) 管匀缓转弯

图 4 - 10 通风管分支与转弯形式

为了防止灰尘在通风管中沉降，避免使用长而水平的通风管，尽可能设置垂直或倾斜的通风管，如需采用水平通风管时，必须尽量宽广，利用它作为灰尘沉淀室，或在这里设螺旋输送机定期将灰尘送往灰尘收集器中。在设置通风管时，必须考虑到管道的清洗。

（3）离心风机　离心风机依产生的风压大小不同可分为低压、中压、高压离心通风机（表4-12）。

表4-12　离心风机分类

离心风机类型	风压/mm 水柱	应用范围
低压离心通风机	<100	空气调节系统
中压离心通风机	100<风压<300	通风除尘系统
高压离心通风机	>300	气力运输系统

离心风机的特点是转速较低，风压大，风量小，叶片不可逆转，常用于压力较高、送风距离较远的场合。离心通风机主要由机壳、叶轮、机轴、吸气口、排气口等组成（图4-11）。

电机转动时，风机叶轮随之转动，迫使叶片间的空气旋转，从而产生惯性力，使空气从叶轮中甩出，汇集在机壳中。

由于速度变慢，压力增高，空气从排气口排出，流入管道。当叶轮中的空气被甩出后，就形成了负压区，压力差使外界空气从吸气口进入叶轮中。叶轮不断从吸气口吸入空气，又从排气口排出。

图4-11　离心式通风机

（4）除尘器　除尘器分为干法除尘和湿法除尘两大类。

干法除尘主要是借助含尘空气中茶尘的重力、惯性力、离心力以及经过过滤物的作用而将茶尘捕集，达到除尘目的。其最大优点是不产生二次污染（主要指水污染），可以节省废水处理装置的投资。

最简易的湿法除尘是将含尘空气排入流动的水中，其设备简单，投资省，但易造成对水环境的污染。

茶厂常用的干法除尘，主要设备有以下几种。

①旋风式除尘器：旋风式除尘器是应用最广泛的一种除尘器。它的构造尺寸式样很多，一般用于初步除尘阶段或用于收集一些混入空气中的生产尘末。

在图4-12中，含尘空气沿着除尘器外壳向下作螺旋线运动，从下部进入中间的排气管，在管中再向上作螺旋线运动，最后从除尘器顶端的出风口排到大气中。较重的茶尘在螺旋运动中被抛向除尘器外壳，受碰击后，沿着壁面降落到除尘器下部，从出口排出。

②重力除尘器：利用含尘空气的流速突然变小，尘块因重力而沉落，从而达到捕集粉尘目的。

③布袋式除尘器：布袋尘器主要由外壳、进气管、排尘阀、布袋、支承架以及清灰机构组成（图4-13）。其除尘效率高达99%，除尘效果达到含尘量10mg/m³水平。含尘空气由进气口进入除尘器下部，经布袋过滤后流入支承架内，然后上升至汇流室而从排气口排入大气。在含尘空气通过织物的初始阶段，由于布袋的截留和静电效应，在织物表面形成大颗粒吸附层（过滤层），其具有吸附和聚集茶尘的作用。当吸附层增厚，织物阻力增大时必须清灰。

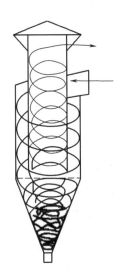

图4-12 旋风式除尘器

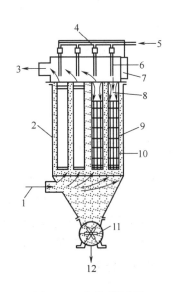

图4-13 布袋式除尘器
1—含尘空气进口 2—外壳 3—净化后空气出口
4—电磁阀 5—压缩空气管 6—喷嘴
7—汇流室 8—文氏管 9—支承架
10—布袋 11—排尘阀 12—排尘口

模块五　茶叶深加工机械

茶叶深加工是 20 世纪 80 年代以来，随着茶叶功能性成分的研究而迅速发展起来的一个新兴的行业，是茶叶产业又一个崭新的领域，给传统而古老的茶叶行业带来了无限的生机，目前茶叶深加工的产值已经与传统茶叶的产值并驾齐驱，成为茶叶行业又一个新的经济增长点。

项目一　茶叶深加工概述

一、茶叶深加工概念

茶叶深加工是指以茶叶及其副产物为原料，采用现代天然产物制备和食品饮料加工技术，制造出符合食品、化妆品、医药等行业要求的一类新型茶制剂和满足人们消费需求的一类新型的茶制品的一门应用性学科。

显然，茶叶深加工与传统茶叶加工是不同的。表现如下。

1. 采用的原料不同

传统茶叶加工是以茶树鲜叶为原料，而茶叶深加工则既可用茶树鲜叶为原料，也可以采用传统茶叶为原料，以及茶副产物如茶叶碎、片、末、茶籽、茶花等为原料。事实上，许多茶叶深加工产品主要是以传统茶叶的副产物为原料的。

2. 采用的加工手段不同

传统茶叶加工采用杀青、萎凋、揉捻（切）、做青、渥堆、闷黄、发酵、炒干、烘干等加工技术；而茶叶深加工则是采取提取、分离、纯化、浓缩、喷雾干燥、冷冻干燥、杀菌等化工和食品加工手段。

3. 采用的设备不一样

传统茶叶加工采用的是比较专一的茶叶加工机械，如杀青机、揉捻机、揉切机、烘干机等。而茶叶深加工大多采用的是制药、化工机械、食品饮料机械，如提取罐、浓缩罐、发酵罐、萃取塔、饮料灌装机、喷雾干燥机等。

4. 产品的形态和品质要求不同

传统茶叶加工的产品为固态，讲究的是色、香、味、形，而茶叶深加工的产品有固态（速溶）和液态，更强调的是内含成分指标。

5. 产品的应用范围不同

传统茶叶加工的产品主要是满足普通消费者的饮用需求，而茶叶深加工的产品可以有针对生产型企业作为药品、化妆品、食品、饮料等的加工主剂或助剂，如茶多酚作为化妆品、食品的天然抗氧化剂或作为药品、食品保健成分，茶色素作为食品饮料的天然着色剂或药品、食品的保健成分。也可以有满足普通消费者的产品，如茶饮料、茶食品、茶酒等。

二、茶叶深加工的技术分类

茶叶深加工按照主要加工手段可分为：机械加工、物理加工、化学与生物化学加工、综合技术加工。

1. 茶叶的机械加工

茶叶的机械加工是只改变茶的机械成分（如茶颗粒大小），而基本不改变茶叶本质的加工方式。例如超细微茶粉加工是典型的茶叶机械加工方式，这种加工的特点是使茶叶成为200目以下的超微茶粉，变喝茶为吃茶，便于茶叶的充分利用。

2. 茶叶的物理加工

茶叶的物理加工是只改变茶叶的形态而不改变茶的内质的加工方式。速溶茶与液态茶饮料的加工是典型的茶叶物理加工。这一类的加工制品要求尽可能保持原茶风味，以适应人们要求方便、快捷的生活需求。速溶茶与液态饮料加工工程应用了许多高科技成果，如超临界萃取技术、超滤和反渗透技术、超高温瞬时灭菌技术、微胶囊技术、喷雾干燥技术、冷冻干燥技术、香气回收技术等，使茶叶的加工进入了一个全新的领域。

3. 茶叶的化学和生物化学加工

茶叶的化学和生物化学加工是以鲜茶或成品茶为原料，采用化学或生物化学方法，改变茶叶本质的加工。其加工特点是从茶中抽提、分离和纯化出特效成分，作为天然抗氧剂、天然着色剂、天然食品添加剂的原料及日用化妆品、药物制品的辅料等，加工制品一般不具有原茶的风味。

以新型茶饮料和茶叶提取物生产为例，其主要工艺流程为：

```
水处理  ┐
        ├→ 浸提 → 净化 → 浓缩（灭菌）→ 干燥
茶叶预处理 ┘
```

在该工艺流程中，主要涉及的加工技术为茶叶的物理加工和机械加工，本章将以此为主线介绍茶叶深加工中所使用的常见机械和设备。

4. 茶叶的综合技术加工

茶叶的综合技术加工是以茶为主料，综合应用上述各项技术的进行各种新产品加工方式。目前，最主要的有保健茶加工、茶叶药物加工、茶叶食品加工和茶叶发酵工程等。

保健茶加工是以茶为主料，配以各种中草药、营养果品等，加工成具有各种功能的保健饮料。保健茶加工的关键是优化配方，制订茶与各种配料的优化配比。

茶叶食品加工是利用茶叶中多种有机成分、微量矿物质元素及保健的特效成分，作为食品的辅料进行综合性加工。茶叶食品加工的技术关键是了解掌握原食品固有技艺，精心研究主、辅料的配比，在保持原食品特色的基础上，突出茶的特有风味与色泽，并以茶叶的营养和保健功能，提高原食品的生理效应。

茶叶发酵工程主要是应用生物化学技术，加工茶叶发酵饮料（酿制茶酒）。通过在茶叶提取液中添加发酵基质和适当的酒精发酵酵母菌、有机酸发酵菌等，促进基质的发酵作用，从而形成具有茶叶特殊风味酿造茶产品。

事实上，茶叶深加工目前采用的主要是综合技术加工，如茶饮料生产时，茶叶的粉碎属于机械加工，茶汁的提取属于物理加工，为了解决冷溶性和浑浊沉淀问题，往往必须采取酶法或碱法等化学和生物化学手段，饮料的灌装杀菌又属于物理手段，因此，茶饮料的加工实际上必须采用综合加工技术。

三、茶叶深加工产品类型

目前茶叶深加工的产品类型极为丰富，而且新的深加工产品还在源源不断地涌现。主要可分为以下几大类。

1. 新型茶饮料

（1）固态茶饮料　固态茶饮料有纯速溶茶、调味速溶茶等。纯速溶茶是以茶叶为原料通过提取、净化、浓缩、干燥、包装等工序加工而成，如速溶红茶、速溶绿茶、速溶乌龙茶、速溶花茶等；调味速溶茶是在加工速溶茶过程加入了各种口味的辅料成分而成，如速溶奶茶、果味速溶茶、柠檬速溶茶等。

（2）液态茶饮料　液态茶饮料有纯茶饮料、碳酸茶饮料、调味茶饮料、茶叶酒类饮料等。

纯茶饮料是以各种茶叶，经提取、过滤、灭菌、灌装等程序加工而成的饮料。目前市场销量较多的有PET瓶装纯茶饮料与易拉罐茶饮料。碳酸茶饮料是在茶饮料加工时在茶饮料中充入了碳酸气，适应市场对碳酸饮料的需求。如各种茶叶汽水、茶可乐等。调味茶饮料是在茶水饮料加工中，通过调配加入各种果汁、食用香精及甜味品等加工而成。如柠檬茶饮料、草莓茶饮料、橘味茶饮料、调香茶饮料、蜜茶饮料等。茶叶酒类饮料是以茶为主料，通过调制、蒸馏等形式，形成具有茶叶特殊风味的酒类产品。

2. 茶叶提取物

茶叶提取物是以化学或生物化学方法，从茶叶中分离和纯化抽提出特效成分的加工产品。茶叶提取物的主要产品类型及综合利用详见表 5–1。

表 5–1　茶叶提取物的主要产品类型及综合利用

序号	产品类型	应用范围
1	茶多酚	抗氧化剂、抑菌剂，用于医药、食品、化妆品
2	儿茶素	特种药物原料（如抗癌、降压等）、生化分析标样
3	茶皂素	乳化剂、发泡剂、清池剂、洗涤香露
4	茶籽油	食用油、化妆品用油、制茶专用油
5	茶色素	优质天然食用色素、治疗心血管药物
6	咖啡碱	药物原料、饮料添加剂、生化试剂
7	黄酮类	药物原料、除臭剂（可用于口香糖和香烟过滤嘴消毒剂）
8	茶多糖	药物原料（可降血糖、降血脂、抗血栓、抗辐射，并能增强肌体免疫功能）

3. 含茶食品

含茶食品是在传统食品中以茶或茶提取液为辅料，通过渗入或添加等方式，按食品加工技术加工而成。如含茶月饼、含茶面条等。

4. 茶叶保健型产品

保健茶是以茶为主料，配以各种中草药、营养果品等，加工成具各种功能的保健饮料，主要产品如表 5–2 所示。

表 5–2　保健茶的主要产品类型

序号	产品类型	示例
1	复合型（袋泡型）	绞股蓝茶、苦丁茶、田七茶、杜仲茶、柿叶茶、菊花茶、桑叶茶、神农茶
2	速溶型	人参速溶茶、花旗参速溶茶、西洋参速溶茶
3	液态型	健尔康茶饮料、山楂茶饮料
4	条茶型	人参乌龙茶、仙饮乌龙茶
5	茶粉型	全粉茶、海藻茶、超微绿茶粉、乌龙茶粉、红茶粉

上述各种产品中，以生产新型茶饮料和茶叶提取物为茶叶深加工的主要产品类型，本模块也将介绍新型茶饮料和茶叶提取物加工中的主要设备。

项目二 水处理设备

水是茶叶深加工生产最重要的原料之一,水质的好坏直接影响茶叶深加工的成败,认识茶叶深加工水质要求及应用水处理设备显得十分重要。

一、天然水的分类

水体可以分为地表水和地下水。地表水包括河水、江水、湖水和水库水等。由于地表水是在地面流过,溶解的矿物质较少,但常含有黏土、砂、水草、腐殖质、钙镁盐类、其他盐类及细菌等。其中含杂质的情况由于所处的自然条件不同及受外界因素影响不同而有很大差别。不同河流所含杂质是很不相同的。即使是同一条河流,其所含杂质也常因上游和下游、夏季和冬季、阴雨和晴天而不同。河水不一定是地表水,也有的是地下水穿过而流入大河。所以河水除含有泥沙、有机物外,还有多种可溶性盐类,我国江河水的含盐量通常为 70~990mg/L。近年来,由于工业的发展,大量含有有害成分的废水排入江河,引起地表水污染,也增加了工业用水的困难。

地下水主要是指井水、泉水和自流井水等。由于经过地层的渗透和过滤而溶入了各种可溶性矿物质,如钙、镁、铁的碳酸氢盐等,其含量多少取决于其所流经的地质层中的矿物质含量。地下水一般含盐量为 100~5000mg/L,但由于水透过地质层时,形成了一个自然过滤过程,所以它很少含有泥沙、悬浮物和细菌,水质比较澄清。

二、水中的杂质

天然水在自然界循环过程中,不断地和外界接触,使空气中、陆地上和地下岩层中各种物质溶解或混入。因此,在自然界里没有绝对纯洁的水,它们都受到不同程度的污染。

天然水源中的杂质,按其微粒分散的程度,大致可分为三类:悬浮物、胶体、溶解物质,如表 5-3 所示,它们对水质的影响如表 5-4 所示。

表 5-3 天然水源杂质的分类

杂质粒径/mm	$10^{-7} \sim 10^{-6}$	$10^{-5} \sim 10^{-4}$	$10^{-3} \sim 10^{-2}$	10^{-1}	1
分类	溶解物质	胶体	悬浮物		
特征	透明	光照下混浊	混浊		肉眼可见

续表

杂质粒径/mm	$10^{-7} \sim 10^{-6}$	$10^{-5} \sim 10^{-4}$	$10^{-3} \sim 10^{-2}$	10^{-1}	1
识别	电子显微镜	超显微镜	普通显微镜		
常用处理法	离子交换			自然沉降、过滤	
		混凝、澄清、过滤			

表 5-4 天然水中所含杂质及其影响

杂质类型	影响		
悬浮物	细菌——有致病的和对人体健康无妨的 藻类及原生动物——臭、味、色混浊 泥沙、黏土——混浊 其他不溶物质		
胶体物质	溶胶——如硅酸胶体 高分子化合物——腐殖质胶体		
溶解物质	盐类	钙镁盐	酸式碳酸盐——碱度、硬度 碳酸盐——碱度、硬度 硫酸盐——硬度 氯化物——硬度、腐蚀性、味
		钠盐	酸式碳酸盐——碱度 碳酸盐——碱度 氟化物——损坏牙齿 氯化物——味
		铁盐及锰盐	
	气体	氧——腐蚀性 二氧化碳——腐蚀性、酸度 硫化氢——腐蚀性、酸度、臭味 氮	
其他有机物质			

1. 悬浮物

天然水中凡是粒径大于 $0.2\mu m$ 的杂质统称为悬浮物。这类杂质使水质呈混浊状态,在静置时会自行沉降。悬浮杂质主要是泥土、沙粒之类的无机物质,也有浮游生物(如蓝藻类、绿藻类、硅藻类)及微生物。悬浮物质在成品饮料中能沉淀出来，生成瓶底积垢或絮状沉淀的蓬松性微粒。有害的微生物不仅影响产品风味，而且还会导致产品变质。

2. 胶体物质

胶体物质的大小为 $0.001 \sim 0.20 \mu m$。具有两个很重要的特性：①光线照射上去，被散射而呈混浊的丁达尔现象；②因吸附水中大量离子而带有电荷，使颗粒之间产生电性斥力而不能相互黏结，颗粒始终稳定在微粒状态而不能自行下沉即具有胶体稳定性。

胶体物质多数是黏土性无机胶体，它造成水质混浊。高分子有机胶体是分子质量很大的物质，一般是动植物残骸降解为腐殖酸、腐殖质等，是造成水质带色的原因。

3. 溶解物质

这类杂质的微粒在 $0.001 \mu m$ 以下，以分子或离子状态存在于水中。溶解物主要是溶解气体、溶解盐类和其他有机物。

（1）溶解气体 天然水源中的溶解气体主要有 O_2 和 CO_2，此外有硫化氢和氯气等。这些气体的存在会影响碳酸气饮料中 CO_2 的溶解量及产生异味。

（2）溶解盐类 天然水中含溶解盐的种类和数量，因地区不同差别很大。这些无机盐构成了水的硬度和碱度。

①水的硬度：硬度是指水中离子沉淀肥皂的能力。

$$\text{硬脂酸钠} + \text{钙或镁离子} \rightarrow \text{脂酸钙或镁}$$
（肥皂）　　　　　　　　（沉淀物）

所以，水的硬度决定于水中钙、镁盐类的总含量，即水的硬度大小通常指的是水中钙离子和镁离子盐类的含量。

硬度分为总硬度、碳酸盐硬度和非碳酸盐硬度。

碳酸盐硬度（又称暂时硬度），主要化学成分是钙、镁的重碳酸盐，其次是钙镁的碳酸盐。由于这些盐类一经加热煮沸就分解成溶解度很小的碳酸盐，硬度大部分可除去，故又称暂时硬度。

$$Ca(HCO_3)_2 \rightarrow CaCO_3 + CO_2 + H_2O$$
$$Mg(HCO_3)_2 \rightarrow Mg(OH)_2 + 2CO_2$$

非碳酸盐硬度（又称永久硬度）表示水中钙、镁的氯化物（$CaCl_2$、$MgCl_2$）、硫酸盐（$CaSO_4$、$MgSO_4$）、硝酸盐[$Ca(NO_3)_2$、$Mg(NO_3)_2$]等盐类的含量。这些盐类经加热煮沸不会产生沉淀，硬度不变化，故又称永久硬度。

总硬度是暂时硬度和永久硬度之和。

$$\text{总硬度} = \frac{c(Ca^{2+})}{20.04} + \frac{c(Mg^{2+})}{12.15} \text{（毫克当量/升）}$$

式中 $c(Ca^{2+})$ 和 $c(Mg^{2+})$ 分别表示水中钙离子和镁离子的含量（mg/L）。1 毫克当量/升 = 50.045mg/L（以 $CaCO_3$ 表示）。根据水质分析结果，可算出总硬度。

饮料用水的水质，要求硬度小于 151.58mg $CaCO_3$/L。硬度高会产生碳酸钙沉淀而影响产品口味及质量。

②水的碱度：水中碱度取决于天然水中能与 H^+ 结合的 OH^-、CO_3^{2-} 和 HCO_3^- 的含量，以"毫克当量/升"表示。其中 OH^- 含量称氢氧化物碱度，CO_3^{2-} 的含量称碳酸盐碱度，HCO_3^- 的含量称为重碳酸盐碱度。水中 OH^-、CO_3^{2-}、HCO_3^- 含总量为水的总碱度。

天然水中通常不含 OH^-，又由于钙、镁碳酸盐的溶解度很小，所以当水中无钠、钾存在时，CO_3^{2-} 含量也很小。因此，天然水中仅有 HCO_3^- 存在。只有在 Na_2CO_3 或 K_2CO_3 的碱性水中，才存在 CO_3^{2-}。

总碱度和总硬度的关系，有以下三种情况，见表 5-5。

表 5-5 天然水中碱度与硬度的关系

分析结果	硬度/（毫克当量/升）		
	$H_{非碳}$	$H_{碳}$	$H_{负}$
$H_总 > A_总$	HA	$A_总$	0
$H_总 = A_总$	0	$H_总 = A_总$	0
$H_总 < A_总$	0	$H_总$	$A_总 - H_总$

注：H：表示硬度（$H_{非碳}$ 即非碳酸盐硬度，$H_碳$ 为碳酸盐浓度，$H_总$ 为总硬度）；A：表示碱度；$H_负$：水的负硬度，主要含有 $NaHCO_3$、$KHCO_3$、Na_2CO_3、K_2CO_3。

三、茶叶深加工用水要求

茶叶深加工用水要求必须符合我国 GB 5749—2006《生活饮用水卫生标准》和软饮料用水标准，其具体指标如表 5-6 所示。

表 5-6 软饮料用水水质部分标准

项目	标准	项目	标准
总硬度	低于 85mg/L	浊度	低于 1.6 度
总固形物	500mg/L 以下	细菌总数	每毫升水样不超过 100 个
游离氯	低于 0.2mg/L	大肠菌群	每个水样中大肠菌群不超过 3 个
色度	无色透明	致病菌	不得检出

除上述标准外,由于茶多酚及其氧化产物易与 Ca、Mg 离子等发生络合反应,生成沉淀,所以水中的 Ca、Mg 离子愈少愈好,一般要求 Ca、Mg 离子总量不超过 10mg/L（以碳酸钙计）。

四、水的处理方法与处理设备

水处理的基本工序为：原料水→砂滤→电渗析（反渗透）→离子交换→紫外消毒（或板框无菌过滤）→超滤→生产用水。

如若原料水质量较好时亦可仅采用砂滤,电渗析、反渗透和离子交换结合处理。

1. 砂滤

砂滤一般采用砂滤棒过滤器和活性炭过滤器。

（1）砂滤棒过滤器 砂滤棒过滤器由外壳、砂滤棒、进水口、净水口、排污口组成。砂滤棒是中空圆柱体,砂芯微孔直径为 $1.6 \times 10^{-4} \sim 4.1 \times 10^{-4}$ mm,在水压作用下水通过微孔进入砂滤棒,水中的杂质包括微生物被微孔截留在棒外,如图 5-1 所示。

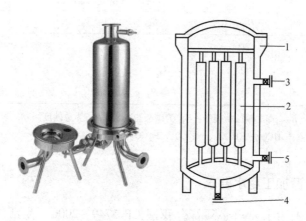

图 5-1　砂滤棒过滤器
1—外壳　2—砂滤棒　3—进水口　4—净水口　5—排污口

国产 106 型砂滤棒过滤器有 12 根砂滤棒,操作压力为 0.1~0.2MPa 时,每小时净水能力为 800kg。深圳久大水工科技有限公司生产的精密过滤器 JFM-02A 的生产能力为 5~8m³/h,接口尺寸为 38mm。

砂芯外壁挂垢后,滤水量降低,可取出砂芯,用水砂纸打磨擦去表面污垢层,再用 75% 酒精消毒后使用。

（2）活性炭过滤器 活性炭过滤器由圆柱形罐身、进水口、净水出口、活性炭表面冲洗水入口、活性炭出口等组成。罐的下部为砾石支承层,上部为

1.5~3.0mm 的活性炭颗粒。水通过活性炭层时，悬污物被阻隔，溶质分子被吸附，如图 5-2 所示。

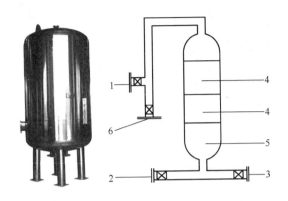

图 5-2　活性炭过滤器
1—原水进口　2—冲洗水入口　3—净水出口　4—活性炭层　5—砾石承托层　6—冲洗水出口

滤料表面沉积和吸附的悬浮物等要定时进行反向冲洗，冲洗强度为 13~16L/($m^3·s$)。如原料水中铁锰含量高则可用二元滤料代替活性炭，经处理后的净水铁、锰含量分别低于 0.05mg/L 和 0.01mg/L。

活性炭过滤器的进水压力应大于 0.3MPa，小于 0.45MPa，当进水水质浊度 1L 水中含有 1mg SiO_2 所构成的浊度为 1 度小于 10 度时，出水浊度可小于 1 度。当日进水浊度小于 3 度时，出水活性余氯可小于 0.01mg/L。

2. 电渗析

电渗析是常用的水软化处理设备，目的是去除水中的溶解性的阴离子和阳离子。

电渗析器的工作原理是，在正负电极之间的溶液中的阳、阴离子会分别向负正两极移动，在正负电极之间放置用高分子材料制成的选择透过性膜，阳离子顺利通过阳膜而受阻于阴膜，阴离子顺利通过阴膜而受阻于阳膜。图 5-3 为电渗析器工作原理图。在 1、3、5、7 室中的阳阴离子分别通过阳阴膜进入 0、2、4、6、8 室，而在 0、2、4、6、8 室中的阳阴离子的定向移动却被阴阳膜阻隔，因而获得含阳阴离子少的淡水。

电渗析处理的优点是连续化、自动化，不添加化学试剂，不需再生处理，是制造高纯水的理想设备。天津市容磊净化技术设备公司生产的电渗析设备操作简单易行，维护方便，软化效果好。

3. 离子交换

离子交换是进一步去除水中的阳离子和阴离子。离子交换器又称软水器，由阳离子交换树脂柱、除 CO_2 装置和阴离子交换树脂柱组成。阳离子交换树脂

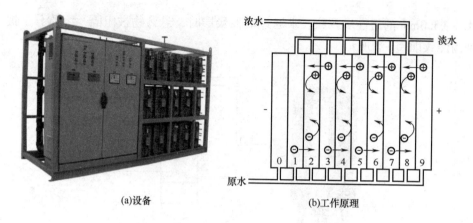

图 5-3 电渗析的设备及工作原理

柱内装有食品级钠型树脂（RNa），水流经过阳离子交换树脂时，水中的钙离子与钠型树脂上的钠离子进行交换而被固定在树脂上。

$$2RNa + CaCl_2 \rightarrow 2NaCl + R_2Ca$$

去除了钙、镁离子等后的水经除 CO_2 装置，减少了水中的碳酸根离子，然后再通过阴离子交换树脂去除硫酸根离子和氯离子。

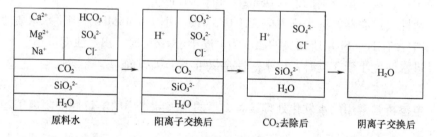

阳、阴离子交换处理一定数量水以后，交换能力下降，需进行再生处理。阳离子树脂用树脂质量 2~3 倍的 5%~7% 的 HCl 处理后，再用去离子水洗至 pH3~4，即可再使用。阴离子树脂用 2~3 倍量的 5%~8% 氢氧化钠处理，再用去离子水洗至 pH8~9，即可再使用。

深圳久大水工科技有限公司生产的 JD-FAS 系列离子交换器采用计时器自动控制软化、反洗、再生、正洗等工序，产品水质稳定，再生剂耗量降低，当最大进水硬度为 250mg/L（以硫酸钙计）时出水硬度可控制在 1.5mg/L 以下，该系列离子交换器的技术性能如表 5-7 所示。

表 5-7 JD-FAS 系列离子交换器的技术性能

型号	筒体直径/mm	进口直径/mm	工作能力/（t/h）
JD-FAS-01	230	20	0.5~1

续表

型号	筒体直径/mm	进口直径/mm	工作能力/（t/h）
JD – FAS – 03	350	25	2~3
JD – FAS – 05	500	40	4~5
JD – FAS – 10	600	50	8~10

4. 反渗透

反渗透（reverse osmosis，简称 RO），是从 20 世纪 50 年代发展起来的一项新型膜分离技术。为了从海水中获得廉价的淡水，美国佛罗里达大学的雷德（Reid）在 1953 年首次提出了反渗透法的方案，并在其后的研究中发现：醋酸纤维膜是分离盐分最好的一种膜，它对盐分的分离率可达 90% 以上，但透水率却非常低，每平方米的膜 24h 只能得到 25L 淡水，不能投入工业化生产。20 世纪 60 年代加利福尼亚大学的洛布（Loeb）和加拿大的索里拉金（Sourirajan）等，制成了具有历史意义的世界上第一张高脱盐率（98.6%）、高通量（10.1MPa 下透过速度为 0.3×10^{-3} cm/s）、膜厚约 100μm 的非对称醋酸纤维反渗透膜。从此，反渗透法作为经济实用的海水和苦咸水的淡化技术进入了实用和装置研制阶段。

早期工业应用的反渗透膜主要是醋酸纤维素和芳香聚酰胺非对称膜，它们是按照海水或苦咸水脱盐淡化的要求开发的，操作压力高，水透过速率低。非纤维素薄层复合膜的工业化开发，使反渗透过程在较低压力下具有较高的透过率。1985 年后开发的超低压反渗透膜，可在低于 1MPa 的压力下进行部分脱盐，适用于水的软化和选择性分离。随着这些新型反渗透膜的开发，其应用范围已从早期的海水淡化发展到化工、制药领域维生素、抗生素、激素等的浓缩和细菌、病毒的分离；食品领域果汁、牛乳、咖啡的浓缩和饮用水的净化；造纸工业中某些有机及无机物的分离等。

我国对反渗透技术的研究始于 20 世纪 60 年代，70 年代进行了中空纤维和卷式反渗透元件的研究，并于 80 年代实现了初步的工业化。70 年代开始对复合膜进行研究，经"七五"、"八五"攻关，中试放大成功，我国的反渗透技术已开始从实验室研究走向工业规模应用。

（1）反渗透的基本原理　半透膜是一种只能让溶液中的溶剂单独通过而不让溶质通过的选择透性膜。当用半透膜隔开两种不同浓度的溶液时，稀溶液中的溶剂就会透过半透膜进入浓溶液一侧，这种现象称作渗透。由于渗透作用，溶液的两侧在平衡后会形成液面的高度差，由这种高度差所产生的压力叫渗透压。如果在浓溶液一侧施加一个大于渗透压的压力时，溶剂就会由浓溶液一侧通过半透膜进入稀溶液中，这种现象称为反渗透，其原理如图 5 – 4 所示。

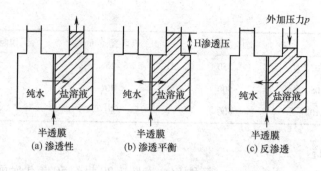

图 5-4 反渗透原理

反渗透作用的结果是使浓溶液变得更浓，稀溶液变得更稀，最终达到脱盐的目的。

反渗透主要是利用溶剂或溶质对膜的选择性原理。在反渗透过程中，虽然与膜的微孔孔径大小有一定关系，但主要取决于膜的选择性。当膜表面孔的直径小于溶剂分子或溶质分子直径时，溶质依然可以分离，这说明筛分过滤原理对反渗透是不适用的。

反渗透膜的选择透过性与组分在膜中的溶解、吸附和扩散有关，除与膜孔的大小、结构有关外，还与膜的化学、物理性质有密切关系，即与组分和膜之间的相互作用密切相关。由此可见，反渗透分离过程中化学因素（膜及其表面特性）起主导作用。

对反渗透膜脱盐机理解释很多，到目前为止，较公认的机理主要有以下两种。

①氢键理论：氢键理论最早是由雷德（Reid）等提出的，也称为孔穴式与有序式扩散（holetype - alignment type diffusion）理论，是针对乙酸纤维膜提出的模型。此模型认为当水进入乙酸纤维膜的非结晶部分后，和羧基的氧原子发生氢键作用而构成结合水。这种结合水的结合强度取决于膜内的孔径，孔径越小结合越牢。由于牢固的结合水把孔占满，故不与乙酸纤维膜以氢键结合的溶质就不能扩散透过，但与膜能进行氢键结合的离子和分子（如水、酸等）却能穿过结合水层而有序扩散通过。

②优先吸附-毛细孔流理论：该理论是索里拉金（Sourirajan）在吉布斯（Gibbs）吸附方程的基础上提出的，他认为在盐水溶液和聚合物多孔膜接触的情况下，膜界面上有优先吸附水而排斥盐的性质，因而形成一负吸附层，它是一层已被脱盐的纯水层，纯水的输送可通过膜中的小孔来进行。纯水层厚度既与溶液的性质（如溶质的种类、溶液的浓度等）有关，也与膜的表面化学性质有关。索里拉金认为孔径必须等于或小于纯水层厚度的2倍，才能达到完全脱盐而连续地获得纯水，但在膜孔径等于纯水层厚度2倍时工作效率最高。根据

膜的吸附作用有选择性,可以推知膜对溶质的脱除应有选择性。

（2）反渗透膜的性能　反渗透膜对水中离子和其他杂质的去除能力如表 5-8 所示。

表 5-8　反渗透膜对杂质的去除能力

离子	去除率/%	离子	去除率/%	离子	去除率/%
Mn^{2+}	95~99	SO_4^{2-}	90~99	NO_2^-	50~75
Al^{3+}	95~99	CO_3^{2-}	80~95	BO_2^-	30~50
Ca^{2+}	92~99	PO_4^{3-}	90~99	微粒	99
Mg^{2+}	92~99	F^-	85~95	细菌	99
Na^+	75~95	HCO_3^-	80~95	有机物	99
K^+	75~93	Cl^-	80~95		
NH_4^+	70~90	SiO_2^-	75~90		

不同种类膜的透水量和脱盐性能如表 5-9 所示。

表 5-9　各种膜的透水量与脱盐性能

膜种类	测试条件/MPa	透水量/[$m^3/(m^2 \cdot d)$]	脱盐率/%
2.5 醋酸纤维素膜	1% NaCl (15.2)	0.30	99
3 醋酸纤维素超薄膜	海水 (10.13)	1.0	99.8
3 醋酸纤维素中空纤维膜	海水 (6.08)	0.04	99.8
醋酸丁酸纤维素膜	海水 (10.13)	0.48	99.4
2 醋酸和 3 醋酸纤维混合膜	3.5% NaCl (10.13)	0.44	99.7
醋酸甲基丙烯酸纤维素膜	3.5% NaCl (10.13)	0.33	99.7
醋酸丙酸纤维素膜	3.5% NaCl (10.13)	0.48	99.5
芳香聚酰胺膜	3.5% NaCl (10.13)	0.64	99.5
芳香聚酰胺中空纤维膜	1% NaCl (15.2)	0.02	99
聚苯并咪唑膜	0.5% NaCl (14.19)	0.65	95
多孔玻璃膜	3.5% NaCl (12.16)	1.0	88
磺化聚苯醚膜	苦咸水 (7.60)	1.15	98
氧化石墨膜	0.5% NaCl (14.19)	0.04	91

(3) 反渗透器的特点及对水质的要求　反渗透器按其膜的形状分为板式、管式、卷式和中空纤维式4种，其构造特点如表5-10所示。渗透的工艺通常采用一级或二级反渗透。一级是通过一次反渗透就能达到水质的要求；二级则要通过二次反渗透才能达到水质要求。

(4) 反渗透器的污染及清洗　反渗透器在使用了一段时间后。由于膜污染和膜老化将导致脱盐率降低，压力损失增大，产水量降低，这时需要进行清洗。清洗有物理和化学两种方法。

①物理清洗：最简单是用水清洗膜表面，即用低压高速水冲洗膜面30min，这样可使膜的透水性能得到改善，但经短期运转后其性能会再次下降。若采用空气与水的混合流冲洗膜面20min，对初期受到有机物污染的膜效果较好，但对受严重污染的膜，效果则不够理想。

表5-10　几种反渗透器的构造特点

构造形式	平板式	管式	卷式	中空式
单位体积膜面积/（m²/m³）	160~500	33~80	650~1000	1000
透水量/[m³/（m².d）]	—	0.02	0.02	0.003
膜面流速/（cm/s）	—	60~200	10~20	0.1~0.5
膜面浓度上升比	—	1.1~1.3	1.1~1.5	1.2~2.0
残渣和水污形成的可能性	中	小	中	—
物理洗涤方式	冲洗、拆卸洗涤	冲洗、海绵球洗涤	冲洗	冲洗
化学洗涤效果	中	大	中	小
主要用途	食品	食品废水	海水淡化、超纯水、废水	海水淡化、超纯水、废水

②化学清洗：可根据污染物质的不同而采用不同的化学药品进行清洗。对于无机物（特别是金属氢氧化物）的污染，可采用柠檬酸清洗。在高压或低压下用1%~2%的柠檬酸水溶液对膜进行连续循环冲洗，对除去$Fe(OH)_3$污染效果很好。也可在柠檬酸溶液中加入适量的氨水或配成不同pH的溶液加以使用；或者在柠檬酸铵溶液中加入盐酸调整pH至2~4.5后在膜系统内循环清洗6h，能获得很好的效果。若将溶液加热至35~40℃，清洗效果更佳，特别是对去除无机盐的污染效果更好。此法的缺点是清洗时间长，为防止在低pH时醋酸纤维膜的水解，溶液的pH应控制在4~4.5为好。

对于胶体污染可以采用过硼酸钠或尿素、硼酸、醇、酚等溶液清洗，效果较好。用浓盐酸或浓盐水清洗也同样有效，这是由于高浓度的电解质可以减弱胶体粒子间的作用力，促使其形成胶团。

对于有机物，特别是蛋白质、多糖类和油脂类的污染可用中性洗涤剂清洗。清洗液加热至 50~60℃ 时效果更好。但由于膜的耐热性能限制，通常在 30~35℃ 条件下进行清洗。还可用双氧水进行清洗，例如可将浓度 30% 的双氧水 0.5L，用 10L 去离子水稀释后，用于冲洗膜面。若在双氧水中加入适量的氨水，对清除膜的有机污染效果较好。

对于细菌污染，要视不同情况采取不同措施。对醋酸纤维膜可用 5~10mg/L 的次氯酸钠溶液，用硫酸调整 pH 至 5~6 后进行清洗。对芳香族聚酰胺膜，可用 1% 的甲醛溶液清洗。此外，在反渗透水中应经常保持 0.2~0.5mg/L 的余氯，以防止细菌繁殖。

5. 紫外杀菌或无菌板框过滤

紫外线高压汞灯产生的紫外线对清洁透明的水有一定的穿透能力，能杀死水中的微生物（图 5-5）。

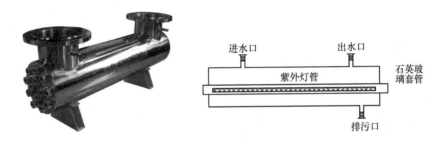

图 5-5 隔水套管式紫外线杀菌器

紫外杀菌装置设备简单，操作方便，杀菌效果好，天津鑫磊金属制品有限公司生产的 BL-A 和 BL-ZX 型紫外线流水杀菌装置的技术性能如表 5-11 所示。在连续生产的情况下，通常用两台紫外杀菌器，交替使用可延长灯管的使用寿命。

表 5-11 BL 型紫外线流水杀菌装置技术性能

型号	流量/(t/h)	进口直径/mm	出口直径/mm	型号	最大流量/(t/h)	总功率/W
BL-A-1	1	28	28	BL-ZX-10	10	1000
BL-A-5	5	40	40	BL-ZX-20	20	2000
BL-A-10	10	48	48	BL-ZX-30	30	3000

也可用无菌板框过滤器代替紫外杀菌器进行水的消毒（图5-6）。板框过滤器由不锈钢（1Cr18Ni9Ti）滤板、滤栓制成，滤板之间的通道衬垫用耐高温强弹性的硅橡胶制作，阀垫、阀杆用聚四氟乙烯制作。如四川长征制药机械设备厂生产的LY-0.8型双重无菌板框过滤器有23片板框，单片过滤面积为0.033m²，整机过滤面积0.8m²，过滤压力为4kg/cm²（0.4MPa）时的过滤效率为720L/h。

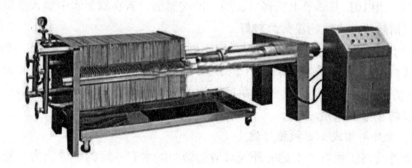

图5-6　LY-0.8型双重无菌板框过滤器

6. 超滤

图5-7　超滤设备图示

超滤是一种可用于物质分离的膜分离技术。中空纤维孔膜呈毛细管状，当液体混合物在一定压力推动下，小分子可透过微孔膜，而大分子则被截留，从而达到分离的目的（图5-7）。

例如，山东招远膜工程设备厂生产的聚丙烯中空纤维微孔膜超滤装置在工作压力为0.3MPa时纯水透过能力100L/（m²·h），其平均微孔孔径为70~100nm。天津鑫磊金属制品有限公司生产的BL系列超滤装置在0.2MPa工作压力时水通量为0.5~40t/h。

项目三　浸提设备

利用一种溶剂对不同成分溶解度的差异，从混合物中分离出一种或几种组分的过程称为提取（extraction），又称浸提或抽提。

在提取茶汁前应先将成条的茶叶原料粉碎或茶鲜叶绞碎成适当的粒度，将细胞破碎，使茶叶细胞内生物活性物质充分释放到溶液中，有利于提取或吸附。加工的产品不同、使用的茶叶原料不同,其破碎的方法也不相同。常使用的方法是通过机械力的作用,使组织粉碎。

在速溶茶、茶浓缩液以及茶叶有效提取物的生产中,通常使用水、乙醇等溶剂将茶叶中的茶多酚、氨基酸、咖啡碱等水溶性成分浸取出来,再通过净化、浓缩、干燥等技术而得到前述产品。浸提设备常采用中药制药设备,主要是提取罐、连续提取器等。

一、提取罐

常见的应用于茶叶浸提的提取罐有多功能提取罐、带搅拌功能的多功能提取罐、斜锥式提取罐、直筒式提取罐、全倒锥提取罐以及蘑菇式内压渣提取罐等。

1. 多功能提取罐

多功能提取罐是一种常用的提取设备,其特点是能在全封闭的条件下进行常温常压提取,也可进行高温高压提取或真空低温提取,也可用于进行不同溶剂的提取(如水提取或醇提取),且能加热浸提。在操作组合方面,多功能提取罐可进行强制循环提取、回流提取及提取挥发油等操作,因此多功能提取罐具有操作方便、提取时间短、效率高。大部分多功能提取罐都是采用夹套式加热的方式,因此普遍存在传热速度慢、加热时间长等缺点。

多功能提取罐是由罐体、冷凝、冷却器、过滤器、油水分离器、药液泵等组成(图5-8),其锥形罐底盖大多采用气动操作,操作轻便,密封性能也较好,但由于罐口的出渣盖口径往往比罐体直径要小,有时提取后的茶渣在锥底口会发生"架桥"现象,阻塞罐口,给排渣带来不便,常需要人工辅助出渣,会增加工人的劳动强度,生产操作的安全性也较差。

2. 带搅拌的多功能提取罐

带搅拌的多功能提取罐是在多功能提取罐的基础上发展起来的一种改进型提取设备。与多功能提取罐相比,其主要的不同之处是在罐体内配置了机械搅拌装置(图5-9),由于搅拌作用,使得茶叶原料在提取过程中产生了一定的动态提取效果,茶叶原料和溶剂在提取过程中相对运动并充分混合,大大改善了原料与溶剂的接触状况,从而能提高提取速率,缩短提取时间。例如浙江双子机械制造有限公司制造的TQ-T系列多功能提取罐适用于制药、生物、饮料、食品、化工等行业的植物、动物性原料的常压、加压水煎、温浸、热回流、强制循环、渗漉、芳香油提取及有机溶媒回收等工程操作,罐体配备CIP清洗自动旋转喷洗球、温度表、压力表、防爆视孔灯、视镜、快开式投料口等,确保操作简便,符合GMP标准。TQ-T多功能提取罐系列产品性能如表5-12所示。

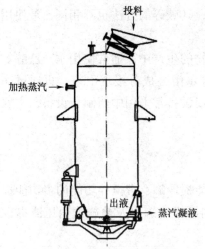
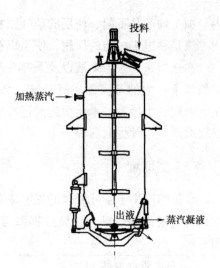

图 5-8 茶叶多功能提取罐　　图 5-9 带搅拌功能的茶叶多功能提取罐

表 5-12　TQ-T 系列多功能提取罐技术参数

规格/型号	TQ-T-1.0	TQ-T-2.0	TQ-T-3.0	TQ-T-6.0	TQ-T-8.0	TQ-T-10
容积/L	1200	2300	3200	6300	8500	11000
罐内设计压力/MPa			0.09			
夹层设计压力/MPa			0.3			
压缩空气压力/MPa			0.6~0.7			
加料口直径/mm	400	400	400	500	500	500
加热面积/m²	3	4.7	6	7.5	9.5	12
冷凝面积/m²	4	4	5	5	8	10
冷却面积/m²	1	1	1	2	2	3
过滤面积/m²	3	3	3	5	5	6
排渣门直径/mm	800	800	800	1000	1000	1000
耗能/（kg/h）	245	325	345	645	720	850

具体操作时，将待提取的茶叶原料投入投料门，加水或有机溶剂后，关闭投料门，打开夹套加热开关，使夹套通入蒸汽，茶叶原料在水或有机溶剂中其溶解性成分浸出，如为有机溶剂提取时，还应打开冷凝、冷却装置，通入冷却循环水，使有机溶剂冷凝、冷却后重新回到提取罐中，为了使提取完全，可打开搅拌装置使原料与水或溶剂充分接触。待提取完成后，打开出料阀门，开动药液泵出汁，待出汁完成后，打开出料门出渣。

3. 斜锥式提取罐

斜锥式提取罐的结构特点、提取功能与正锥式多功能提取罐基本相同（图

5-10），但由于单侧为直筒的斜锥体，出渣要比正锥式提取罐阻力小，所以出渣相对要畅通一些。

4. 直筒式提取罐

直筒式提取罐主体由长形筒体构成，上下同径，如图5-11所示。虽然直筒式提取罐仍然有传热慢、加热时间长等缺点，但操作上比较方便、省力，尤其在卸渣方面，由于采用直筒形式，使得出料阻力小，出渣顺畅，可做到省力省时。若结合采用外加热循环提取的工艺方式，可提高加热速度，缩短加热时间。

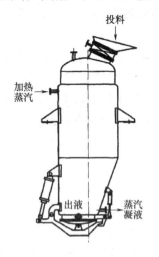

图5-10 斜锥式提取罐

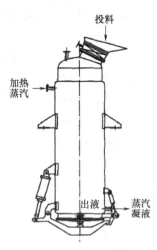

图5-11 直筒式提取罐

5. 全倒锥提取罐

全倒锥提取罐主体采用倒锥形筒体，如图5-12所示，上口小下口大，锥度为4°~8°。罐体的上口为加料口，可以设计为全口开启，也可以设计为封头顶，加设料斗，通过气动碟阀来开闭加料口。罐底为卸渣口，由于罐口较大，故采用锯齿形旋转卡箍，达到了罐口开闭操作灵活简便，密封性能良好等效果。另外由于设备采用了全倒锥式的筒体，加料和卸渣十分方便，茶渣不会在罐底发生架桥阻塞，无需进行人工排渣，工人劳动强度大大降低，同时也提高了生产效率。

倒锥提取罐还采用了侧向环形过滤网，过滤面积大大增加；滤网设置在罐体的侧

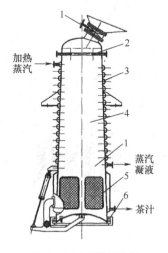

图5-12 全倒锥提取罐
1—加料口碟阀 2—循环液分布器
3—加热盘形半管 4—全倒锥形筒体
5—环状侧向过滤网 6—半距齿旋转卡箍

向，可减小茶渣对滤网的静压，延长滤网的使用周期。在工艺操作中，提取液不断通过滤网进行过滤，茶渣层在提取液循环过程中也起到了滤层的作用，保证了提取液的澄清度。

另外全倒锥提取罐可以进行动态提取或静态提取，也可以使用各种溶剂进行提取，显示了其多功能的用途。提取罐的动态提取，采用热流体循环提取方式，不断加强了在提取过程茶叶表面与提取溶剂之间的浓度推动力。流体的动态过程，消除了溶剂层的外扩散阻力，能维持茶叶表面和溶剂之间始终存在较高的浓度推动力，从而在同等的提取条件下提取时间缩短，提取效率能得到相应的提高，能耗降低。

由于是流体的动态提取，为保证流体在泵的推动下进行强制的循环流动和达到有效提取温度，一般流体的温度控制在95℃左右（即流体的亚沸状态），这样既能使流体正常地循环流动，又能维持较好的提取温度，即在这种温度条件下，基本能保证有效成分的提取效果，又可避免部分杂质的过度提取，从而保证了提取物的质量和减少提取物后处理的难度。

6. 蘑菇式内压渣提取罐

虽然带搅拌的多功能提取罐、全倒锥提取罐等解决了提取过程中的一些技术问题，但对茶渣的处理目前都在罐外进行处理，如离心式分离机、绞龙式挤渣机等，这些装置投资较大，操作过程要消耗一定的能量，并要配以相应的设备，还要带来一定的噪声，影响工作环境。

蘑菇式内压渣提取罐采取上大下小的蘑菇形体结构，并由加料台装置、碟形压盖、多孔顶板、侧向环形过滤装置、锯齿形旋转卡箍卸渣装置等构件组成（图5-13）。

罐体的上段筒体作为循环溶剂的存留空间，下段筒体为溶剂通过茶叶层流动的通道，在循环提取过程中，可加快溶剂在茶叶间的流动速率，强化质量传递过程，提高提取过程

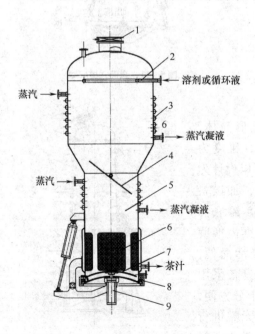

图5-13 蘑菇式内压渣提取罐
1—加料口碟阀 2—循环液分布器 3—加热盘形半管
4—碟形压盖板 5—蘑菇形筒体 6—环状侧向过滤网
7—多孔顶压板 8—半锯齿旋转卡箍 9—顶压气缸

的效率，加料口安装了一个气动碟阀，可结合自动称量加料装置，实现提取过程的全自动化生产。

此外采用了筒体的侧向环状过滤，过滤口设置在罐体下端的侧向部位，并由多个过滤窗组成，在提取过程中，茶汁不断通过各个过滤窗进入环状滤液腔，再由过滤腔流出，由循环泵再将其送入提取罐内进行提取，茶汁又不断通过茶叶层和过滤窗进行循环，使茶汁能达到良好的自净效果。

罐体中间的碟形压盖和罐底部的多孔顶板组成挤压茶汁的机构。当提取完成后，罐中间的压盖由气缸带动而关闭，罐底的顶压板也由气缸推动向上挤压茶渣，将茶渣中的残留茶汁挤压出，通过多孔板流下，并由泵抽出罐外。完成挤压后，多孔顶板退回原位，打开罐底盖，再开启碟形压盖，并由碟形压盖开启时的半边推力，将茶渣向下推动，卸出罐外。

与倒锥形提取罐一样，采用锯齿形旋转卡箍，达到了罐口开闭操作灵活简便，密封性能良好等效果。

二、连续提取器

连续提取器主要有多级逆流接触浸提器和连续逆流提取装置等。

1. 多级逆流接触浸提器

该设备是将若干个浸取罐按一定顺序，将它们以管道和阀门串联起来，构成多级逆流或错流固定床提取系统。该设备提取率高，进水温度和浸提时间均可自动控制。一般多级逆流接触浸提器有 6~8 个罐，在 6 罐的情况下，完成浸提约 1h，提取茶汤浓度可达 20% 以上，适合于速溶茶的茶汤提取（图 5-14）。

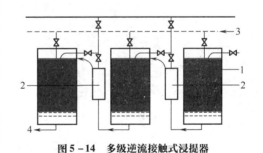

图 5-14　多级逆流接触式浸提器
1—提取罐　2—换热器　3—溶剂进口　4—溶液出口

2. 连续逆流提取装置

连续逆流提取也被称为连续动态逆流提取，就是在提取过程中，物料和溶剂同时作连续相向的逆流运动，物料在运动过程中不断改变与溶剂的接触情况，有效改善了提取状态，可以显著提高提取效率。通过机械传输机构，连续定量加料。

物料在提取过程中连续运动，在不打乱进料次序的情况下，缓慢翻捣物料，使物料在提取过程中与溶剂充分接触，最终连续出渣。同时在设备内部不断更新溶剂，溶剂在流动过程中不断获得物料的有效成分，浓度不断提高。

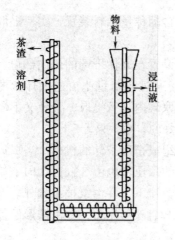

图 5-15 U 形管式连续提取装置示意图

在连续进液和连续出液的过程中,溶剂中存在连续的浓度梯度,从而使提取液可以获得比较快的浸出速度,也可以获得比较高的提取液浓度。在具体操作过程中,可以通过改变推进装置的运动状态,简便地调整提取的工艺条件。

目前主要的几种连续逆流提取设备中最有优势的就是螺旋式提取设备。

螺旋式连续提取装置有 U 形管式、卧式等(图 5-15、图 5-16),其工作原理通过螺旋形的物料输送结构,物料运动平稳,提取过程没有返混。

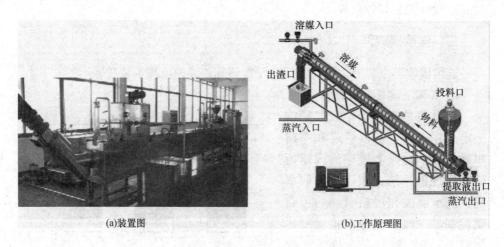

(a)装置图　　　　　　　　　　(b)工作原理图

图 5-16　直管螺旋卧式连续提取装置及其工作原理

螺旋式连续提取装置具有结构简单紧凑、技术成熟、占地面积小、操作方便以及自动化程度高等优点,可以有效缩短提取时间,减少溶媒用量,最大限度地提取出原料的有效成分。同时还可以显著地提高生产率,改善工作条件,提高设备利用率。

项目四　分离净化设备

浸提后的茶汤中仍有茶叶碎末以及其他杂质,茶渣吸水后还含有较多茶叶成分,这些都需要通过进一步的分离和净化,既能提高目标产物得率,又可起到净化的作用。常用的分离净化方法分为物理方法和化学方法。

一、物理分离净化设备

物理净化也称机械分离,物理净化的主要目标是把茶渣中的茶汁挤出,或将茶汤中的残渣除去,即把茶汤中固、液两相混合物相互分离,使茶汤中不含任何固相物质。在茶叶深加工中,常用的茶汤机械分离方法见表5-13。

表5-13 茶叶深加工常用机械分离方法

分离方法	原料形式	分离作用力	主要分离设备	产物	分离原理
离心法	固液混合	离心力	离心机	固+液	粒子大小
过滤法	固液混合	压力	不锈钢过滤器	固+液	固体颗粒粒径大于过滤介质孔径
超滤法	固液混合	压力	超滤装置	固+液	分子质量大小

1. 离心机

离心机是在高速旋转的转子中,借离心力作用过滤和澄清悬浮液,分离两种比重不同、或互不相溶的液体分开的设备。离心机主要用于将悬浮液中的固体颗粒与液体分开;或将乳浊液中两种密度不同,又互不相溶的液体分开(例如从牛奶中分离出奶油);它也可用于排除湿固体中的液体,例如用洗衣机甩干湿衣服;特殊的超速管式分离机还可分离不同密度的气体混合物;利用不同密度或粒度的固体颗粒在液体中沉降速度不同的特点,有的沉降离心机还可对固体颗粒按密度或粒度进行分级。

目前离心机种类繁多,分类方式也较多,如表5-14所示。

表5-14 离心机的分类

分类依据	离心机类别	备注
分离因素	常速离心机	$F_r \leq 3500$(一般600~1200),离心机的转速较低,直径较大
	高速离心机	$F_r = 3500 \sim 50000$,离心机的转速较高,一般转鼓直径较小,而长度较长
	超高速离心机	$F_r > 50000$,转鼓多为细长管式
操作方式	间歇式离心机	加料、分离、洗涤和卸渣等过程都是间歇操作,并采用人工、重力或机械方法卸渣,如三足式和上悬式离心机
	连续式离心机	进料、分离、洗涤和卸渣等过程,有间歇自动进行和连续自动进行两种
卸渣方式	刮刀卸料离心机	工序间接,操作自动
	活塞推料离心机	工序半连续,操作自动
	螺旋卸料离心机	工序连续,操作自动
	离心力卸料离心机	工序连续,操作自动
	振动卸料离心机	工序连续,操作自动
	颠动卸料离心机	工序连续,操作自动

注:分离因素F_r是指物料在离心力场中所受的离心力,与物料在重力场中所受的重力之比值,一般用转速表示。

目前，在茶叶深加工领域中常用的离心机为三足式离心机和卧式螺旋连续离心机，其结构分别如图 5-17、图 5-18 所示。

（1）三足式离心机 三足式离心机是常用的人工卸料的间歇式离心机。离心机的主要部件是一篮式离心鼓，转鼓壁面钻有许多小孔，内壁衬有金属丝及滤布。整个机座和外罩通过三根弹簧悬挂于三足支柱上，以减轻运转时的震动。从第一台离心机开始，广

图 5-17 三足式离心机

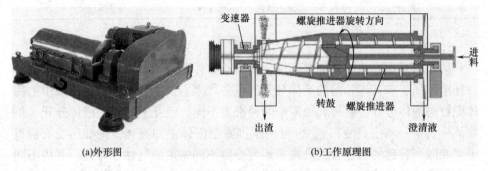

(a)外形图　　　　　　　　　　(b)工作原理图

图 5-18 卧式螺旋连续离心机外形及工作原理图

泛用于各行各业，至今仍在全世界范围内广受欢迎，其造价低廉，抗震性好，结构简单，操作方便，但存在噪声较大、主轴与电机温升过高等问题。

其操作过程如下。

①填料：物料通过水平的填料管被填入旋转离心鼓，填料的同时母液被甩离离心鼓并形成滤饼，通过填料控制可以进行多次填料以达到最佳滤饼厚度，填料过程可以在低速条件下进行，以保证最初滤饼形成，且减少漏料。

②初步甩干：一般在填料后需要将母液尽快甩离离心鼓，转鼓的转速自动调节至由操作人员设置的速度（较高速度），这也是初步甩干步骤。

③洗涤：当母液被甩离滤饼后，必要时滤饼还需要用一种或者多种洗涤液进行洗涤，洗涤液也是通过填料管被送入离心鼓，被支撑杆打散，在滤饼上形成均匀的液膜，在离心力的作用下，洗涤液通过滤饼被排出离心鼓，达到洗涤效果。

④甩干：洗涤后，将离心鼓转速提到最高，将滤饼甩干。

⑤下料：最后，将离心鼓转速调至下料转速，离心鼓的平动部分被逐渐推出，滤饼被自动卸出离心鼓。

（2）卧式螺旋离心机 卧式螺旋离心机在机壳内有两个同心装在主轴承上的回转部件，分别为外面的无孔转鼓和里面具有螺旋叶片的输送器。主电机通

过 V 带轮带动转鼓旋转。转鼓通过左轴承处的空心轴与行星差速器的外壳相连接，行星差速器的输出轴带动螺旋输送器与转鼓做同向旋转，但转速不同，其转差率一般为转鼓转速的 0.2%~3%。悬浮液从右端的中心加料管连续送入机内，经过螺旋输送器内筒加料隔仓的进料口进到转鼓内。在离心力的作用下，转鼓内形成一环形液池，重相固体粒子离心沉降到转鼓内表面上形成沉渣，由于螺旋叶片与转鼓的相对运动，沉渣被螺旋叶片推送到转鼓小端的干燥区，从排渣孔卸出。在转鼓大端盖上开设有若干溢流孔，澄清液便从此孔流出，经机壳的排液室排出。

2. 过滤设备

在茶汁提取后，常带有茶渣等杂质，如不滤出，会对后续的分离纯化工序带来困难，因此过滤设备在茶叶深加工中不可少。主要采用的是砂棒过滤机、板框式过滤机、加压叶滤机等，其中，砂棒过滤机、板框式过滤机的结构及使用方法在本模块前文已有述及，在此仅介绍加压叶滤机。

加压叶滤机也是工业中应用较为广泛的加压过滤机，图 5-19 为较为常见的垂直滤叶的加压叶滤机简图。

叶滤机的主要构件是矩形或圆形的滤叶，滤叶为内有金属网的扁平框架，内部具有空间［图 5-19（a）］，外部覆以滤布［图 5-19（b）］若干块平行排列的滤叶组装成一体，插在盛滤浆的密封槽内，以便进行加压过滤。滤叶可以垂直放置，也可以水平放置。

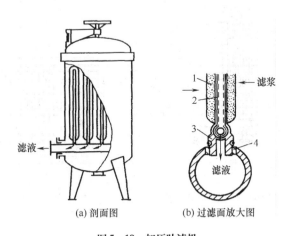

(a) 剖面图　　(b) 过滤面放大图

图 5-19　加压叶滤机

1—滤饼　2—滤布　3—拔出装置　4—橡胶圈

叶滤机也为间歇操作。过滤时，滤浆由泵压或用真空泵吸入机壳中，将滤叶浸没，在压力差的作用下穿过滤布进入滤叶内部成为滤液，然后汇集到下部总管而排出机外。颗粒沉积在滤布上形成滤饼。当滤饼积到一定厚度时，停止过滤。通常滤饼厚5~35mm，视滤浆性质及操作情况而定。过滤完毕后，机壳内改充洗涤液，洗涤时洗涤水走的途径与过滤时滤液的途径相同，这种洗涤方法称为置换洗涤法。洗涤后，滤饼可用振动器或压缩空气反吹法使其脱落。

加压叶滤机的优点是设备紧凑、密封操作、劳动条件较好、槽体容易保温或加热，劳动力较省，其缺点是结构比较复杂、造价较高。

使用上述过滤设备，配合5μm孔隙的滤纸或200目尼龙滤布，可去除茶汤中的微粒、杂质、混浊物，使茶汤清澈明亮。

3. 超滤设备

超滤（ultra - filtration，UF）是一种加压膜分离技术，即在一定的压力下，使小分子溶质和溶剂穿过一定孔径的特制的薄膜，而使大分子溶质不能透过，留在膜的一边，从而达到净化的目的。膜分离是典型的超滤方式。

超滤膜的孔径和截留分子质量的范围一直有争议，一般认为超滤膜的过滤孔径为$0.001~0.1\mu m$，若过滤孔径$\varphi \geq 0.1\mu m$的膜就应该属于微滤膜或精滤膜的范畴。

将超滤膜组合成可与超滤系统连接的基本操作单元称为超滤膜组件，通常可分为平板式和中空管式两种主要类型（图5-20、图5-21），中空管式超滤膜组件分为内压式、外压式和浸没式三种。

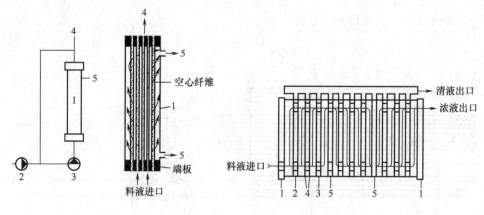

图5-20　单筒中空纤维超滤装置及工作原理图　　图5-21　平板式超滤装置
1—膜筒　2—供料泵　3—循环泵　　　　　　　　1—端板　2—膜板　3—支承板
4—浓液出口　5—清液出口　　　　　　　　　　4—超滤膜　5—隔板

膜是超滤分离技术中的核心，膜材料的物化性质和膜的分离透过性对膜分离的性能起着决定性影响，对膜材料的要求是：具有良好的成膜性、热稳定性、化学稳定性，耐酸、碱、微生物侵蚀和耐氧化性能。膜的耐热性和机械强度取决于膜材料的化学结构，而膜的抗氧化和抗水解性能，既取决于膜材料的化学结构,又取决于被分离溶液的性能。目前已应用的膜材料主要有纤维素类、聚酰胺类、芳香杂环类、聚砜类、聚烯烃类、硅橡胶类、高氟高分子、聚碳酸酯等。

空心纤维超滤装置由超滤筒、供料泵、浓缩液出口、清液出口等组成,超滤筒内有多根空心纤维膜合并成束,镶入膜筒的端板上,料液从端板进入纤维管内,在压力作用下清液透过膜管壁微孔,由清液出口流出,浓缩液则由另一端板排出。

平板式超滤装置由进料泵、增压泵、超滤膜组等组成。超滤膜组由两块端板和端板中间的许多膜板组成,每一块膜板由超滤膜和支承板组成。支承板为表面有弧形浅沟的聚砜双层空心夹板。超滤时膜板被油压器紧密压紧组装在一起,清液从每个膜面透过流出,料液不断地浓缩。

超滤膜分离与其他分离法相比,具有以下几个特点:①膜分离除渗透蒸发、膜蒸馏等之外,分离过程中一般不发生相变化,能耗较低;②膜分离除膜蒸馏等之外,分离过程中一般是在常温下进行,特别适用于热敏性物质的分离、分级、浓缩和富集;③膜分离适用的对象广,从无机物到有机物大分子,甚至包括病毒、细菌和微粒;④膜分离装置简单,操作容易,易于控制与维修;⑤膜分离技术尚存在膜的污染控制、选择性和稳定性等问题。

无机陶瓷膜是近些年来在茶叶深加工尤其是速溶茶和茶饮料净化中使用的新型超滤设备。无机陶瓷膜是以氧化铝、氧化钛、氧化锆等经高温烧结而成的具有多孔结构的精密陶瓷过滤材料,多孔支撑层、过渡层及微孔膜层呈非对称分布,孔隙率为30%~50%,孔径50nm~15μm,过滤精度涵盖微滤、超滤甚至纳滤(图5-22)。陶瓷膜过滤是一种"错流过滤"形式的流体分离过程,即原料液在膜管内高速流动,在压力驱动下含小分子组分的澄清渗透液沿与之垂直方向向外透过膜,含大分子组分的混浊浓缩液被膜截留,从而使流体达到分离、浓缩、纯化的目的。

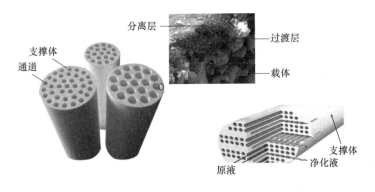

图5-22 无机陶瓷膜原理示意图

无机陶瓷膜分离系统主要包括陶瓷膜及组件、循环泵及辅助系统等。物料进入主体分离系统后,循环泵提供膜面流速及压力,通过陶瓷膜达到分离目的。排渣系统包括各种排渣阀、管道等。当物料分离结束后,物料必须及时从系统中排除。

夏涛等利用膜面积为 $0.224m^2$、膜孔径为 $0.2\mu m$ 的 Al_2O_3 管式陶瓷膜组件,在采用进膜压力 130kPa、出膜压力 50kPa、操作温度 34℃ 的情况下,对茶汤中重要成分的截留率如表 5-15 所示。

表 5-15 陶瓷膜过滤对茶汤内含物的截留

成分	滤前/%	滤后/%	截留率/%
茶多酚	20.93	20.15	3.73
氨基酸	1.72	1.7	1.16
咖啡碱	3.01	2.82	6.31
蛋白质	0.47	0.23	51.06
果胶	0.62	0.43	30.65

由于蛋白质是已知的造成茶饮料沉淀问题的重要因子之一,其与多酚类物质络合凝聚,形成大颗粒,造成饮料混浊、沉淀,从而影响茶饮料的外观品质。果胶对茶汤的沉淀形成也有促进作用,使用陶瓷膜对果胶也有较大截留率,有 30% 的果胶被截留。而对茶多酚、氨基酸、咖啡碱三种物质的截留率相对较低,这三种物质是茶汤中最主要的品质成分,大部分留在茶汤中,有利于保持茶饮料的风味。

衡量膜分离过程的一个重要工艺运行参数是膜通量,是指在一定压力下,单位时间内通过单位膜面积上的流体量,一般以 $m^3/(m^2 \cdot s)$、$L/(m^2 \cdot h)$ 表示。膜通量由外加推动力和膜的阻力共同决定,其中膜本身的性质起决定性作用。

在利用陶瓷膜过滤茶汤时,陶瓷膜的膜通量变化衰减曲线如图 5-23 所示。在初期,膜通量的衰减较大,是因为茶汁中的大分子颗粒、大分子物质在初期被膜面大量截留,造成在膜的表面很快出现浓差极化现象,形成较厚的凝胶层。随着过滤时间的延长,浓差极化现象趋缓,膜通量渐渐稳定。

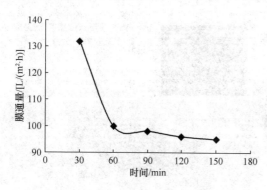

图 5-23 茶汤对陶瓷膜的膜通量的影响

在物料的分离过程中，膜表面虽然在反冲系统的保护下污染不会很严重，但仍存在一定的污染，因此经过一段时间后必须用清洗液进行化学清洗，如果清洗不及时，则会使污染不断累积，造成膜系统的损坏。

二、化学分离净化设备

经过物理净化后的茶汤，当冷却至10℃以下时，即会出现乳酪状不溶物，俗称"茶乳酪"或"冷后浑"，它是茶多酚类，特别是茶黄素、茶红素与咖啡碱结合形成的络合物。顾名思义，冷后浑是在较低温度下形成的，不溶于冷水，但是可溶于一定温度的热水。因此是否需要进一步除去茶乳酪将决定最终产品的溶解特性。若产品质量要求具有冷溶性，即在10℃以下的冷水中甚至冰水中能溶解，则必须将茶乳酪除去。去掉茶乳酪最简单的方法就是采用离心沉淀将其去除，但也会使茶多酚、茶黄素、茶红素、咖啡碱等风味成分损失。因此有人采用酶法净化处理、碱转溶处理等方式，通过化学手段，使不溶的茶乳酪转变为在10℃冷水中可溶的成分，故称之为化学方法。

而在茶多酚生产中，需要除去产品中的咖啡碱，则利用咖啡碱在水中和三氯甲烷中的溶解性不同，采取萃取的方式将之除去，则涉及萃取塔的使用，有条件的可以使用超临界萃取装置。对于高纯度的儿茶素生产，有效的方法是采用柱层析分离，需使用工业化的层析柱。因此，对于化学分离净化设备重点介绍萃取分离设备、超临界萃取设备和柱层析分离设备。

1. 萃取分离设备

萃取法是液-液提取法的简称，是利用混合物中各成分在两种互不相溶的溶剂中分配系数的不同，将溶质从一个溶剂相向另一个溶剂相转移的操作。影响液-液萃取的因素主要有目的物在两相的分配比（分配系数 K）和有机溶剂的用量等。分配系数 K 值增大，提取效率也增大，提取就易于进行完全。当 K 值较小时，可以适当增加有机溶剂用量来提高萃取率，但有机溶剂用量增加会增加后处理的工作量，因此在实际工作中，常常采取分次加入溶剂，连续多次提取来提高萃取率而达到分离的方法。萃取时各成分在两相溶剂中分配系数相差越大，则分离效率越高。如果在水提取液中的有效成分是亲脂性的物质，一般多用亲脂性有机溶剂，如苯、氯仿或乙醚进行萃取；如果有效成分是偏于亲水性的物质，在亲脂性溶剂中难溶解，就需要改用弱亲脂性的溶剂，例如乙酸乙酯、丁醇等。还可以在氯仿、乙醚中加入适量乙醇或甲醇以增大其亲水性。

在生化产品制备中，用有机溶剂对原材料的水溶液进行提取，被提取的生化产品在两相的分配比和有机溶剂的用量是影响液-液提取的主要因素。增加有机溶剂用量，虽然可以提高提取效率，但溶质浓度降低，不利于下道工序分离纯化进行，而且浪费溶剂，不适合大量生产。所以在实际操作中，常采用分次加入溶剂，连续多次提取的方法。第一次提取时，溶剂要多一些，一般为水提取液的1/3，以后用量可以少一些，一般为1/3~1/6，萃取3~4次即可。

在实验室进行小量萃取，可在分液漏斗中进行。工业生产中，多在密闭萃取罐内进行大量萃取，用搅拌机搅拌一定时间，使二液充分混匀，再放置待分层。

液－液萃取时溶剂的选择要注意以下几点。

选用的溶剂必须具有较高选择性，各种溶质在所选的溶剂中之分配系数差异越大越好。

选用的溶剂，在提取后，溶质与溶剂要容易分离与回收。

两种溶剂的密度相差不大时，易形成乳化，不利于萃取液的分离，选用溶剂时应注意。

要选用无毒，不易燃烧的价廉易得的溶剂。

常用的萃取设备是连续式动态萃取塔，萃取塔是由输料泵、塔体和储料罐等组成（图5-24）。其工作原理是待分离的料液经泵输入塔体一端，而萃取的溶剂经输料泵输入塔体的另一端，在塔身中充分混合后萃取后的溶剂和料液分别从反向流出到各自的储料罐而使成分分离。

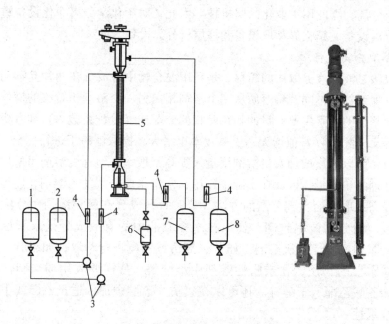

图5-24 萃取分离装置及萃取流程图

1—溶剂罐 2—物料罐 3—泵 4—流量计 5—萃取塔 6—残液罐 7—重液罐 8—轻液罐

(1) 筛板萃取塔 如图 5-25 所示。筛板萃取塔是逐级接触式萃取设备，依靠两相的密度差，在重力的作用下，使得两相进行分散和逆向流动。若以轻相为分散相，则轻相从塔下部进入。轻相穿过筛板分散成细小的液滴进入筛板上的连续相—重相层。液滴在重相内浮升过程中进行液—液传质过程。穿过重相层的轻相液滴开始合并凝聚，聚集在上层筛板的下侧，实现轻、重两相的分离，并进行轻相的自身混合。当轻相再一次穿过筛板时，轻相再次分散，液滴表面得到更新。这样分散、凝聚交替进行，直至塔顶澄清、分层、排出。而连续相重相进入塔内，则横向流过塔板，在筛板上与分散相即轻相液滴接触和萃取后，由降液管流至下一层板。这样重复以上过程，直至塔底与轻相分离形成重液相层排出。

(2) 往复筛板塔 往复筛板塔结构如图 5-26 所示。轻、重液相均穿过筛板面作逆流流动，分散相在筛板之间不分层，它将筛板固定在中心轴上，由塔顶的传动机构带动作上下往复运动，往复振幅一般为 3~5mm，频率可达 1000 次/min。在不发生液泛的前提下，频率越高，塔效率越高。

往复筛板萃取塔可较大幅度地增加相际接触面积和提高液体的湍动程度，传质效率高，生产能力大，在食品、制药等工业中应用广泛。

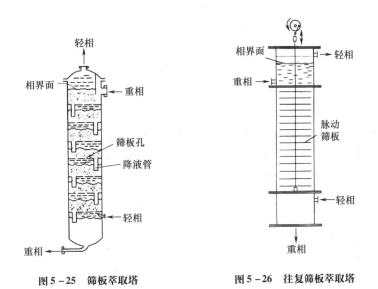

图 5-25 筛板萃取塔　　　图 5-26 往复筛板萃取塔

(3) 转盘萃取塔 转盘萃取塔基本结构如图 5-27 所示。在塔体内壁面按一定间距装若干个环形挡板，称固定环。固定环把塔内空间分用成若干个分割开的空间。在中心轴上按同样间距装若干个转盘，每个转盘处于分割空间的中间。转盘的直径小于固定环的内径。操作时，转盘作高速旋转，对液体产生强烈的搅动作用，增加了相际接触和液体湍流，固定环则可抑制返混。转盘塔结构简单，生产能力大，操作弹性大，传质率高，故在工业中广泛应用。

2. 超临界萃取设备

自然界中，物质存在形式有三态，即常温常压下有气态、液态和固态。对特定的一种物体，在温度和压力发生变化时，其状态会相互转化。例如水，在常压下，常温时是液态——水；冷却至0℃以下为固态——冰；加热至100℃以上时变成气态——水蒸气。科学试验证明，如果将水置于一足够耐热及耐压的容器中持续加热至水全部变成蒸汽，此时，容器内温度为 374.4℃，压力为 22.2MPa。如果向容器压入同温度的蒸汽增加密度与压力，蒸汽会不会变成水呢？试验

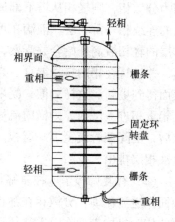

图5-27 转盘萃取塔

证明，只要水温度超过374.4℃，水分子就有足够的能量抵抗压力的升高的压迫，分子间始终保持一定距离，此距离小于水在液态时分子之间的距离，即使压力大到蒸汽密度与水的密度相近时，也不会液化成水。此时水的温度称为其临界温度（374.4℃），相对应的压力称临界压力（22.2MPa）。临界温度与临界压力构成了水的临界点，超过临界点的水称为超临界水。它是一种特殊的气体，即具有液态水又有气体的性质，为了相区别称其为"流体"。因而超临界流体（supercritical fluid，SCF）是指处于临界温度（T_c）和临界压力（P_c）以上的流体。

除水外，稳定的纯物质均有其临界点，因而均有其超临界状态，都有固定的临界温度（T_c）、临界压力（P_c）。只要温度超过T_c、压力超过P_c的物质均为超临界流体，见图5-28。

常见的超临界流体有二氧化碳、氨气、乙烯、丙烷、丙烯等，其中CO_2的临界温度和临界压力低，密度大，接近于液体的密度，黏度低，扩散系数大，对多数有机物的溶解性能好，与水的互溶性好，比萃取物的挥发性强，无毒无害，不易燃，价格低，供应方便。

CO_2在压力为 7.15MPa 和温度 31.3℃时达到临界状态，当压力增

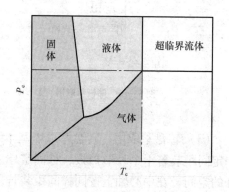

图5-28 纯物质的相图

加时流体的密度增加,有利于萃取;压力减小时密度减小,则有利于溶质的分离。超临界 CO_2 在 30MPa 和 60℃时,密度为 830g/L,萃取获得的组分类似于优良非极性有机溶剂萃取效果。减小压力时,CO_2 萃取效果相当于水蒸气蒸馏的效果。纯的 CO_2 几乎不能从茶叶中萃取咖啡碱,但加湿的 CO_2 能生成带极性的 $H_3CO_3^+$,在一定条件下能选择性地溶解咖啡碱。

超临界 CO_2 萃取装置如图 5-29 所示。茶叶装入萃取罐内,开启贮罐,压缩泵把 CO_2 压缩到理想压力,并加热至预定温度,使之处于超临界状态自下而上流经萃取罐。萃取液在第一分离罐中减压,溶解其中的色素、树脂、油脂、蜡等因溶解度降低而沉降于分离器底部。在第二分离罐中流体进一步减压,使咖啡碱和精油因溶解度降低而沉降。CO_2 则蒸发收集于贮罐,可循环使用。在第二分离罐中也可用 70~90℃的水洗含咖啡碱的超临界 CO_2,含咖啡碱的水脱气、蒸馏即可回收咖啡碱。经脱除咖啡碱的茶叶,再经提取可得到低咖啡碱的茶汤。

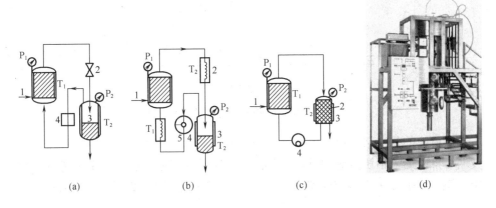

图 5-29 超临界 CO_2 萃取装置及工作过程示意图

(a):1—萃取槽 2—膨胀阀 3—分离槽 4—压缩机
(b):1—萃取槽 2—加热器 3—分离槽 4—泵 5—冷却器
(c):1—萃取槽 2—吸附剂 3—分离槽 4—泵
(d):中试型超临界 CO_2 萃取装置

3. 柱层析分离系统

柱层析分离系统的主要工作部件是层析柱。层析柱主要是根据要分离的植物有效成分、化工中间体、化合物等物质与层析柱内的不同填充料,在不同的亲和度、不同浓度的酸碱液、不同的极性溶液以一定压力以及在填充料上不同的流速下,有层次地分开不同类别或不同成分,而得到计划得到的有效组分或成分的一种设备,其工作原理如图 5-30 所示。

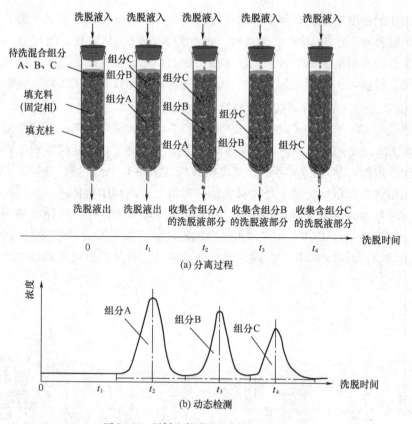

图5-30 层析分离原理及分离组分动态检测

层析柱的基本结构包括填充柱和填充料（即固定相），其中填充柱可以为玻璃、聚丙烯、不锈钢等材质，工业化生产的层析填充柱多采用聚丙烯和不锈钢（图5-31），根据生产需要加以选择。填充料是衡量层析柱分离效果的重要成分，在茶叶深加工领域中常用的填充料为凝胶、离子交换树脂等，其分离机理因使用的填充料不同而异。

凝胶层析是依据分子大小这一物理性质进行分离纯化的，层析过程如图5-32所示。凝胶层析的固定相是惰性的珠状凝胶颗粒，凝胶

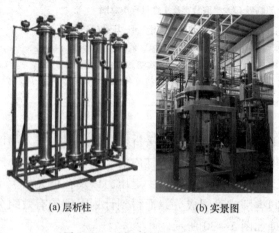

图5-31 工业层析柱及其实景图

颗粒的内部具有立体网状结构，形成很多孔穴。当含有不同分子大小的组分的样品进入凝胶层析柱后，各个组分就向固定相的孔穴内扩散，组分的扩散程度取决于孔穴的大小和组分分子大小。比孔穴孔径大的分子不能扩散到孔穴内部，完全被排阻在孔外，只能在凝胶颗粒外的空间随流动相向下流动，它们经历的流程短，流动速度快，所以

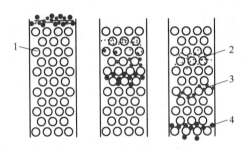

图 5-32 凝胶层析原理图
1—凝胶颗粒　2—小粒径分子
3—中等粒径分子　4—大粒径分子

首先流出；而较小的分子则可以完全渗透进入凝胶颗粒内部，经历的流程长，流动速度慢，所以最后流出；而分子大小介于二者之间的分子在流动中部分渗透，渗透的程度取决于它们分子的大小，所以它们流出的时间介于二者之间，分子越大的组分越先流出，分子越小的组分越后流出。这样样品经过凝胶层析后，各个组分便按分子从大到小的顺序依次流出，从而达到了分离的目的。

离子交换树脂是由交联结构的高分子骨架与能离解的基团两个基本组分所构成的不溶性、多孔的、固体高分子电解质，它能在液相中与带相同电荷的离子进行交换反应，此交换反应是可逆的，即可用适当的电解质冲洗，使树脂恢复原有状态，可供再次利用（再生）。

按交换基团性质的不同，离子交换树脂可分为阳离子交换树脂和阴离子交换树脂两类。

阳离子交换树脂大都含有磺酸基（—SO_3H）、羧基（—COOH）或苯酚基（—C_6H_4OH）等酸性基团，其中的氢离子能与溶液中的金属离子或其他阳离子进行交换。例如苯乙烯和二乙烯苯的高聚物经磺化处理得到强酸性阳离子交换树脂，其结构式可简单表示为 R—SO_3H，式中 R 代表树脂母体，其交换原理为：

$$2R—SO_3H + Ca^{2+} \rightarrow (R—SO_3)_2Ca + 2H^+$$

阴离子交换树脂含有季胺基［—N(CH_3)$_3$OH］、胺基（—NH_2）或亚胺基（—NH_2）等碱性基团。它们在水中能生成 OH^-，可与各种阴离子起交换作用，其交换原理为：

$$R-N(CH_3)_3OH + Cl^- R \rightarrow N(CH_3)_3Cl + OH^-$$

由于离子交换作用是可逆的，因此用过的离子交换树脂一般用适当浓度的无机酸或碱进行洗涤，可恢复到原状态而重复使用，这一过程称为再生。阳离子交换树脂可用稀盐酸、稀硫酸等溶液淋洗；阴离子交换树脂可用氢氧化钠等

溶液处理,进行再生。

离子交换树脂的用途很广,主要用于分离和提纯。

项目五 浓缩设备

浓缩(concentration)是从低浓度的溶液除去水或溶剂变为高浓度的溶液。生化产品制备工艺中往往在提取后和结晶前进行浓缩。加热和减压蒸发是最常用的方法,一些分离提纯方法也能起浓缩作用。例如,离子交换法与吸附法使稀溶液通过离子交换柱或吸附柱,溶质被吸附以后,再用少量洗脱液洗脱、分部收集,能够使所需物质的浓度提高几倍以至几十倍。超滤法利用半透膜能够截留大分子的性质,很适于浓缩生物大分子。此外,加沉淀剂、溶剂萃取、亲和层析等方法也能达到浓缩目的。本项目重点介绍蒸发浓缩和使用反渗透膜浓缩。

一、蒸发浓缩器

蒸发是溶液表面的水或溶剂分子获得的动能超过溶液内分子间的吸引力以后,脱离液面进入空间的过程。可以借助蒸发从溶液中除去水或溶剂使溶液被浓缩。

蒸发浓缩按蒸汽压力大小分为常压蒸发和减压蒸发两种类型。常压蒸发方法简单,但仅适于浓缩耐热物质及回收溶剂,对于茶汤及其有效成分的保留则不适宜使用常压蒸发。生产上多使用减压蒸发,即真空浓缩。

减压蒸发或真空浓缩是在负压下,以较低温度浓缩。其特点是:①料液沸点低,浓缩速度快;②能用低压蒸汽为热源;③利于保持食品营养成分;④能耗小。因此适合于茶叶深加工产品的浓缩。但也存在真空系统投资大、功耗大、沸点降低、蒸发潜热增大等问题。

蒸发浓缩按蒸汽的利用次数分为单效浓缩设备(蒸汽利用一次)、双效浓缩设备(蒸汽利用二次,即第一效浓缩器产生的蒸汽对第二效浓缩器加热)、多效浓缩设备(蒸汽利用三次或三次以上)。图5-33为单效和三效浓缩器。

蒸发浓缩按料液流程分循环式与单程式。循环式蒸发器的特点是溶液在蒸发器中循环流动,可以提高传热效果。由引起溶液循环运动原因的不同,分为自然循环式和强制循环式。自然循环是由于受热程度不同产生密度差异而引起的,强制循环是由外加机械力迫使溶液沿一定的方向流动。

蒸发浓缩按加热器结构分为中央循环管式浓缩器、加热式浓缩器、升膜式浓缩器、降膜式浓缩器、片式浓缩器及外刮板式浓缩器等类型。

(a) 三效真空节能浓缩器　　　　　(b) 单效真空浓缩器

图 5-33　常用的蒸发浓缩设备

1. 循环式蒸发器

循环式蒸发器的基本特点是，在这类蒸发器中，溶液每经加热管一次，水的相对蒸发量均较小，达不到规定的浓缩要求，需要多次循环，所以在这类蒸发器中存液量大，溶液在器中停留时间长，器内各处溶液的浓度变化较小。

目前常用的循环型蒸发器有以下几种。

(1) 中央循环管式浓缩器　中央循环管蒸发器是工业上早期最常应用的蒸发器，因而又被称作标准式蒸发器。中央循环管式蒸发器如图 5-34 所示，上部为分离室，下部为加热室，加热室由直立的沸腾管束组成。在管束中间有二根直径较大的管子，称为中央循环管。由于中央循环管的截面积较大，单位体积溶液所占有的传热面积相应地较沸腾管中溶液所占有的传热面积为小，因此在加热时，中央循环管和沸腾管中溶液受热程度不同，沸腾管中的液体受热产生蒸汽，蒸汽上升产生抽吸作用，形成溶液由中央循环管下降、而由沸腾管上升的不断循环流动，使蒸发器的传热系数提高了，从而达到浓缩的目的。

这种蒸发器的加热器体由沸腾加热管及中央循环管和上下管板组成。中央循环管的截面积，一般为加热管束总截面积的 40%~100%，沸腾加热管多采用 $\phi25 \sim \phi75$mm 的管子，长度一般为 0.6~2.0m，材料为不锈钢或其他耐腐蚀的材料。

中央循环管与加热管一般采用胀管法或焊接法固定在上下管板上，从而构成一组竖式加热管束。料液在管内流动，而加热蒸汽在管束之间流

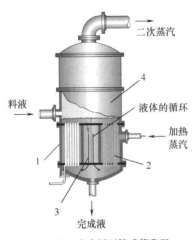

图 5-34　中央循环管式蒸发器

1—外壳　2—加热室　3—中央循环管　4—蒸发室

动。为了提高传热效果，在管间可增设若干挡板，或抽去几排加热管，形成蒸汽通道，同时，配合不凝性气体排出管的合理分布，有利于加热蒸汽均匀分布，从而提高传热及冷凝效果。加热器体外侧设有不疑性气体排出管、加热蒸汽管、冷凝水排出管等。

这种类型蒸发器的优点是：构造简单，操作可靠，传热效果较好，投资费用较少。但存在清洗和检修较麻烦，溶液的循环速度较低，影响了传热效果等缺点，目前在食品行业应用较少。

（2）悬筐式蒸发器 悬筐式蒸发器的结构如图 5-35 所示。因其加热室为筐形，悬挂在蒸发室壳体内下部，故名为悬筐式。该蒸发器内的液体也是自然循环，与中央循环管式不同的是，液体下降是沿加热室与蒸发器外壳间的环形通道。因环形通道截面相对更大，为沸腾管总截面积的 1~1.5 倍，且只有内环面受热，因而其内液体与沸腾管内液体密度差更大，液体循环速度更大，为 1~1.5m/s。

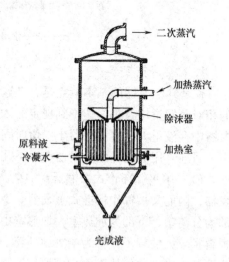

图 5-35 悬筐式蒸发器

另外，悬筐式加热室可由蒸发器顶部取出，便于清洗、检修，其缺点是结构较为复杂。

（3）外加热式蒸发器 现代蒸发器发展的一个特点是将加热室与分离室分开。图 5-36 和图 5-37 就属于此类外加热式蒸发器。它们由加热器、分离器和循环管三部分组成。将蒸发器的加热部分和分离部分在结构上分开有一系列优点。首先，可通过加热器和分离器间的距离调节循环速度，使料液在加热管顶端之上沸腾，整个加热管只用于加热。这就避免在管内析出晶体造成堵塞。其次，分离器独立可改善汽液分离的条件。另外，可使几个加热器共用一个分离器，可轮换使用，操作灵活。

外加热式蒸发器可分为自然循环型和强制循环型两种。

自然循环型如图 5-36 所示，它的下降循环管连接分离室和下降室，管内液体不受热，改善了循环条件。一般自然循环型蒸发器的循环速度为 1m/s，这类设备应用灵活、广泛，常用于茶汁、果汁、牛奶和肉浸出汁等热敏性料液的浓缩。

强制循环型如图 5-37 所示。强制循环就是依靠外加的动力用泵使蒸发器内的液体沿一定方向循环，循环的速度较高（可达 1.5~3.5m/s），因此，传热效率与设备生产能力均较高。原料液由泵自下而上打入，沿加热室的管内自下而上流动。蒸汽与液滴混合物在蒸发室（分离器）内分开，蒸汽由上部排出，液体沿下降管下降到泵的入口，再由泵打入加热室。新加入的原料液由泵的出口上部加入。

这种蒸发器的主要缺点是消耗动力较大。

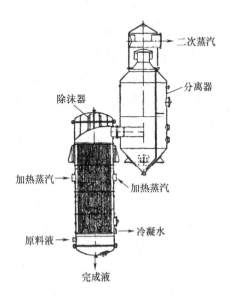

图 5-36 外加热式自然循环蒸发器

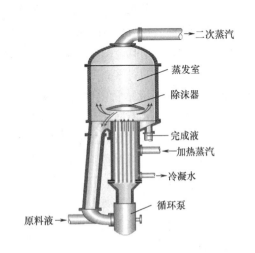

图 5-37 外加热式强制循环蒸发器

2. 非循环型蒸发器

循环型蒸发器因料液在器内反复循环，因而停留时间较长。非循环型蒸发器的特点是，溶液通过加热时一次即达到所需的浓度，且溶液沿加热管壁呈膜状流动而进行传热和蒸发。其优点是：传热效率高，蒸发速度快，溶液在蒸发器内停留时间短，特别适用于热敏性料液的蒸发。这类蒸发器加热室中液体多呈膜状流动，因此又通称为膜式蒸发器。

根据蒸发器内物料的流动方向及成膜原因可分为下列类型。

（1）升膜式蒸发器　结构如图 5-38 所示。料液由加热管底部进入，加热蒸汽在管外将热量传给管内料液。管内料液的加热与蒸发分三部

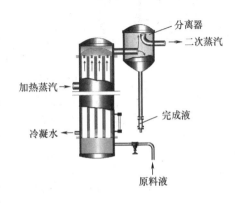

图 5-38 升膜式蒸发器

分：①最低部——管内完全充满料液，热量主要依靠对流传递；②中间部——开始产生蒸汽泡，使料液产生上升力；③最高部——由于膨胀的二次蒸发而产生强的上升力，料液成薄膜状在管内上行，在管顶部呈喷雾状，以较高速度进入汽液分离器，在离心力作用下与二次蒸汽分离，二次蒸汽从分离器顶部排除。浓缩液一部分通过下导管到底部再加热蒸发，达到浓度的浓缩液从分离器底部放出。

升膜式蒸发器一般为单流型，即进料经一次浓缩就可达到成品浓度而排出。升膜式蒸发器管内的静液面较低，因而由静压头而产生的沸点升高很小；蒸发时间短，仅几秒到十余秒，适用于热敏性溶液的浓缩；高速的二次蒸汽（常压时为 20~30m/s，减压时 80~200m/s）具有良好的破沫作用，故尤其适用于易起泡沫的料液；二次蒸汽在管内高速螺旋式上升（其流速一般不得小于 10m/s），将料液贴管内壁拉成薄膜状，薄膜料液的上升必须克服其重力与管壁的摩擦阻力，故不适用黏度较大的溶液。在食品工业中主要用于果汁及乳制品的浓缩，一般组成双效或多效流程使用。

加热管一般用直径为 30~55mm 的管子，其长径比为 100~300，一般长管式的管长为 6~8m，短管式的 3~4m。长管式加热器结构比较复杂，壳体应考虑热应力对结构的影响，需采用浮头管板或在加热器壳体上加膨胀节。有时可采用套管办法来缩短管长。升膜式蒸发器适用于蒸发量大、热敏性及易生成泡沫的溶液，不适用于高黏度、易结晶或结垢的物料。底部物料停留时间长。

（2）降膜式蒸发器 降膜式蒸发器结构如图 5-39 所示。降膜式蒸发器与升膜式蒸发器的区别是，原料液由加热室的顶部加入，在重力作用下沿管壁内呈膜状下降，下降过程中增浓；汽、液混合物至底部进入分离器，完成液由分离器底部排出，在每根加热管的顶部必须装置降膜分布器，使液膜流动均匀，防止局部过热和焦壁。降膜分布器的结构有多种，如图 5-40 所示。

①锯齿式：这是将加热管的上方管口周边切成锯齿形，以增加液体的溢流周边。当液面稍高于管口时，

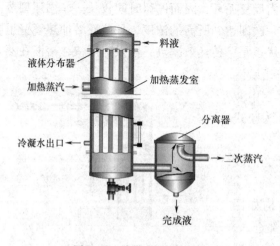

图 5-39 降膜式蒸发器结构

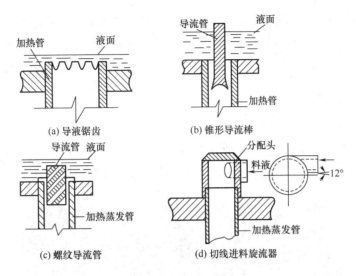

图 5-40 降膜分布器的结构

则可以沿周边均匀地溢流而下。由于加热管管口高度一致，溢流周边较大，致使各管子间和其各向溢流量较均匀。当液位稍有变化时，不致引起很大的溢流差别。但当液位变化较大时，料液的分布还是不够均匀。

②锥形棒导流式：在每根加热管的上端管口插入一根圆锥形的导流棒，此圆锥体底部内凹，以免锥体表面流下的液体再向中央聚集；棒底与管壁有一定的均匀间距，液体在均匀环形间隙中沉入加热管内壁，形成薄膜。这样，液体在流下时的通道不变，分布较均匀，但流量受液面高度变化影响，且当料液中有较大颗粒时会造成堵塞。

③旋液导流式：使液体沿管壁周边旋转向下，可减少管内各向物料的不均匀性，同时又可增加流速，减薄加热表面的边界层，降低热阻，提高传热系数。使液体旋转进入加热管的方法有以下两个。

a. 螺纹导流管。它在各加热管口插入刻有螺旋形沟槽的导流管，当液体沿沟槽下沉时，则使液体形成一个旋转的运动方向。沟槽大小应根据料液的性质而定，若沟槽太小，阻力增加，易造成堵塞。

b. 切线进料旋流器。旋流器插放在各加热管口上方，液体以切线方向进入形成旋流，但要注意各切线进口的均匀分布，否则会互相影响造成进料不均匀。

因降膜式蒸发器不存在静液层效应，物料沸点均匀，传热系数高，停留时间短，故在食品工业上应用最为广泛，例如牛奶、茶汁、果汁等浓缩。

在上述蒸发浓缩设备中，膜式和外热强制循环式蒸发器因处理量大，蒸发速率高，浓缩比高，适合于茶多酚生产的浓缩蒸发作业。一般情况下，浓缩过程中采用真空浓缩，温度以控制在60℃以下较好。浓缩后的产品浓度以15%~25%较为适宜。此外，除了蒸发设备外，还需蒸发辅助设备，如除沫器、冷凝器、输水器、真空泵等；同时为了降低生产成本和减少环境污染，还需配套配制溶剂回收设备。

二、反渗透膜、纳滤膜浓缩

反渗透浓缩原理详见水处理设备相关内容，反渗透设备如图5-41所示。常用于茶叶深加工中的反渗透膜有二醋酸纤维膜、芳香族聚酰胺膜等。

图5-41 工业反渗透膜组件

纳滤分离是一种介于反渗透和超滤之间的压力驱动膜分离过程，纳滤膜的孔径范围在几个纳米左右。纳滤分离作为一项新型的膜分离技术，技术原理近似机械筛分，但是纳滤膜本体带有电荷性，因此它在很低压力下仍具有较高的脱盐性能。

与真空浓缩相比，纳滤、反渗透等膜法具有浓缩温度低、耗能小、可提高产品的冷溶性与纯度等的优点。由于绿茶水在高温条件下极易褐变，并且带有不愉快的熟汤味，而反渗透膜低温浓缩绿茶汁对物理护色，减弱熟汤味有明显的效果。但纳滤膜与反渗透膜大多为有机膜，只适用于以水或酒精作为溶剂的茶叶料液体系的浓缩，因此目前仅在速溶茶的浓缩工艺中广泛应用。

肖文军等以多种茶叶深加工料液为原料，系统研究了300Da纳滤、200Da纳滤、反渗透、真空蒸发等浓缩方法对不同制品的浓缩效应。对茶汤浓缩效果见表5-16。

表 5-16 不同浓缩方法的比较

浓缩方法	300Da 纳滤	200Da 纳滤	反渗透	真空浓缩
料液重/kg	500	500	500	500
温度/℃	32	32	32	60
时间/h	2.51	2.83	3.48	9.33
操作压力/MPa	2.40	2.40	3.00	0.30
浓缩倍数	14.22	13.85	13.54	14.91
固形物损失率/%	1.14	0.88	0.67	1.54
能源消耗/kW	8.91	10.05	12.35	35.39
产品冷溶性/(0.45g/140mL)	20s 内溶解，透亮	20s 内溶解，透亮	20s 内溶解，透亮	1min 内不溶解，浑浊

张远志等在速溶茶工业化生产中采用反渗透膜浓缩，并对浓缩效果进行了研究。选用了耐压不低于 3MPa 的芳香族聚酰胺的卷式复合膜，用 8 件 8 寸反渗透膜构成一组。在温度为 15~18℃的绿茶汁在浓缩过程中，由于在闭路中循环，绿茶汁温度逐渐上升，因此在设备中配有换热器，将茶汁温度降低，以减弱茶水的热效应。浓缩结束时，温度控制在不高于 23℃，即温升控制在不高于 5℃。经过 3 次试验结果表明，开机压力从 1.08MPa 逐渐升高到 2.5MPa 时，经过 165min 浓缩，可以将超滤后得到的 8500kg 浓度为 1.5% 左右的澄清绿茶液，浓缩到 600kg 浓度约为 20.5% 左右的浓缩液，符合直接喷雾干燥的要求。

但是，对目前加工儿茶素、茶黄素、茶氨酸时采用的乙酸乙酯、氨水等有机溶剂则不适用，这是纳滤浓缩、反渗透浓缩的局限性所在。

由于浓差极化使某些溶质在膜表面或膜孔内吸附、沉积造成膜孔径变小或堵塞，因此必须采取一定的清洗方法，使膜表面或膜孔内污染物去除，达到透水量恢复，延长膜寿命。覆盖在膜表面的黏性物质，主要是茶多酚与咖啡碱络合而形成的茶乳、果胶类物质以及茶多酚与二价金属离子形成的沉淀。

针对以上的污染物特性，采用化学方法清洗：0.8% 碱液清洗 30min→碱泡 30min→清洗 30min→水正反冲洗 10min→0.4% 酸洗 30min→水正反冲洗 10min。

采取以上的化学清洗方法，通过 3 批浓缩液的检验，清洗效果良好，基本可恢复初始透水率。

项目六 灭菌设备

经提取、过滤净化的茶提取液和茶饮料加工都需进行灭菌。杀菌技术是茶叶深加工领域涉及的基本技术，目前，杀菌技术主要有超高温瞬时灭菌、杀菌锅灭菌以及除菌过滤器等。

一、超高温瞬时灭菌

浓缩茶汁生产和 PET 瓶装茶水必须先行灭菌，然后在无菌条件下进行罐装。考虑到茶水对热和空气颇为敏感，通常采用板式和套管式超高温瞬时灭菌设备。超高温（UHT）杀菌设备是板式换热器的一种，除了用在茶汁的灭菌以外，还广泛用于乳品、果汁的灭菌消毒上。其特点是传热效率高，结构紧凑，操作安全卫生，节约热能，适宜于处理热敏性食品，传热系数 K 值可达 3500～4000W/（m^2·K），$1m^3$ 体积可容纳 $200m^2$ 的传热面积，流体可被瞬间加热到 135～150℃，保持 2s，最后冷却到 4～5℃。

UHT 灭菌设备由固定板、传热板、橡胶垫圈、压紧板等组成（图 5-42），传热板被压紧后两板之间保持一定的空隙，板上的角孔形成通道，冷流体与热流体在传热板的两侧流动，进行热交换，松开螺杆时传热板可卸下清洗。传热板为含铬 18%、镍 11%、钼 2.7% 的不锈钢，板厚 0.8mm，板面压有横断面为梯形的波纹。

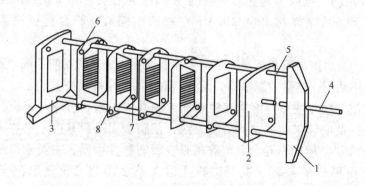

图 5-42　UHT 瞬时灭菌设备示意图
1—后支板　2—压紧板　3—固定架　4—压紧螺杆　5—导杆　6—上角孔　7—下角孔　8—传热板

杀菌器通常由三段组成：冷却段、热交换段和加热保温段，如图 5-43 所示。冷却段是冰水与热茶水之间进行热交换，热交换段是待杀菌的茶水与已经高温灭菌之间进行热交换，加热保温段是蒸汽与已经预热的茶水进行热交换。

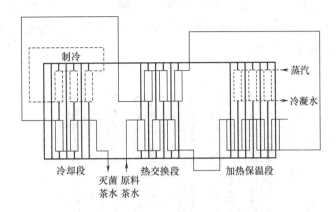

图 5-43　UHT 瞬时杀菌器传热板的三段组合方式

套管式超高温杀菌设备用同心套管代替板式的传热板，同心套管用 $\phi 32mm \times 3mm$ 及 $\phi 20mm \times 2mm$ 不锈钢管组成，盘成螺旋状。设备结构紧凑，占地面积小，生产能力大，每小时可加工 2000L，便于操作（图 5-44）。

二、高压卧式杀菌锅

玻璃瓶罐装茶水的灭菌采用卧式杀菌锅。卧式杀菌锅由锅体、锅门、小车、蒸汽管、安全阀、排水管、各种仪表组成（图 5-45）。锅体底部有小车进出的轨道，锅体口端有一凹槽，内嵌耐高温橡胶圈，锅门铰接于锅体上，门关闭后可锁紧密闭。CT7C5 型卧式杀菌锅有效容积 2300L，工作温度 121℃，蒸汽压力 9.8×10^4 Pa，灭菌 20min 可杀灭各种微生物，包括具有芽孢的细菌。

在加热灭菌过程中茶中的化学组成发生一定变化，儿茶素对高温和高的 pH 较不稳定，EC 异构化为 C，加热

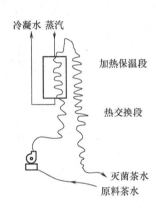

图 5-44　套管式杀菌设备

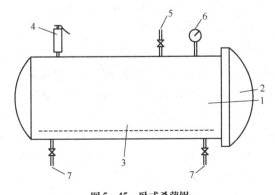

图 5-45　卧式杀菌锅
1—锅体　2—锅门　3—轨道　4—安全阀
5—蒸汽进口　6—压力表　7—排水管

时间越长，C 增加越多，咖啡碱却相当稳定（图 5-46）。EC 在 pH 小于 5 时异构化程度很低，pH 小于 6 时儿茶素参与褐变反应也很小，而在 pH6 以上，茶汤的褐变现象就显著增加了。

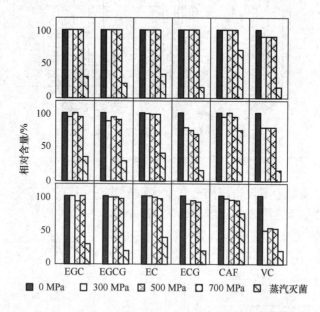

图 5-46 不同 pH 和加热时间对罐装绿茶水化学组成的影响

三、除菌过滤器

除菌过滤器主要是采用大比表面积，过滤精度为 $0.2\mu m$ 以上的微滤滤芯，主要用于防止空气中的杂质和有害细菌、微生物等进入罐体、生产线、无菌室等，引起水质、产品和无菌室环境的变化，满足食品、生化、饮料、啤酒、医药、电子等行业的工艺需要。

目前，用于过滤器的主要过滤材料大致有混合纤维素酯（常用来制成圆形的单片平板滤膜，用于液体和气体的精过滤）、聚丙烯（做成折叠式，常用于筒式过滤器，有较大的孔径，其具有亲水性，属粗过滤材料）、聚偏二氟乙烯（属精过滤材料，耐热和耐化学稳定，蒸汽灭菌承受性良好，可制成亲水性滤膜，较广泛应用于制药工业无菌制剂用水及注射用水的过滤）、聚醚砜（做成折叠式，常用于筒式过滤器，耐温耐水解性能好，亲水性材料，用于精度较高的溶液的精过滤）、尼龙（做成折叠式，常用于筒式过滤器，亲水性材料，常用作液体的精过滤）、聚四氟乙烯（做成折叠式，常用于筒式过滤器，疏水性材料，是使用相当广泛的一种材料，耐热耐化学稳定，常用于水、无机溶剂及空气的精过滤）。

尹军峰等采用孔径为 0.2μm 的 SFNC-12 型膜除菌设备，对茶饮料生产过程中的除菌效果进行了分析，详见表 5-17。

表 5-17　膜除菌设备的除菌效果

项目	提取茶汤/ (个/mL)	精滤后/ (个/mL)	膜除菌阀/ (个/500mL)	除菌后在线检测/ (个/10L)	灌装成品/ (个/5 瓶)	仓库成品/ (个/5 瓶)
细菌总数/CFU	多不可计	910915	01000	0	00000	00000
平均微生物数/CFU	多不可计	6.8	0.2	0	0	0
菌种类	霉菌为主	杆菌、球菌	杆菌	—	—	—
灭菌率/%	—	—	99.994	100	100	100

表 5-17 表明，提取的茶汤中微生物含量较高，每毫升茶汤中的微生物为多不可计，主要以霉菌为主，但经过精滤作业后，茶汤中的微生物含量大幅下降，平均含菌量为 6.8 个/mL，主要以杆菌和球菌为主。该精滤茶汤采用膜除菌设备处理后，茶汤基本达到无菌，其中膜除菌阀取样茶汤的灭菌率达到 99.994%，在线测定和成品样的灭菌率均达到 100%。这表明膜精滤可以显著降低微生物含量，提高除菌设备的除菌效果，在灭菌前茶汤微生物含量小于 6.8 个/mL 的前提下，采用 SFNC-12 型膜除菌设备可以达到商业无菌的目的。

同时，膜除菌技术对保持茶饮料感官风味品质和有效成分都具有较好的效果。上述研究表明，膜除菌设备对茶多酚的截留率为 2.7%，对氨基酸、咖啡碱的影响很小，膜除菌能最大限度保持茶饮料原有的色香味品质，特别是口感滋味有所提高，非常适合高品位纯茶饮料的加工。因此，膜除菌设备在茶饮料加工中具有较为广阔的应用前景。

项目七　干燥设备

干燥（drying）是将潮湿的固体、膏状物、浓缩液及液体中的水或溶剂除尽的过程。生化产品含水容易引起分解变性、影响质量。通过干燥可以提高产品的稳定性，使它符合规定的标准，便于分析、研究、应用和保存。

影响干燥的因素有以下几种。

①蒸发面积：蒸发面积大，有利于干燥，干燥效率与蒸发面积成正比。如果物料厚度增加，蒸发面积减小，难于干燥，由此而会引起温度升高使部分物料结块、发霉变质。

②干燥速度：干燥速度应适当控制。干燥时，首先是表面蒸发，然后内部

的水分子扩散至表面，继续蒸发。如果干燥速率过快，表面水分很快蒸发，就使得表面上形成的固体微粒互相紧密黏结，甚至成壳，妨碍内部水分扩散至表面。

③温度：升温能使蒸发速率加快，蒸发量加大，有利于干燥。对不耐热的生化产品，干燥温度不宜高，冷冻干燥最适宜。

④湿度：物料所处空间的相对湿度越低，越有利于干燥。相对湿度如果达到饱和，则蒸发停止，无法进行干燥。

⑤压力：蒸发速率与压力成反比，减压能有效地加快蒸发速率。减压蒸发是生化产品干燥的最好方法之一。

茶叶深加工过程中，往往是将一定浓度的液态产品干燥成固态产品，因此在设备上一般选用喷雾干燥和冷冻干燥。

一、喷雾干燥

喷雾干燥是将料液喷成雾滴分散于热气流中，使水分迅速蒸发而成为粉粒干燥制品。

喷雾干燥具有以下特点：①干燥速度快、时间短；②物料温度低，所受热破坏少；③干制品的溶解性好、分散性好；④产品质量容易控制，质量指标容易调节；⑤生产过程简单，操作控制方便，适于连续化生产。但也存在设备较复杂，一次投资较大，单位制品的耗热量大，热效率不高等问题。

喷雾干燥的效果取决于雾滴大小。雾滴直径为 $10\mu m$ 左右时，液体形成的液滴总面积可达 $600m^2/L$，表面积大，蒸发极快，干燥时间短（数秒至数十秒）。水分蒸发带走热量还能使液滴与周围的气温迅速降低。在常压下能干燥热敏物料，因此广泛用于制备粗酶制剂、抗菌素、活性干酵母、乳粉、速溶茶等。

1. 喷雾干燥原理

喷雾干燥，即通过机械作用，将需干燥的料液喷散为很细的、像雾一样的微粒（以增大水分蒸发面积，加速干燥过程），与热空气接触后，在瞬间将大部分水分除去，使料液中的固体物质干燥成粉末的一种操作。

喷雾干燥过程主要有四个阶段，即：①雾化阶段：料液经雾化器分散为微细液滴或料雾；②混合阶段：液滴或料雾与气流充分混合；③干燥阶段：液滴或料雾中水分蒸发而成粉末状制品；④分离阶段：使干燥的粉末状物料与气流分离。

上述四个阶段，可由若干个系统和装置完成。一般常把喷雾干燥装置分为如下四个系统：①空气加热、输送系统：包括空气过滤器、空气加热器和风机等；②料液供送、喷雾系统：包括高压泵或送料泵、喷雾器等；③气液接触干燥系统：主要是干燥室；④气体净化、制品分离系统：包括卸料器、粉末回收器和除尘器等。在这四个系统中，决定喷雾干燥器特性的主要是料液喷雾系统中的喷雾器和气液接触系统中的干燥室。

上述四个系统之间的关系如图5-47所示。

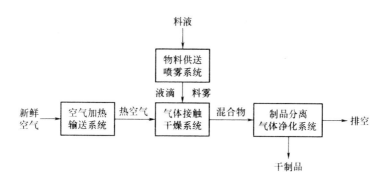

图5-47 喷雾干燥各系统之间的关系

2. 喷雾干燥设备结构

按液滴雾化的方式，喷雾干燥可分为以下三种。

（1）机械喷雾 用5~10MPa的高压泵将物料送进喷嘴，由喷嘴高速喷出均匀雾滴。喷嘴直径0.5~1.5mm，不适用于悬浮液。

（2）气流喷雾 利用压强0.15~0.5MPa的压缩空气，经气流喷雾器使液体喷成雾状，适用于各种料液。

（3）离心喷雾 将料液注入急速的水平旋转的喷洒盘上，借离心力使料液沿喷洒盘的沟道散布到盘的边缘，分散成雾滴。离心喷洒盘转速为4000~20000r/min。此法适用于各种料液。

目前主要使用的是离心式喷雾干燥机，如图5-48所示。离心式喷雾干燥设备的主要部分，由空气过滤器、送风机、加热器、旋风分离器、排风机及送料泵等组成。空气通过加热器转化为热空气进入干燥室顶部的热风分配器后均匀进入干燥室，并呈螺旋状转动，同时经泵将料液送至装置在干燥室顶部的离心雾化器，将料液喷成极小的雾状液滴，使雾状液滴和热空气并流接触，水分迅速蒸发成为干品。干品连续地由干燥塔底部和旋风分离器输出，废气由风机排出。

在速溶茶喷雾干燥时，为了使产品成为"中心空球状颗粒"，应先将茶浓缩液、泡沫稳定剂及惰性气体等，在连续式混合器中混合。茶浓缩液和惰性气体的体积，用流量计控制。泡沫稳定剂的用量为干品速溶茶的1%。

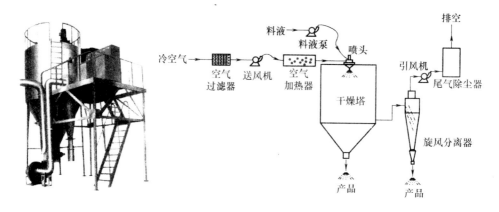

图 5-48　离心式喷雾干燥设备外观及原理图

二、冷冻干燥

冷冻干燥又称真空冷冻干燥、升华干燥、冷冻升华干燥及分子干燥等。它是一种特殊形式的物料干燥方法，可以达到在低温和缺氧条件下的干燥，有利于保持物料固有色、香、味和营养成分。因此，在茶叶深加工中多用于高档速溶茶的干燥。

冷冻干燥是较先进的干燥技术，干燥时温度低，物料处于高度缺氧状态，适宜于热敏和易氧化的物料的干燥，可以保留茶汤中固有的色、香、味和维生素等营养成分。同时，干制品可保持速溶茶原有的形状，其固体结构基本维持不变，多孔结构的干制品具有很好的速溶性和快速复水性，但干燥成本较高。

1. 冷冻干燥原理

冷冻干燥是先将物料冻结到冰点以下，使物料中的水分变为固态冰，然后在较高的真空度下，使固态冰不经液态而直接转化为水蒸气排除。其干燥的原理是依据水的相平衡关系。

水有三种存在状态，即固态、液态和气态，这三种状态在一定的条件下，可以达到平衡，称为相平衡。水的相平衡关系是分析和探讨冷冻干燥的基础。

水的相平衡关系见图 5-49。曲线 AB、AC、AD 把平面划分成三个区域，对应于水的三种状态。AC 划出了固态和液态的界线，称为溶解曲线；AD 划出了液态和气态的界线，称为汽化曲线；AB 划出了固态和气态的曲线，称为升华曲线。若水的温度和压力所对应点位在这些曲线上，说明水分正在发生两相之间的转化，两相可同时存在。

当压力高于 612.88Pa 时，从固态冰开始等压加热升温的结果，必然要经过液态，如图中 a、b、c、d 所示。但若压力低于 612.88Pa 时，固态冰等加热升温结果将直接转化为气态，如图中 e、f、g、h 所示，冷冻干燥的原理就基于

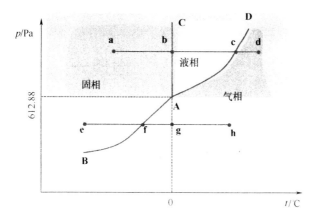

图 5-49 水的相平衡关系

此,因此冷冻干燥又被称为冷冻升华干燥。

2. 冷冻干燥设备

冷冻干燥设备主要由制冷系统、预冻系统、干燥室、冷凝真空系统和热源系统等组成（图 5-50）。物料通过制冷、预冻系统进行冻结,进入干燥室后再由冷凝、真空、热源系统缓慢气化蒸发完成干燥。

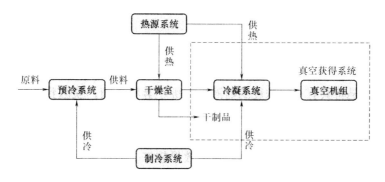

图 5-50 冷冻干燥系统示意图

以速溶茶的冷冻干燥为例,先将茶浓缩液在 -35℃ 下冻结,再在低于水相点压力下（609Pa）进行真空干燥,这时固态水直接气化蒸发。操作时真空度为 13～80Pa。干燥室温控制：①从 -35℃ 至 0℃,升温 3℃/h；②从 0℃ 升至 25～30℃,升温 5℃/h；③在 25～30℃ 条件下衡温 1～2h；全程历时 20～24h。

冷冻干燥后的制品为疏松的鳞片状,稍加粉碎,呈粉末状即可,含水量低于 3%。

模块六　茶园管理机械

目前，我国茶园管理仍以手工操作为主。近些年来，随着农业生产向深度和广度发展，在有关科研与生产单位的共同努力下，茶园管理机械由点到面，在试验改进中逐步完善和推广，同时积极引进国外的先进技术，因地制宜地逐步解决我国茶园机械化问题。本模块介绍生产中已采用的茶园植保机械、茶园灌溉机械、茶园耕作机械和茶叶采剪机械等主要几种。

项目一　茶园植保机械

常用的植保机械有喷雾机、弥雾机、烟雾机及喷粉机等，用来防治茶树的病虫害。

喷雾机是将具有一定浓度的药液形成细小雾状液滴，喷洒到茶树上，以防治病虫害的机械。

喷雾法是有较好的附着性能，受风的影响较小，所需的农药是喷洒法的 $1/6 \sim 1/4$，能较长久地维持药效，防治效果较好。但用水量较大，因此在缺水地区和山地林区应用会受到一定限制。

一、工农-36型喷雾机

工农-36型喷雾机是一种半机动农业药械，其使用量较大、效率高，具有质量较轻、移动方便、结构简单、喷射压力高、射程远、工效高等优点。但这种机具零件多，加工精度高，因而制造成本也高。

该机配用汽油机（165F型），通过V带传动，带动三缸活塞泵工作。

1. 主要参数

（1）喷枪　喷枪采用22型，喷射压力 $1.5 \sim 2.5$ MPa，喷雾量约 30L/min，最大射程可达 15m。

(2) 液压泵　采用 36 型三缸活塞泵，转速 700~800r/min，流量 36~40L/min，吸水高度约 5m。

(3) 该机总质量 42kg。

2. 结构及工作原理

工农-36 型喷雾机的基本结构及工作原理如图 6-1 所示。

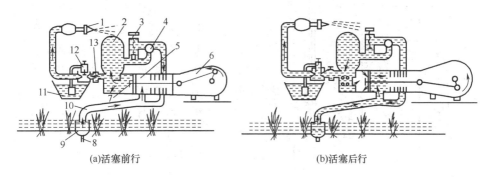

(a) 活塞前行　　　　　　　　　　　　(b) 活塞后行

图 6-1　36 型喷雾机工作原理

1—喷枪　2—空气室　3—调压阀　4—压力表　5—平阀　6—活塞泵　7—出水阀　8—吸水滤网插杆　9—吸水滤网　10—吸水管　11—母液　12—混药器　13—截止阀

该机由三缸活塞泵、空气室、调压阀、压力表、混药器、喷枪和阀件等组成，三缸活塞泵包括泵体、曲轴、连杆、活塞、活塞平阀及出水阀等部分。

当活塞杆向前运动时，平阀将套在活塞杆上的活塞压紧，使吸水孔道活塞关闭，并推动活塞前行，造成活塞后部局部真空。水在大气压力的作用下，经滤网和吸水管吸入活塞后部的泵筒内。当活塞向后移动时，平阀开启，使后部泵筒内的水通过活塞上的吸水孔道进入前部的泵筒内。当活塞再次前进时，吸水阀门又关闭，迫使活塞前部的水顶开阀门而进入空气室内。上述过程，重复进行，水就不断地进入空气室，使空气室内空气被压缩而产生压力。高压水经过截止阀到达射流混药器，由于高速液流通过射嘴喷出，使混药室内形成低压区，药桶内的药液被吸入混药室，然后，与水混合经喷雾胶管和喷枪形成雾状而喷出。当使用喷量低的经济型喷头时，则不用混药器，将吸水头拆除插杆后，直接放入已配好药液桶中进行工作。

二、工农-16 型喷雾机

工农-16 型背负式喷雾机是我国生产的喷雾器中产量最大、使用广的一种农业药械，现有手动和电动多种型号。该机药箱容积为 16L，多采用切向离心式喷头，喷雾量 0.6~1L/min，常用工作压力为 0.3~0.4MPa。该机的特点是构造简单，重量轻，使用方便，工作可靠，维修保养简单。

1. 构造

工农-16型喷雾器主要由液压泵、空气室、药液箱和喷射部件四部分组成（图6-2）。

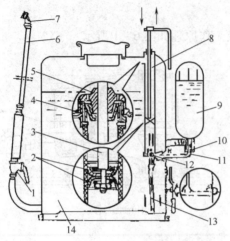

图6-2 手动工农-16型喷雾机

1—开关 2—皮碗 3—塞杆 4—毡圈 5—泵帽盖 6—喷管 7—喷头 8—泵筒 9—空气 10—出水阀 11—出水阀床 12—玻璃球 13—吸水管 14—药液箱

药液箱用以储存药液，由加水盖、液箱、背带等组成。

液压泵放在药液箱内，由泵筒、塞杆、皮碗、进水阀等组成。塞杆的一端装有皮碗、皮碗拖、螺帽等。这些零件装入泵筒内与泵筒配合；另一端与连杆连接。推动手柄时，连杆带动塞杆，使皮碗在泵筒内做上下往复运动，进行吸液和压液。进水阀由进水阀座、玻璃球、垫圈等组成。进水阀座上端与泵筒连接，下端与吸水管连接。

空气室位于药液箱上方或外侧，其底部与出水阀和出水阀接头相连，上部还标有水位线，工作时水位不能超过水位线。空气室的作用是稳定压力，保证药液均匀连续喷出。

喷射部件由胶管、直通开关、导管、喷管、喷头等组成。喷头是喷雾器的重要部件，由喷头体、垫圈、喷头片和喷头帽组成。切向离心式喷头结构，如图6-3所示。其雾化原理是：当高压药液进入喷头体的切向进液孔后，由于截面积减小，流速增加，药液则以较高的切向速度进入涡流室，产生强烈的旋转运动。高速旋转的药液从喷孔喷出后，在离心力的作用下向四周飞散，形成一个空心的雾锥体，雾锥体外围的液膜与空气相撞而形成细小的雾粒。

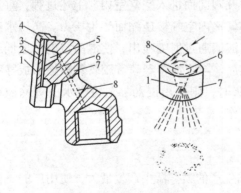

图6-3 切向离心式喷头

1—喷孔 2—喷孔片 3—密封垫 4—喷头帽 5—涡流室 6—喷头芯 7—喷头体 8—进液体

2. 工作原理

推动喷雾器手柄，通过连杆带动塞杆和皮碗，在泵筒内工作上下往复运动。当皮碗上行时,泵筒内皮碗下方的容积增大,压力减小,出水阀关闭。药液箱内药液冲开进水球阀,进入泵筒中。当皮碗下行时,进水阀关闭,泵筒内皮碗下方容积减小,压力增大,泵筒内的药液即冲开出水球阀,进入空气室。由于不断地推动手柄,塞杆和皮碗不断地上下移动,空气室内的药液不断增加,空气被压缩,从而产生压力。空气室内药液在压力作用下,流入喷头。药液通过喷头涡流室产生高速旋转,并从喷孔喷出。

三、超低量喷雾机

超低量喷雾机是一种不用水、工效高、防治效果好、作业成本低、操作方便的病虫害防治机械。如东方红-18型喷雾机,系由东方红-18型弥雾喷粉机主体部分和一个超低量喷头组合而成的。

1. 特点

利用机具本身风机所产生的高速气流,将喷头产生的雾点吹送出去,使喷头结构简化,同时将保证机具在无风条件下喷雾仍有较好的喷洒性能。

通过更换不同喷孔的超低量喷头,来改变雾滴直径大小或粒谱范围,以满足病虫防治的要求。

可用以弥雾、喷粉或超低量的喷雾,达到一机多用,提高了机具的经济性。

2. 工作原理

该机基本结构及工作原理如图6-4所示。汽油机启动后,由离心风机产生的高速气流经喷管到喷口,遇到分流锥,使气流从喷口呈环状喷出。喷出的高速气流喷到驱动叶轮上,使转盘组件高速旋转,同时由药箱经输液管、调节开关流入空心轴的药液,从空心轴上直径为1.5mm的小孔流出,进入前后齿盘之间的缝隙之中,在高速旋转的前、后齿盘的离心作用下,沿着前后齿盘外缘圆周上的齿尖抛出,破碎成细小的雾滴。小雾滴被喷口内喷出的气流吹向远处,借气流和重力等作用输送到茶树上。

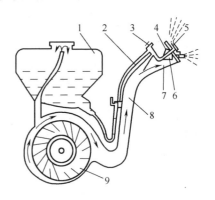

图6-4 东方红-18型超低量喷雾机
1—药箱 2—输液管 3—调节开关
4—空心轴 5—转盘组件 6—分流锥
7—喷口 8—喷管 9—风机

四、太阳能杀虫灯

太阳能杀虫灯是近几年发展起来的一种新型茶园杀虫设施。

现有对害虫的杀灭方式通常是采用

喷洒农药的方法,但这种方法带来的问题是农药的残留和对环境的污染。为此,也有采用灭虫灯的,利用光源引诱害虫就需要使用电力,目前大部分都是通过电源线连接交流电来给电灯供电达到光源除害的目的,不但铺设电缆的成本高,而且容易漏电。

目前利用太阳能发电是一种比较成熟的技术,对于小型的太阳能照明装置主要是通过太阳能电池板来发电供电。目前在农业或林业灭虫除害方面常利用光源来引诱害虫再进行捕杀,光源除害以其无公害和灭虫效果好而被大量的应用。

各种太阳能杀虫灯结构大同小异,由太阳能板、杀虫灯、蓄电池和控制器等部分组成(图6-5)。

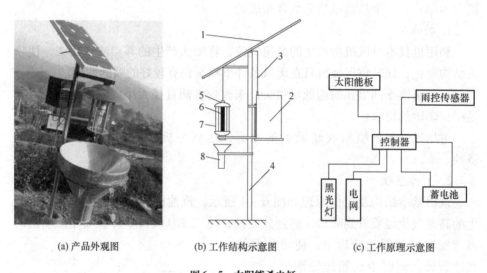

(a) 产品外观图　　(b) 工作结构示意图　　(c) 工作原理示意图

图6-5　太阳能杀虫灯
1—太阳能板　2—蓄电池及控制器箱　3—电源线　4—灯柱
5—杀虫灯罩　6—诱虫灯　7—电网　8—集虫机构

将诱虫灯(可根据情况选用黑光灯或LED照明灯)安装在灯柱上,其通过太阳能电池板在白天利用太阳能发电,将电能蓄到蓄电池内,当晚上时通过光能感应器感应到无光线时,感应器控制开关使蓄电池给诱虫灯供电,灯亮时吸引害虫飞向光源,当害虫碰上安装在灯外的高压电网即可被击晕或灭杀,下落于集虫装置中,从而达到消灭茶园害虫的目的。

五、茶园吸虫机

杀灭危害作物害虫的方法可以分为化学、生物、物理方法等。其中利用风力将茶园中的害虫吸走,就是一种物理方法。用于吸走害虫的设备为吸虫机,其结构类似于吸尘器。

吸虫机包括吸风机、汽油机、吸虫头、进风管、出风管、集虫网、安装架等部分。吸风机安置在安装架上,其进风管通过接管与吸虫头相连,其出风口与集虫网相连。

当发动机启动后,带动风机转动,使进风管内产生负压,导致气流经吸虫头两侧或中间的缝隙经连接管进入风机。工作时,借助背带将整机背在身后,手持手柄硬管将吸虫头下部靠近茶树上表的同时左右或前后摆动,使藏匿于植物中的害虫受到惊扰飞跳逃逸,从而从吸虫头裙腔内吸入风机,并排到出风口处的集虫网中。吸虫机具有绿色环保、机动性好、除虫效果显著等优点。

项目二　茶园灌溉机械

实践证明,在旱情较重的茶园,及时合理灌溉,有良好的增产效果。在丘陵坡地的茶园,以喷灌和滴灌为好。喷灌和滴灌设备都由喷头或滴头、管道系统、水泵和动力机组成。

一、水泵

水泵是一种把水从低处输送到高处或远处的机械,其类型很多,农业中常用的有离心泵、混流泵和轴流泵三种,其中自吸离心式水泵(简称离心泵)使用较普通。

如图6-6所示,当离心泵的叶轮在灌溉水的泵体内高速旋转时,在离心力的作用下,叶轮之间的水以很高的速度和压力从叶轮边缘抛向四周,沿图中箭头所示方向,向压力管流动。与此同时,叶轮中心部位形成一个低压区,它比大气压力低得多,在水源面大气压力作用下,水源中水经过滤网,冲开底阀,沿着吸水管被吸入泵内。只要叶轮不停地旋转,水就源源不断地从低处被抽到高处。

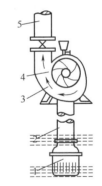

图6-6　离心泵工作原理
1—底阀　2—吸水管
3—泵壳　4—叶轮　5—压水管

二、喷灌和滴灌

茶园实行灌溉一般能提高产量10%~20%,茶叶品质也有所提高。因此,采用适宜的喷灌强度,可以防止水土和肥料的流失,土层不易板结,又能调节小区气候,使茶树生长得更好。茶园灌溉的主要形式有喷灌和滴灌两种。

1. 喷灌

喷灌就是利用专门的喷灌设备将有压力的水送到灌溉地段，并喷射到空中散成细小的水滴，均匀地散布在田间进行灌溉。

茶园中的喷灌方法分为固定式、半固定式和移动式三种。

（1）固定式喷灌系统　一般使用水泵将水抽至茶园的顶部蓄水池中，然后用增压泵增压进入管道系统。所有的管道系统按一定的排列布置，埋入地下或加以固定，喷头的间距应以喷程距离来配置。

（2）半固定式喷灌系统　喷灌系统中的一部分管道采用塑料管或帆布管，在使用时临时加长距离，安装后进行喷灌。

（3）移动式喷灌系统　是由动力、水泵、水管和喷头组成。动力用电动机或小型柴油机，喷头是喷灌系统的主要部件，由喷头体、稳流器、喷头嘴、摇臂、换向机构、进水接头和机架等组成。

2. 滴灌

滴灌是近代发展起来的一种新的灌溉技术。其原理是在一定的水压作用下，使水源的水通过一系列的管道系统通入茶树行间，最后由滴水头向茶树根部附近的土壤缓慢地滴水，使土壤水分保持在有利于茶树生长的条件，以达到增产的目的。这种灌溉方法，具有省水、省工、增产等优点，灌溉效率高，不会造成水、土、肥的流失。

滴灌系统由水源和滴灌设备组成。滴灌设备由首部枢纽、管道系统和滴头三大部分组成（图6-7）。

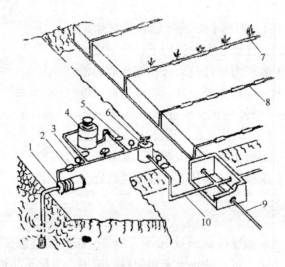

图6-7　滴灌系统的组成

1—水泵　2—流量表　3—压力表　4—化肥罐　5—闸阀
6—过滤器　7—滴头　8—毛管　9—支管　10—干管

(1) 首部枢纽　首部枢纽由水泵、化肥罐、过滤器、流量表、压力表和闸阀等组成。

(2) 管道系统　管道系统由干管、支管和毛管组成。管道采用塑料管，可以防止锈蚀，阻塞滴头。干管常用塑料硬管；支管用塑料软管；毛管用10mm加炭黑软管，以免水生植物在管内生长而阻塞。

(3) 滴头　滴头一般采用双层塑料管。内层水压较高，使其流入外管时，利用水流通过微小的孔口时产生涡流以及水流通过微小流道时产生的摩擦阻力，使其具有一定压力的水流，因消耗能量而降低了压力，使水以极为缓慢的速度滴润土壤，并向四周和深层扩散。滴头间距约为1m。

项目三　茶园耕作机械

一、茶园耕作机械

茶园耕作是茶树田间管理的一项重要工作，费工多、劳动强度大。茶树生长的好坏、产量的高低，与土壤的物理性状紧密相关，而物理性状又与耕作管理有关。

我国茶园耕作机械起步较迟，机型很少，常见的有旋耕机、中耕机和深耕机等。

1. 旋耕机

旋耕机是一种动力驱动的耕作机具，用于茶园的浅耕作业。其优点是碎土能力强，耕后表土细碎而平整，土壤和肥料混合好。由于这种旋耕机可以同时进行耕耙作业，因此，减少了耕、整地作业次数，能减少机械对茶树的损伤。

2. 中耕除草机

茶园中耕除草是茶园管理的重要作业之一，其作用在于疏松土壤和消灭杂草，使茶园土壤保持良好的通透性，以利于吸收水分和减少蒸发，避免杂草繁生与茶树争夺养料和水分，完成上述作业的机具一般称为中耕机。应用于茶园的中耕除草机主要有锄铲式和旋转刀式两种。

(1) 锄铲式中耕机　它是茶园、蔬菜和部分矮干园林中通用的一种中耕机。一般由工作部件（除草、松土和培土部件）、仿形机构、机架、机轮、牵引或悬挂装置等组成。中耕机工作部件的选用及其在机架上的安装位置，应由每次的作业目的来决定。

(2) 旋转刀式中耕机　旋转刀式中耕机配套动力为东风-4型手扶拖拉机，它体积小，重量轻，其工作部件由12把螺旋刀和一个双翼铲组成（图6-8）。

螺旋刀焊合在两个特制的驱动轮上，轮缘宽度为370mm，两轮间的空隙由

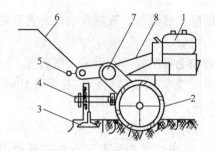

图 6-8 旋转刀式中耕机
1—发动机 2—旋转刀焊合件 3—双翼铲
4—双翼铲固定架 5—变速杆
6—手把 7—变速器 8—V 带

双翼除草铲补充工作。当拖拉机带动驱动轮旋转前进时，螺旋刀与土壤之间产生相对滑动，从而能切削土壤及其中的杂草，达到除草松土的目的。这种中耕机比较适合于幼龄茶园的中耕除草作业。

3. 深耕机

茶园深耕是茶园耕作作业中不可缺少的。过去都是人工翻挖，不仅劳动强度大，费工，而且工效很低。特别是成年茶园，茶树封行以后，操作十分不便。采用 C-12 型茶园拖拉机作动力配套的深耕机，可以完成坡度在 15°以下的茶园深耕作业。它由动力机（C-12 型茶园拖拉机）、传动部件、悬挂装置、机架和工作部件等组成。其工作部件是由三只两齿深耕器组成，齿长约 30cm。为了减轻动力机的载荷，三只深耕器安装在不同的平面上，两边的两只安装在同一平面上，中间的一只安装在另一个平面上。工作时，传动轴的圆周运动变成了深耕器的切线往复运动来进行翻耕。

二、茶园中耕施肥机

在茶园耕作过程中，常将耕深在 15cm 以内的耕作称之为中耕，而茶园中的耕作管理又往往是将中耕、除草、施肥等作业同时进行。所以，在茶园耕作管理机具的开发设计上，也常常要求一台作业机具能够同时承担这几项作业。

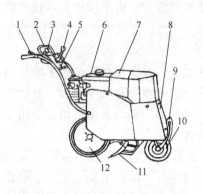

图 6-9 ZGJ-150 型茶园中耕施肥机
1—油门开关 2—扶手 3—行走离合器手柄
4—工作离合器手柄 5—施肥开关 6—柴油机
7—储肥斗 8—罩壳 9—前挡架 10—导向轮
11—工作齿 12—行走轮

茶园的中耕、除草、施肥等作业，工作量大，劳动繁重，加上茶行中枝条阻碍，作业条件复杂，人工进行，十分费时费力。近些年来，随着我国经济建设的迅速发展，农村劳动力日趋紧张，茶叶生产上对茶园耕作管理机械化的要求也日益迫切。因此，我国各地茶区都十分重视茶园中耕施肥机具的引进、开发和应用，其中以浙江省新昌县石化高压紧固件厂开发生产的 ZGJ-150 茶园中耕施肥机较为成熟。

该机外形与结构示见图 6-9，其主要技术指标如表 6-1 所示。

表6-1 ZGJ-150型中耕施肥机技术指标

项目	参数	项目	参数
形式	手扶自走式	动力	一台2.2kW的F165型柴油机
作业行走速度	0.5m/s	轮距	37~42cm
作业种类	中耕、施肥、喷灌等	中耕幅宽	35~55cm
中耕部件形式	齿形锹，2把	中耕耕深	13~15cm
施肥形式	化肥撒施	喷灌泵型号	一只340BP2-18型自吸泵
离合器形式	手拉齿嵌式（行走和工作分置）	外形尺寸（长×宽×高）	150cm×42cm×100cm
机器重量	120kg		

该机使用一台F165型柴油机为动力，这种柴油机在我国农村使用广泛、通用性好、功率大，与国外机型使用小型汽油机作动力相比，更适合中国国情。柴油机为风冷形式，适合山区茶园应用。

该机作业范围广泛，可承担中耕（中耕可同时除去杂草）、施肥、喷灌等作业，耕深可达13~15cm，比日本机型作业项目多。

中耕作业采用齿形锹作挖掘式耕作，有似于人工铁耙的挖掘，对茶树根系损伤少；翻起的土块大小适中，可使耕作层土壤有一定的空隙度，改善保水和透气性。若在中耕时结合施化肥，只要装上肥料斗即可，化肥撒施后，立即被翻耕入土，可避免肥料挥发损失，提高施肥效果，因而该机中耕施肥作业性能良好。

此外，机器结构紧凑，装有流线型防护罩，方便进入茶树行间作业，操作也较方便。同时，该机价格便宜，仅为日本同类机型的1/4。

项目四 茶叶采剪机械

一、采茶机

茶叶采摘是茶叶生产过程中花工最多的一项田间作业，茶叶采摘用工一般占全年管理用工50%以上。因此，采用机械采收茶叶具有明显的经济和社会效益。使用采茶机，不仅能提高工效，降低成本；适时采摘，保证品质；减少漏采，提高单产；并能提高劳动生产率，节约大批劳力以从事其他产业生产。

采茶机按结构、工作特点分为单人式和双人抬式。单人式特征代号为

"D"，双人台式特征代号为"S"，主参数为切割器切割幅宽，计量单位为 cm。

采茶机型号主要由类别代号、特征代号和主参数三部分组成，型号标记示例如下：

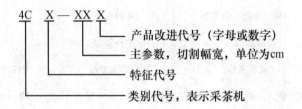

例如，割幅为 100cm、经过一次改进的双人台式采茶机表示为：4CS-100A。

目前，我国使用得最多的采茶机是 4CD-33 型单人采茶机和 4CS-100 型双人采茶机，均属于切割式采茶机。两者切割器工作原理相同，为双动刀片往复切割器（图 6-10）。其切割器主要参数比较如表 6-2 所示。

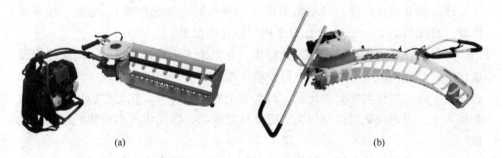

图 6-10 单人采茶机（a）和双人采茶机（b）

表 6-2 4CD-33 和 4CS-100 型采茶机参数比较

参数	4CD-33 型单人采茶机	4CS-100 型双人采茶机
齿距/mm	30	35
齿高/mm	30	30
切割角 α/（°）	13	13
刃角 γ/（°）	45	45
β 值（刀机速比）	1.33	1.33

4CS-100 型双人采茶机的切割器为弧形，割弧为 100cm，3CXS-1040 型双人修剪机与之配套。4CD-33 型单人采茶机为平行切割器。两种采茶机的刀

机速比（β 值）以 1.33 最佳，此时，当刀片往复频率为 1000 次/min 时，机器的推进速度为 0.5m/s。在采茶机上这两个参数的配合十分重要，它关系到机采鲜叶的质量、采后蓬面的整齐度以及漏采率等，所以必须严格控制刀机速比。

现将两种采茶机的结构分别介绍如下。

1. 单人采茶机

单人采茶机系背负动力、软轴传动、手提机头式作业机。它由背负动力、软轴组件、机头以及集叶袋四个部分组成。

（1）背负动力　由汽油机、背负架、减振垫和背带等部分组成。汽油机是日本产 33.5CC（G3KF）（808.5W，6000r/min），飞快摩擦式离合器输出，背负架由 6mm 圆钢弯制并镀铬；振垫用海绵与人造革制成，背负时贴附于操作者背上，以减轻劳动强度。

（2）软轴组件　由软轴和软管组成。软管是用来支承和固定软轴的，软轴两端用螺纹和半圆插头分别与机头减速器蜗杆和动力离合器输出从动轴连接，把动力由汽油机传给采茶机机头。

（3）采茶机机头　由减速箱、切割器、风机、机架及集叶袋等组成。减速箱为一级蜗杆涡轮传动，涡轮轴下端装有双偏心轮，通过两套连杆带动上下刀片作相对往复运动；在蜗杆一端（另一端与软轴连接）装有传动齿轮，经一级齿轮副和一级 V 带驱动全幅集叶风机。切割器是采茶机的关键工作部件，由上下刀片及压刃板组成，刀片用 T8 钢材经机械加工、热处理制成，具有韧性好，切割锋利。上下刀片用三只刀片螺钉与压刃板连接，刀片间隙（0.2mm）可以调整刀片螺钉螺母的松紧来确定。在压力板盖板上有三个加油孔，以机油润滑上下刀片，使它们处于半液体摩擦状态下工作，以减少磨损和功率消耗。风机为全幅风机，它产生一定风压的风量，及时集送切割器切割下的茶芽到集叶袋。全幅风机的特点是风量均匀、风力大，风机转速较低，振动小，集叶效果好。

（4）集叶袋　集叶袋是用轻、薄、耐磨的尼龙布纱网制成，长 3m，以保证有一定的容量，靠近采茶机附近的上方装有尼龙纱网，将集叶后的气流排入空气间。

2. 双人台式采茶机

该机结构较复杂，由汽油机、风机风管、减速机构、切割器、机架五部分组成。

（1）汽油机　4CS-100 型双人采茶机选用单缸风冷二行程汽油机，旋向与通用汽油机相反，顺时针旋转（从输出端看），这是为了驱动集叶风机的需要，功率 1102.5W、6000r/min，输出轴轴上直接装有风机叶轮。

（2）风机风管　风机由汽油机直接驱动，产生适量的风压和风量的气流，通过总风管均匀的分配各处支管，及时干净地收集切割器切割下的茶芽并送入集叶袋，风机的压力为 1863.3Pa，风量为 0.6m³/s 左右。

(3) 减速机构　它分为二级，第一级为 V 带传动，减速比为 2，主动带轮与风机轮连成一体，V 带传动装置有张紧轮，起离合器作用。第二级是闭式齿轮传动，一对圆柱齿轮，减速比为 2。

(4) 偏心轮箱体与切割器　动力经二级减速后传动偏心轴，经滑块（取代曲柄连杆机构的连杆）和框架（代替连杆销），将偏心轴的旋转运动变成了刀片往复运动，使切割器的上下刀片作相对往复运动。偏心轮轴上有两个偏心方向为 180°的偏心轮，偏心距 8.75mm，刀片厚 2mm 用 65Mn 钢制成。

(5) 机架　是安装汽油机、风机风管、减速机构和切割器的基础件，由左右拌板、压刃板、导叶板、助导板、纵横梁及主、副操作手板组成，在整个机架组件中，除压刃板是钢制外件，所有零件都由防锈铝、镁合金板和管材制成，重量轻，外形美观。偏心轮箱体和压刃板用螺钉固紧于左右拌板上，弧形刀片与刀片螺钉、弧形压刃板连接，刀片上开有长槽，可沿弧形压刃板作往复运动。刀片螺钉用锁止螺母固紧，可以调整刀片间隙和紧固。主、副两操作手柄用端面齿和偏心压块与机架纵梁连接，可依照茶园地形、行距、蓬面高低和操作手身材调节两手柄间距、高低，到最佳操作位置。机架主操作手一端手柄上装有两只控制汽油机油门和传动 V 带张紧轮的小手柄。一般是先加大油门，使汽油机加速到工作转速（4000~5000r/min）后，再使张紧轮压紧 V 带，切割机工作；反之工作停止。

(6) 集叶袋　集叶袋同单人采茶机材质一样，长 3m，靠近采茶机附近的上方装有尼龙纱网，以排气。

采茶机工作时，将集叶袋（有松紧带）挂于机架的挂钩上，袋口下部夹于导叶板与助导板之间，防止漏叶。导叶板的作用是使采摘下的茶芽能顺利进入集叶袋。助导板的作用是使整个采茶机滑行于已采过的蓬面上，控制采摘面高低和支承部分机器重量，以减轻操作者的劳动强度。

二、茶树修剪机械

茶叶采摘实行机采，就必须培育适合机采的树冠，因此，对茶树进行合理修剪是十分必要的。

修剪机按结构、工作特点分为单人手提式、双人平行（弧形）式和自走式。单人手提式不设特征代号，双人平行式特征代号为"P"，双人弧形式特征代号为"H"，自走式特征代号为"Z"。修剪机主参数为切割器切割幅宽，计量单位为 mm。

修剪机型号主要由类别代号、特征代号和主参数三部分组成，型号标记示例如下：

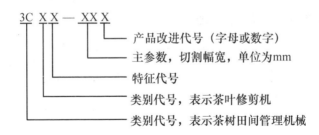

例如，割幅为1000mm、经过一次改进的双人弧形修剪机表示为：3CXH-1000A。

目前，我国使用得较普遍的修剪机械有3CX-750型单人修剪机、3CXH-1040型修剪机、3CXP-1040A型修剪机、3CXP-800型重修剪机和3CXP-1200型重修剪机五种（图6-11）。它们的共同点是切割器全部采用双动刀片往复切割原理，依靠上下刀片作相对往复运动来切割茶树枝条。切割器除3CXH-1040型双人弧形修剪机为弧形外，其余四种修剪机切割器为平形。

(a)　　　　　　　　　　　　(b)

图6-11　单人修剪机（a）和双人修剪机（b）

修剪机由汽油机、减速箱、切割器、机架和手柄组成。

1. 汽油机

采用单缸风冷二程汽油机，功率588~1249.5W，转速6500~6000r/min。飞块摩擦式离合器输出，利用油门控制切割器的工作与停止。当加大油门时，汽油机转速上升，离合器飞块因离心力与从动盘结合，将动力传递给减速箱，然后通过曲柄连杆机构驱动切割器工作；当关小油门时，汽油机转速下降，离合器飞块因弹簧拉力与从动盘分离，切割器停止工作。

2. 减速箱

修剪机的减速齿轮与双偏心轮设计在同一箱体内。在偏心轴上有偏心方向为180°的双偏心轮。它通过双曲柄连杆机构驱动上、下刀片作相对运动。

3. 切割器与机架

切割器是重修剪机的核心部件，它的质量关系到修剪机作业质量与机器使用寿命。五种机型茶树修剪机切割器主要参数见表6-3。

表6-3 茶树修剪机切割器主要参数

参数＼机型	3CX-750型单人修剪机	3CXP-1040A、3CXH-1040型双人修剪机	3CXP-800、3CXP-1200型重修剪机
齿距/mm	35	40	60
齿高/mm	32	22	40
切割角/(°)	9	9	11
刃角/(°)	45	45	34°30′
β值（刀机速比）	1.33	1.33	4

刀片用65Mn钢制成。机架是切割器的支承和固定装置，用钢板冲压成型后焊接而成。SX1040型双人弧形修剪机机架呈弧形，其余四种为平形。五种修剪机的手柄有三种不同的结构形式。

3CX-750型单人修剪机手柄结构简单，用两根直径为16mm防锈铝合金管弯制而成，依靠橡胶减振圈与汽油机和减速箱连接。

减振圈的目的是减少振动强度，但手柄无法调节，在修剪蓬面和修边作业时，操作者握于手柄的不同部位。3CXH-1040和3CXP-1040A型双人修剪机分有主、副两手柄，用直径22mm防锈铝合金管弯曲而成。它与机架连接是用端面齿结构调节与固紧十分方便，手柄处用海绵垫减振。

3CXP-800型和3CXP-1200型重修剪机有三只手柄。汽油机一端由于重量大，有两只手柄；另一端有一只。正常作业（修剪平地、缓坡地条播茶园）时，三只手柄呈丁字形，修剪外梯较窄、无法行走的梯形茶园时，一端的手柄调到机架下端。便于一操作者站于下一梯上工作；田间行走时，汽油机一端两只手柄合二为一，三只手柄呈一字形，便于田间羊肠小道的通行；运转装箱时，三只手柄贴附于机架，减少箱体体积。此外，两种重修剪机还附加两只拖轮，当修剪行间平整的平地和缓坡地茶园时，装上拖轮，可以适当减轻劳动强度。

在一些地势平缓的茶园，为了提高机采和修剪的效率，可采用乘用型自走式采茶机和修剪机（图6-12），以达到平整茶树蓬面，便于进一步修剪和采摘。也有在修剪机的基础上进行改进，用于茶园茶行边脚枝条修剪的茶园修边机（图6-13）。

图6-12 浙江川崎茶机公司KJ4乘用型采茶机　　图6-13 浙江川崎茶机公司自走式两面修边机

三、采茶机与修剪机的区别

1. 刀片材料

采茶机刀片一般采用T8钢材（碳素工具钢含碳量0.8%），修剪机刀片一般采用65Mn钢（合金结构钢含碳量0.65%，Mn的含量小于1.5%）。刀片切割角也不尽相同。采茶机不能代替修剪机，否则机具的刀片将会出现缺裂，机具的使用寿命将会大大降低。

2. 汽油机工作转速

采茶机工作转速一般为4000~5000r/min；修剪机工作转速一般为6000~6500r/min。

3. 有无风机

采茶机一般会有风机用于鲜叶的收集。

四、采茶机、修剪机的保养与维修

1. 刀片间隙的调整

采茶机和修剪机正常的刀片间隙为0.2~0.3mm。刀片经长期使用后，刀片磨损，间隙增大；或因机器振动，螺钉松动，也使间隙增大。刀片间隙过大，会严重影响机器的切割性能，剪切不利落，切口不平整，出现茎断皮不断、枝条倒挂或拉断、折断等现象。此时，必须重新调整刀片间隙。

调整方法是：拧紧固紧刀片螺钉，将刀片螺钉全部拧紧后，再往松的方向拧1/4~1/3圈；然后再拧紧螺母。启动汽油机，适当加大油门，使汽油机在工作转速下（4000r/min左右）运转10min，停机后用手测刀片压刃板螺钉处温度。此处温度应与手温相当或稍高于手温，表示间隙正常；若温度过高，或个别螺钉处温度太高，则表示间隙过小，应重新调整。

2. 刀片的修磨

刀片长时间工作后变钝，切割性能差，必须进行修磨。手工修磨方法有两种：其一是拆下减速器下盖，拧下所有螺钉，取出上下刀片，用油石（用前应浸入油中才能耐用）修磨；其二是不取下刀片，只是将上下刀片的刀齿错开。用油石修磨，修磨时尽可能不改变刀片的刃角。

3. 减速箱的保养

减速箱的润滑条件要求很高，按规定使用高温黄油，并按规定时间（50h 左右）定期更换。如用普通黄油代替，一般是每班加注 4~6mL，25h 左右清洗更换。

4. 双人采茶机风机风管的清洗

清除方法是取下风管末端的橡皮塞，然后启动汽油机将风管中杂物吹掉后，重新安装调整。

5. 田间维修

每天工作结束后，应清除机器上所有的沉积杂物和灰尘，刀片上积沉的茶汁应用清水清洗（注意切不可用汽油和刀刮），因茶汁溶解于水，较容易清除。清洗时不要让水进入减速箱或偏心轮箱，否则会使箱体内润滑油变质或改变刀片间隙。

五、采茶机与修剪机的选型与配套

1. 选型原则

采茶机、修剪机的选型必须考虑经济性、省力性和适用性这三个原则。从经济性和省力性看，最好选用双人抬的采、剪机械。因为双人抬机械的作业强度要小于单人背负机械，而且前者从工作效率、作业质量和作业成本等都优于后者。从适用性看，平地茶园适宜双人抬式机械，而坡度较大的茶园，则只能使用单人操作的小型采茶机和修剪机。而幼龄茶园适宜用平行采茶机和修剪机。

2. 配套方案

依据上述选型原则以及工作效率等技术参数，以规模为 400 亩茶园的茶场为例，制定采茶和修剪配套机械方案，供参考。

在采茶作业，平地茶园需要双人抬平形往复切割式采茶机 1 台，双人抬弧形往复切割式采茶机 5 台，而山地茶园则需单人背负往复切割式采茶机 22 台；在修剪作业，平地茶园需要双人抬平形修剪机 1 台，双人抬弧形修剪机 2 台，单人手提式修剪机 2 台，轮式或抬式重修剪机 2 台。山地茶园则需双人抬弧形修剪机 5 台，单人手提式修剪机 2 台，轮式或抬式重修剪机 2 台。实践证明本方案具有极好的投资效益。400 亩平地茶园机械购置费，一年可收回全部投资的 1.32 倍；400 亩坡地茶园的机械购置费，一年可收回全部投资

模块七　茶叶贮藏与包装机械

茶叶是一种质地疏松和多孔隙的商品，容易受周围环境因素影响，具有很强的吸湿和感染异味的特点。同时，茶叶从生产到消费，经过一个较长的贮藏、流通过程，如果贮藏和包装不当，在短期内就会发生质变，失去茶叶应有的风味，严重影响茶叶的饮用价值和商品价值。因此，了解茶叶的变质原因及其影响因素，充分发挥贮藏设备和包装机械的作用，对于提高茶叶商品价值是十分必要的。

项目一　茶叶的贮藏与保鲜

一、茶叶贮藏与品质的关系

茶叶在贮藏过程中品质的改变，主要是茶叶中所含化学成分变化的结果。显然，这种化学成分的变化，与贮藏的环境条件密切相关。影响茶叶品质的贮藏环境因子主要有温度、湿度、氧化、光线、异味等。

1. 温度

温度对茶叶贮存过程中的品质变化过程影响显著。温度愈高，化学反应速度愈快，绿茶色泽和汤色就会由绿色变褐色；红茶色泽失去乌黑油润，汤色由红亮变为暗浑。据研究，在一定范围内，温度每升高10℃，绿茶色泽褐变速度要增加3~5倍。因此，应想方设法改善茶叶仓贮环境条件，控制环境温度的升高，其中最好的方法就是低温冷藏。一般来说，在0~8℃的温度条件下冷藏茶叶，茶叶的氧化变质很缓慢，这是我国茶叶贮藏尤其是名优茶贮藏逐步推行冷库贮藏的原因。

2. 湿度

湿度包括贮藏环境中的相对湿度和茶叶的含水率。茶叶容易吸湿，所以茶叶包装与贮藏过程的环境条件必须干燥。

据试验，茶叶含水率3%、在5℃条件下贮藏4个月，干茶色泽几乎不变；含水量为7%、在25%条件下贮藏的茶叶，其干茶色泽变化较大；而含水率3%、在25℃条件下贮藏的茶叶与含水率7%、在5℃条件下贮藏的茶叶，两者相比无明显差异。

试验表明，当茶叶含水量在6%以上时，茶叶中各种与品质有关成分变化的速度明显加快，品质劣变的速度也随之加快。研究认为，一般绿茶、红茶、乌龙茶贮藏最适宜的含水率分别为3.4%、4.9%和4%。要防止茶叶在贮藏中变质，茶叶含水率应控在6%以下。

贮藏环境的空气相对湿度与茶叶含水率密切相关。茶叶是吸湿性非常强的物品，贮放环境的相对湿度越高，茶叶吸湿还潮越快，茶叶含水率越低，吸湿越快。在相对湿度40%环境中贮放，茶叶的平衡含水率仅约8%左右；在相对湿度80%环境中贮放，茶叶含水率将上升到21%左右。可见，贮藏环境的干燥度十分重要。

我国茶叶界近年来推行冷库贮存，这就在低温冷藏的同时也达到了自动除湿，是一种良好的降低相对湿度的措施。

3. 氧气

在没有酶促作用情况下，物质受分子态氧的缓慢氧化，称为自动氧化。茶叶在贮藏过程中的变质主要以这种氧化作用为主。氧气在空气中约占21%，化学性质十分活跃，具有氧化茶叶中多酚类物质、叶绿素、维生素、酯类、酮类、醛类等物质的作用。反应生成的各类氧化物大都对品质不利。氧气还能促进微生物的生长繁殖，使茶叶发生霉变。

据研究，在含氧1%的条件下，绿茶贮藏四个月，汤色几乎不变，含氧量上升至5%以上贮藏4个月，汤色便有较大变化。说明在一定条件下，含氧量高，会促使茶叶自动氧化加剧。

要防止贮藏茶叶的自动氧化，只有使茶叶隔绝氧气。通常采用的办法是茶叶包装在密封前，先抽气真空，或抽气充氮，或抽气充二氧化碳，以达到去除包装容器中氧气的目的。

4. 光线

光线能够促进植物色素或脂类等物质氧化，特别是叶绿素易受光的照射而退色，其中紫外线比可见光的影响更大。

茶叶贮藏在玻璃容器或透明的塑料薄膜中，受日光照射，会产生光化学反应，而生成不愉快的异臭气味。用60W白炽灯照射绿茶，结果是叶绿素含量下降。可见，光线对茶叶品质有不良影响，尤其对香气的影响更为明显。因此茶叶要求避光贮藏与包装。

5. 异味

茶叶吸附异味能力很强。由于茶叶中含有棕榈酸和萜烯类化合物，加之茶叶又是一种多孔隙的物质，这些特性都造成了茶叶具有很强的吸收各种异味的能力。因此，绝对不能将散装茶叶或一般包装的茶叶同樟脑、香皂、香烟、油漆和其他任何有气味的物品存放在一起，也不能将茶叶存放在樟木箱等有气味的容器内。

综上，茶叶贮藏的环境条件中影响较大的是水分和温度，其次是氧气、光线以及异味，其中茶叶含水率对贮藏品质影响最大。如果茶叶含水率低，尽管贮藏温度高，对品质影响仍不大；而含水率高的茶叶，如果贮藏温度也高，则茶叶变质剧烈。可见，茶叶干燥和冷藏，是防止茶叶变质的良好方法。

二、茶叶贮藏与保鲜方法

茶叶贮藏时必须干燥，贮藏环境宜低温干燥，包装材料不透光，包装容器内含氧量宜少。

我国茶叶传统的贮藏方法是采用石灰缸常温贮藏。这种方法在短时间内能较好地保持茶叶的干燥度，但经过高温潮湿的夏季后，茶叶的色、香、味均发生不同程度的变化，不能适应消费者对茶叶高质量的要求，改变传统的常温贮藏成为当务之急。

近年来，茶叶界通过各种方法手段，以避免温度、水分、氧气、光照等外界因素对茶叶品质的不利影响，成为当前茶叶贮藏保鲜的有效手段。

1. **大型冷藏库低温冷藏**

安徽农业大学设计的大容量茶叶保鲜库，采用低温（0~8℃）、低湿、避光贮藏的方法，其有较好的保鲜效果。茶叶放入冷库或采用其他保鲜处理的时间一般选择在4月中旬左右。

2. **铝箔复合膜包装**

铝箔复合膜具有阻光和高气密性，对茶叶的保色、保香有较好的效果。

3. **抽真空或充气包装**

用氮气和二氧化碳气体置换茶叶包装容器内的空气，减少氧气含量，以保持茶叶品质，这种方法早已在食品领域内应用。20世纪50年代后期开始应用于绿茶贮藏，60年代中期得到推广应用。70年代初，由于气体密闭性能高的茶袋和自动包装机的问世，茶叶充氮包装贮藏进一步获得推广应用。

4. **除湿保鲜**

采用硅胶、石灰等干燥剂，其目的是吸收茶叶中的水分，使茶叶保持干燥。生石灰是极容易吸收水分的，当生石灰吸收了茶叶中的水分而吸潮灰化后，应及时加以更换。

5. 脱氧包装保鲜

脱氧包装是指采用气密性良好的复合膜容器，装入茶叶后再加入一小包脱氧剂（或称除氧剂），然后封口。脱氧剂是经特殊处理的活性氧化铁，该物质在包装容器内可与氧气发生反应，从而消耗掉容器内的氧气。一般封入脱氧剂 24h 左右，容器内的氧气浓度可降低到 0.1% 以下。

上述各种贮藏保鲜方法，各有优缺点。对于保鲜效果而言，低温冷藏、脱氧包装、充氮包装效果较好，其次是真空包装和除湿保鲜。如果将脱氧包装、充氮包装、真空包装与低温贮藏结合起来，其效果将大大提高。对于使用成本而言，以脱氧包装、真空包装、除湿保鲜的成本较低，而充氮包装、低温冷库贮存的费用较高。

总之，对于大型茶叶生产企业而言，建立大型茶叶冷藏保鲜库，运用各种新型茶叶包装机械，对于茶叶生产、销售都是有积极作用的。

项目二 茶叶冷藏保鲜设施

茶叶在低温、低湿的环境中贮藏，其陈化速度就大大减缓，例如柜式冰箱。一般小型茶厂或茶叶零售商使用柜式冰箱作为茶叶冷藏保鲜的设备，即可满足生产和销售的需要。而大中型茶叶企业，则需建设大型冷藏式茶叶保鲜库（俗称茶叶冷库）。

一、茶叶冷库的特点

茶叶冷库具有以下特点。

（1）茶叶冷库既可制冷，又能保持空气干燥。

（2）茶叶冷库保鲜时间长，库房周转率较低。茶叶保鲜时间一般在 4—10 月份。

（3）茶叶冷库对茶叶的降温速度比食品冷库低。

（4）茶叶冷库的出入库次数相对较少。

（5）茶叶冷库要求制冷设备成本低，保温性好，耗电省。

二、茶叶冷库的类型

冷库的类型有多种。从库房形式来分，通常有组合式冷库和土建式冷库两种（图 7-1）。

1. 组合式冷库

组合式冷库是将制冷设备和冷库库房做成一个整体系统，外形似一大型冷柜，由生产厂在厂内全部制造和安装好，使用时仅作简单的管线连接即可使

(a) 组合式冷库

(b) 土建式冷库

图 7-1 冷库照片

用，库房温度在 0~8℃ 范围内自由选择。这种冷库采用全自动控制，库房容积有 30~100m³ 多种规格，具有结构紧凑、制冷效率高、操作简便、运行安全可靠等特点，但价格较高，投资大，库容量较小。

2. 土建式冷库

土建式冷库是指制冷库房及机房用建筑材料建造，所有制冷设备均需现场安装调试。这种冷库单位面积投资小，制冷设备选择余地大，库容量可大可小，也是当前茶叶企业使用较多的一种形式。不足之处是安装调试比较复杂，需请专门技术人员维护。

三、茶叶冷库的制冷系统及工作原理

茶叶冷库制冷系统主要由压缩机、冷凝器、膨胀阀（节流阀）和蒸发器四大部分组成（图 7-2）。此外系统还装有电磁阀、水量调节阀、压力继电器、油压继电器、温度继电器等自动化元件，以实现对制冷系统全自动控制。

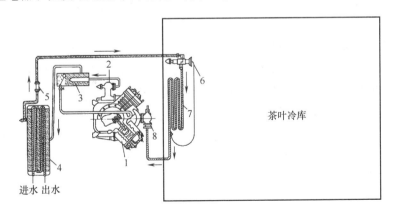

图 7-2 茶叶冷库采用的水冷式制冷系统

1—压缩机　2—排出阀　3—分油器　4—冷凝器　5—过滤器　6—膨胀阀　7—蒸发器　8—吸入阀

茶叶冷库的制冷过程为：压缩机工作时产生的强大压力，使在回路中盛装的高压液态制冷剂（如氟利昂）按图7-2中的箭头方向流动，并经膨胀阀（节流阀）阀孔，以喷射状态进入面积较大的低压蒸发器内。蒸发器周边的空气在风扇作用下吹向蒸发器表面，空气中的热量迅速被蒸发器内部的制冷剂带走，空气起到冷却作用。此时，压缩机继续工作，输送并推动携带空气热量的制冷剂在系统内流动，完成制冷。当携带空气热量的制冷剂流经冷凝器时，其携带的热量被冷水带走，制冷剂冷却，并经过滤器过滤后进一步循环继续制冷。此外，在蒸发器出口末端装有感温装置，当测得冷库中温度达到预先设定的温度要求时，系统自动关闭压缩机和膨胀阀，暂停制冷；反之，开启压缩机和膨胀阀制冷。因此，压缩机又被称为是制冷装置的主机。

四、茶叶冷库的设计与建造

1. 库房容积和面积的计算

若预算茶叶保鲜库最大贮存量为 n 箱（袋），每箱（袋）体积为 v（茶叶标准箱的体积近似 $0.1m^3$），则茶叶保鲜库库房容积 V（m^3）可按以下式计算：

$$V = Anv$$

式中 A 为空隙系数，这是按茶箱（袋）放置间隙、排管所占有的空间以及操作管理的空间等因素而设立的系数。A 值由经验决定，根据近几年实际建造和使用情况表明，A 值取 1.3~1.5 为宜。

茶箱（袋）堆放高度，主要由茶箱（袋）强度和操作方便等因素决定。通常茶箱（袋）在库房中堆放 7 层，库房有效高度 h 最好设计成 3.5m，故库房面积 S（m^2）为：

$$S = V/h$$

根据上述两式计算，一座贮存 1200 只标准茶箱（袋）的茶叶冷库，库房容积为 $156~180m^3$，面积为 $45~51m^2$。

库房面积和有效高度确定之后，则库房建筑面积和建筑高度随之而定。此外，还需建造 $12~20m^2$ 的机房和 $8~10m^2$ 的室外空气隔流室，用以安装制冷机组和避免库房门打开时室外大气中的热气流直接进入库房内。

2. 库房的基本结构

若为组合式茶叶冷库，只要建造或选择清洁、干燥、通风、无太阳直射、水电条件良好、面积大小与高度适于冷库设备系统安装的库房，由冷库生产厂家将该设备系统在现场安装调试，即可直接投入使用，相对来说较为方便，在生产中应用也较普遍。

若为土建式茶叶冷库，则应专门建造。冷库库房包括墙体、屋盖和地坪三部分，它们围成封闭的六面体（简称围护结构），其结构形式与一般的冷库基本相同。其基本要求除了必须保证达到一般建筑物的强度外，主要是要有良好的隔热和防潮性能。

3. 库房的建造

冷库库房内环境条件要求低温、干燥和避光，所以茶叶冷库的规划和建造均以满足上述要求来进行。

首先，茶叶冷库应建在交通方便、阳光直射时间短、地势高、干燥、空气流通、水电有保证的地方。库房面积和容积可根据生产需要及所配备的制冷机组情况加以计算确定。库房高度一般以 3.5m 左右为宜，过高的则应在库内增设搁板或货架，以免茶叶堆放过高、中间没有空隙而影响冷藏效果。库房不留窗，并使用可改善隔热条件的冷库专用库房门，门的大小应依库容量和进出车辆种类而定。一般小型库，仅供手推车进出，采用宽 1.2m、高 1.9m 的库房门即可。

库房的密封、隔热、隔潮至关重要，冷库墙应做成夹层结构，外墙厚 24cm，内墙厚 12cm，两墙之间采用二毡三油防水层隔潮，再置聚乙烯板隔热，内墙内还应加油毡防潮隔热，并加放钢丝网后再粉刷，以提高隔热防潮效果。库房地板除使用油毡防潮措施外，还应使用软木地板来隔热防潮，这种专用软木地板系用桦树皮等原料经工厂林产化工处理加工而成。

生产应用表明，按上述要求建造的库房，在制冷系统自身功能有保证而冷库运转正常的前提下，可保证库房内空气相对湿度在 50% 以下。

压缩机房要求宽敞、高度较高、空气流通，压缩机和冷凝器远离炉灶等发热物，机组周围要留出 1m 以上空间供工人操作和维修之用。机房环境温度不超过 40℃。机房应建在库房隔壁或与之尽可能接近之处，以保证管路距离放短。机组三相用电应专线供给，冷却水管也应专管供水，供水压力应不低于 0.12MPa。

小型土建式茶叶专用冷库的安装、调试较为复杂，应由专业技术人员进行操作，库房的隔热防潮措施也应一并进行安装。制冷设备进入使用期后应经常进行检查，维修保养等事项均应严格按使用说明书规定的步骤操作，以保证机组正常运行。

五、茶叶冷库的使用

茶叶冷库的工作温度通常以 0～8℃ 为宜，空气相对湿度应保持 50% 以下，最高不得超过 65%。

冷库的防潮至关重要。在茶叶贮藏以前，尤其是新冷库初次应用或在冷库使用过程中，出现库内相对湿度超过 65% 时，应及时进行换气排湿。长期使用的茶叶冷库因处于密闭状态，库内会出现异味，也应进行换气消除异味。每年应对库房进行一次彻底清扫,以保持库内清洁和空气清新。

茶叶是导热性较差的物料,尤其是在库容大而且存放量又多的情况下,茶叶从入库到叶温降至要求的低温,一般要经几天时间才能达到,所以部分冷库采取先将茶叶置于工作温度比主库房内工作温度更低的预冷室内预冷却,然后再送入主库房长时间存放。

冷库中的茶叶出库时,若将茶叶马上放到室外高温空气中,会使茶叶表面出现凝结水,所以茶叶出库时应先在介于主库房内工作温度和库外空气温度之间温度的过渡库房内放 2~3d 再出库,出库后最好再过 3~4d 才开封出售或使用。

项目三　茶叶包装机械

茶叶包装是提升茶叶商品价值的重要举措之一,它可起到保护商品、延长保质期的作用,又方便贮运和冲泡、饮用。目前,茶叶的包装形式有多种,如罐装、袋装、真空包装、充氮包装、袋泡茶包装等,极大的丰富和方便了茶叶的消费。

本项目重点介绍茶叶包装袋封口机、袋泡茶及其包装机械以及茶叶真空充气包装等生产中使用的主要核心设备。

一、茶叶包装袋封口机

茶叶包装袋多采用热压式封口。

1. 热压式封口的分类、工作原理及特点

热压式封口机主要用于各种塑料袋的封口,其技术水平和机械结构比较简单,性能也比较稳定。目前已基本形成系列,品种比较齐全。封口长度从 50~1200mm,操作方式从手动、脚踏到全自动连续,加热方式从常热式到脉冲式,均可选到合适的机型。

热压式封口机根据加热原理和热封装置结构的不同,主要有以下几种类型。

(1) 热板式加压封合　工作原理如图 7-3 所示,将热板加热到预定的温度,将要封合的薄膜袋口放在承受台上,热板下降对薄膜封口部位实施加热加压,使其封合。该封口方式结构简单,封合速度快,适用于聚乙烯类薄膜,但对遇热易收缩或易分解的聚丙烯及聚氯乙烯薄膜不适用。

(2) 热辊式加压封合　热辊式加压封合工作原理如图 7-4 所示,经过预热的一对辊轮(加热辊也可以是其中的一个)做连续相向滚动,将要封合的薄膜送入两辊轮之间,在薄膜向前输送的过程中被加热封合。由于热辊式加热能连续工作，因此生产率较高，可用于复合薄膜的制袋。

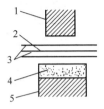
图 7-3　热板式加压封合示意图
1—热板　2—焊缝　3—薄膜　4—耐热橡胶　5—承受台

图 7-4　热辊式加压封合示意图
1—热辊　2—薄膜　3—焊缝

（3）环带式热压封合　将要封合的薄膜送入一对相向运动的环带之间（图 7-5），在运动的过程中由环带从两侧对薄膜加热、加压和冷却，实现封口。该封合方式能连续工作，效率高，封口质量好，但结构较复杂，适用于易热变形的塑料薄膜及复合膜的封口。

（4）电热丝熔断封合　工作原理如图 7-6 所示，电热丝装在压板上，将要封口的薄膜放在承受台上，压板下压，靠电热丝与薄膜接触时使薄膜熔断，同时使上下两层薄膜的边缘黏合在一起，得到封口。

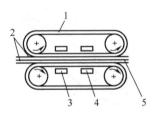
图 7-5　环带式热压封合示意图
1—钢带　2—薄膜　3—加热部
4—冷却部　5—焊缝

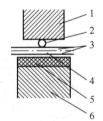
图 7-6　电热丝熔断封合示意图
1—压板　2—电热丝　3—薄膜
4—焊缝　5—耐热橡胶　6—承受台

（5）脉冲加热封合　如图 7-7 所示，在薄膜和压板之间置一扁形镍铬合金电热丝，封口时通瞬间大电流，使薄膜加热黏合，然后冷却，抬起压板。这种封接方法的特点是封口质量高，适于易受热变形、易受热分解的薄膜，但冷却时间长，封接速度较慢。

（6）高频加热封合　原理如图 7-8 所示，薄膜被压在上、下高频电极之间，通以高频电流，薄膜因有感应阻抗而发热熔化，实现封口。内部加热，中心温度高，薄膜表面不会被过热，因此，所得封缝强度高，主要适用于聚氯乙烯类感应阻抗大的薄膜袋的封口和切断，不适用于低阻抗薄膜。

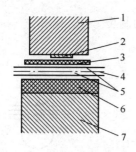 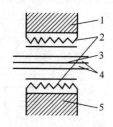

图7-7 脉冲加热封合示意图
1—压板 2—电热丝 3—防黏材料 4—焊缝
5—薄膜 6—耐热橡胶 7—承受台

图7-8 高频加热封合示意图
1—压板 2—电热丝 3—防黏材料
4—焊缝 5—薄膜

（7）热刀加压熔断封合 靠热刀与薄膜接触时，使薄膜熔断，同时使上、下两层薄膜的边缘黏合在一起，得到封口，见图7-9。这种封口没有较宽的封合带，封口强度低，适用于气密性要求不高的包装袋封口。

（8）预热压纹封合 如图7-10所示，薄膜先从一对预热的加热板中间通过，进行加热，再经过一对相向运动的加压辊轮进行压纹封合。其特点是结构简单，能连续封接热变形大的薄膜，适用于自动包装机。

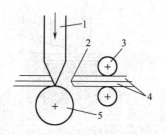 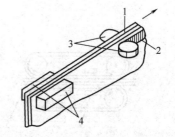

图7-9 热刀加压熔断封合示意图
1—热刀 2—焊缝 3—引出辊 4—薄膜 5—橡胶辊

图7-10 预热压纹封合示意图
1—薄膜 2—焊缝 3—加压辊 4—加热板

2. 常见茶叶包装袋封口机介绍

对于一般中小型茶叶加工企业和茶叶经营店，常使用的包装袋封口机有手压式封口机、脚踏式封口机以及自动封口机。

（1）手压式封口机 手压式封口机是常用且简单的封口机，其封合方法一般采用热板加压封合或脉冲电加热封合。这类封口机多为袖珍形，造形美观，质量轻，占地小，适于放在桌上或柜台上使用。

图7-11为手压式封口机的结构示意图，它由手柄、压臂、电热带、指示灯、定时旋钮等元件组成。该机不用电源开关，使用时只要把交流电源线插头插入插座，根据封接材料的热封性能和厚度，调节定时器旋钮，确定加热时

间，然后将塑料袋口放在封接面上，按下手柄，指示灯亮，电路自动控制加热时间，时间到后指示灯熄灭，电源被自动切断，1~2s 后放开手柄，即完成塑料袋的封口。

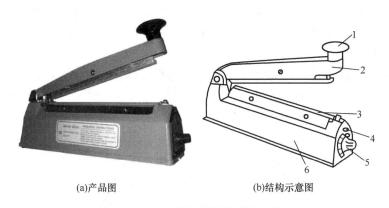

图 7-11 手压式封口机产品及结构示意图

1—手柄 2—压臂 3—电热带 4—指示灯 5—定时旋钮 6—外壳

封口用镍铬电热扁丝，其规格一般厚为 0.8~1mm，宽为 2~10mm。扁丝越宽则封缝也越宽。为防止电热扁丝与包装材料热合后黏结，电热扁丝外面覆盖一层聚四氟乙烯作为隔离层。脉冲热封对许多塑料薄膜都适用，尤其对那些受热易变形分解的薄膜更为理想。

（2）脚踏式封口机 脚踏式封口机由踏板、拉杆、工作台面、上封板、下封板、控制板、立柱、底座等部分组成，如图 7-12 所示。

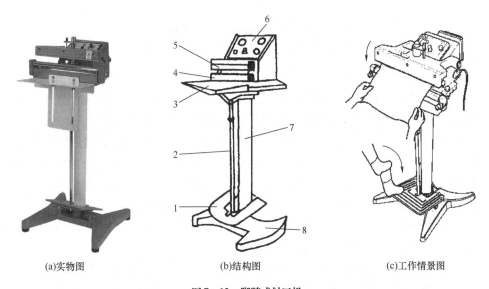

图 7-12 脚踏式封口机

1—踏板 2—拉杆 3—工作台面 4—下封板 5—上封板 6—控制板 7—立柱 8—底座

脚踏式封口机与手压式封口机的热封原理基本相同，其显著的不同之处是采用脚踏的方式拉下压板。操作时双手握袋，轻踩踏板，瞬间通电完成封口，既方便，封口效果又好。该类封口机可采用双面加热，以减小热板接触面与薄膜封接面间的温差，提高封接速度和封口质量。有些脚踏式封口机还装有自动温控装置，使封口温度可调。有的还配有印字装置，在封口的同时可以打印出生产日期、质量、价格等。

（3）自动封口机　自动封口机主要由环带式热压封口器、传送装置、电气控制装置和支架等几部分组成。

环带式热压封口器是自动封口机完成塑料薄膜袋封口的主要部件，它的全部元件安装在一个箱形结构的框架上，整个装置固定在支架上。

环带式自动封口机热压封口器的工作原理如图 7 - 13 所示。一对相向转动的环形薄带（可以是钢带、不锈钢带、尼龙纺织带或聚四氟乙烯带）夹着薄膜同步移动，在运行过程中，环带与设置在其内侧的加热块接触（加热块的温度根据薄膜的热封性能预先调好），从而使夹在环带之间的两层塑料薄膜热压黏合，然后环带再与设置在其内侧的冷却块接触，使封口冷却定形。

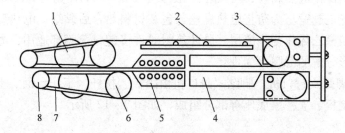

图 7 - 13　环带式热压封合原理图
1—压花印字轮　2—封口带　3—从动轮　4—加热块
5—冷却块　6—主动轮　7—导向橡胶带　8—导向轮

当热封环带用钢、不锈钢、尼龙编织带制成时，环带与塑料薄膜接触的一面可以喷涂聚四氟乙烯，以防止热封时塑料薄膜与热封环带黏结。

加热块的外壳是铜质热封板，里面装有管形加热器。管形加热器由金属管、电阻丝和充填材料组成（电阻丝封装在金属管中心，其周围空隙紧密地充填具有良好导热性能和绝缘性能的结晶氧化镁粉末）。管形加热器与热封板之间采用间隙配合，并用止动螺钉固定，从而实现良好的接触。

加热块共有两个，对称安装在上、下环带的内侧并与夹紧薄膜的环带接触，以便使通过其间的薄膜热熔焊合。

加热器除管形的以外，还有带状、陶瓷、铸铝、电感等多种类型。

冷却块是带有散热片的铜质散热板，也是上、下两块，分别安装在上、下环带的内侧,并与环带接触。工作时,风扇送出冷风使刚热合的薄膜的余热通过散热片散失,从而使薄膜冷却定形。

各加热块、冷却块及压花印字轮均可通过相应的调节螺钉调整各自上、下两件之间的间隙,以适应不同厚度薄膜的封口,保证热封质量。

压花印字轮是备选件,其作用是在封口的同时,在袋的封口处压印出生产日期和美观的网目式花纹,使封口平整美观。

传送装置固定在支架上,用以支承和输送薄膜袋。传送带的速度与热封环带及滚花轮外圆的线速度相等,以保证封口时薄膜的封接部分(袋口)与支承部分(袋底)同步运行,使封口质量达到满意的效果。

电气控制盒一般安装在环带式封口器的上方,内装调速器、温控器等元件,以便于对封口机的运行速度和热封温度进行调控。

支架是全机的支承部分。当封口机需要与配套的包装流水线高低一致,或为了适应不同高度的包装袋时,可在一定范围内调整整机的高度。落地支架的底部装有四个小脚轮,可根据需要方便地移动封口机的位置,然后再旋转四个调整头将小脚轮抬离地面以固定机器。

在茶叶包装封口中,多采用卧式自动封口机操作。环带式热压封口器的带轮轴是水平安放的,结构见图7-14。卧式封口机体积较小,可放在桌上、柜台上或其他工作台上使用。

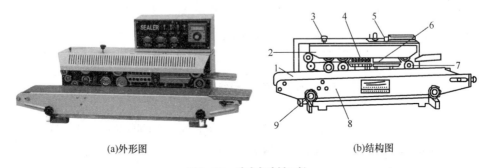

(a)外形图　　　　　　　　　　　(b)结构图

图7-14　卧式自动封口机

1—输送带　2—防护罩　3—花纹压力调节器　4—冷却块　5—控制板面
6—加热块　7—封口带轮　8—输送台　9—输送台高度调节钮

二、袋泡茶及袋泡茶包装设备

袋泡茶(图7-15)最早由美国人苏里万于1908年发明。最早的袋泡茶是用手工制作,当时用薄的纱布把茶叶扎成小球,放在杯子里冲泡。这种球状茶包称为茶球或茶包,是原始、简陋的最早的袋泡茶,在当时尚属一种高级消费品,价格昂贵。袋泡茶问世后,最早流行于欧美,之后遍及全世界。由于其具有比散茶泡饮清洁卫生和便于冲泡、携带的优点,受到旅游、餐饮业、办公室和广大消费者的欢迎。

图 7-15　各种袋泡茶

1. 袋泡茶的包装材料

袋泡茶的主要包装结构包括滤纸、外封套、提线、标牌等,这些不同组成成分因目的、功能不同,对包装材料的要求也不同。

(1) 内包装滤袋　袋泡茶内袋用于充填包装茶叶,同时还要起过滤作用;既要防止袋内的不溶性物质向袋外漂浮,又要保证袋内可溶性成分较快的向外扩散。因此,应选用特种长纤维过滤纸,应满足表 7-1 中的要求。

表 7-1　袋泡茶内袋质量要求

序号	指标	要求
1	拉力强度	要有足够的机械强度,能适应袋泡茶包装机的高速作业而不破损,平均拉力在 0.7kg 以上
2	耐泡程度	要求耐高温沸水冲泡而不破损
3	渗透性能	渗透性好,茶叶中可溶性成分浸出快
4	过滤效果	滤纸纤维细密、均匀,茶末不外透
5	卫生要求	无味、无嗅,符合国家食品卫生标准
6	纸质要求	质量轻,纸质洁白

目前,国内外普遍使用的袋泡茶滤纸,有热封型和非热封型两种。

①热封型袋泡茶滤纸:热封型袋泡茶滤纸含有 30%~50% 的长纤维和 25%~60% 的热封性纤维。滤纸质量 16.5g/m^2。该纸在受到热封式袋泡茶包装机的热封滚子加热、加压时,能粘和在一起,达到热封成袋的要求,热封温度一般在 140~150℃。热封型滤纸也可用于非热封式袋泡茶包装机。

②非热封型袋泡茶滤纸：非热封型袋泡茶滤纸含有 30%～50% 的长纤维，使滤纸有足够的机械强度，其余由较廉价的短纤维和约 5% 的树脂组成。树脂可提高滤纸耐沸水冲泡能力。非热封型滤纸包装袋泡茶时，是以铝钉或不锈钢钉封袋。此类滤纸不能在热封式袋泡茶包装机上使用。

袋泡茶滤纸在使用中应注意滤纸的保质期。凡存放时间超过一年者，滤纸易产生陈味，影响袋泡茶品质，贮放环境越潮湿，陈化速度也越快。因此，袋泡茶滤纸不宜库存太久，并要做好贮存保管工作。

(2) 外封套材料　茶叶具有较强的吸湿和吸附异味能力，袋泡茶内滤袋是网状孔眼结构的长纤维过滤纸，无防潮、防异味能力。因此，外封套不仅要无异味，而且要有较好的防潮性，同时还要有一定的牢固度。目前常用的外封套材料有以下几种。

①单胶纸：单胶纸型号较多，主要有 50、60、70g/m² 三种规格。单胶纸一面上胶，密度大、透气性较差，有一定的防氧、防潮性。较理想的是不产生有毒物质、符合食品卫生要求的 70g/m² 无硫酸铝单胶纸。

②复合纸：复合纸的种类很多，适用于袋泡茶外封套材料的有 PE/纸、铝箔/PE 纸等复合材料。复合纸比单胶纸有更好的防潮、阻气性，而且印刷效果好，包装美观。

③复合膜：适用于袋泡茶外封套复合膜，有二层和三层复合材料，如 PE/PE、PET/PVC/PE 等复合膜。经复合后的材料改变了单一聚乙烯保香性差缺点，又能较好利用其防潮、热封性好的特点。

(3) 袋泡茶提线与标牌　袋泡茶提线应选用白棉线，尤以 3 股 21tex 的宝塔线为好，提线过细，热封后不易被固定，冲泡时会产生提线脱袋弊端。凡采用含荧光剂的漂白线、上蜡线、化纤线，均不符合食品卫生标准，禁止在袋泡茶包装中应用。

袋泡茶吊线标牌常用 70g/m² 型单面或双面光纸。外封套和标牌的印刷，不应带有油墨气味，以免污染袋泡茶品质。

2. 袋泡茶包装设备

20 世纪 60—70 年代我国的袋泡茶机全靠进口，在 80 年代以后国产袋泡茶包装机因性能稳定，质量可靠，才逐步摆脱了全靠进口的局面。以下以国营南峰机械厂生产的 CCFD6 型袋泡茶包装机（专利号：CN89201691.4）为例进行介绍。

该机是目前国内较先进的自动包装设备，具有内外袋及提线标签一次包装成型，以及包装速度快、维修较方便、投资及运行费用较低等优点，应用比较广泛。该包装机的结构如图 7-16 所示。

袋泡茶包装机工作过程简述如下：工作时，首先通过挂线组件在挂线爪上挂上棉线,在棉线上粘连标签,并在爪轮式挂线盘逆向旋转时将其线头送到内袋成型的热合装置处。同时,内袋滤纸经传送装置折叠,在定量给料器下方形成V形,定量给料器向V形内袋滤纸中投入2~2.2g碎茶。V形内袋滤纸在传动装置作用下进一步向下移动,在内袋成形的热合装置处,将棉线头热封在内袋上,同时,内袋的三方开口也同时热封。此时,茶叶已经包装在内袋中。连接在滤纸上的内袋通过切刀切断,通过多边形内袋传送轮顺时针传动、折叠,进一步送到外袋成形及热合装置处,被成形的外袋装住,并进一步热合,输送到成品输出槽,再由人工装袋,完成包装。

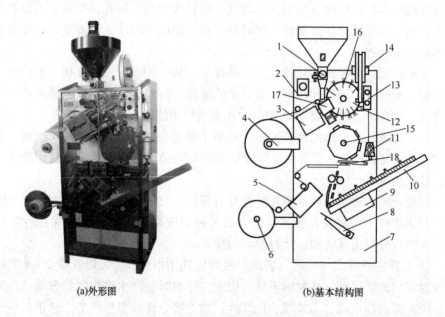

(a)外形图　　　　　　　　　　(b)基本结构图

图7-16　CCFD6型袋泡茶包装机

1—定量给料器　2—主传动箱　3—热封装置　4—内带滤纸传送装置　5—外袋配准装置　6—外袋纸传送装置　7—底座　8—拨杆　9—预量计数分组装置　10—成品输出槽　11—棉线支架　12—胶盒　13—整机电控盒　14—标签纸传送装置　15—多边形内袋传送轮　16—爪轮式挂线盘　17—内袋成形及热合装置　18—外袋成形及热合装置

CCFD6型袋泡茶机,为热封型袋泡茶包装机,包装速度为110袋/min,性能可靠,包装质量稳定,价格便宜,适合各类茶厂使用。

三、茶叶真空与充气包装机械

1. 真空与充气包装机类型与工作原理

真空包装与充气包装的工艺程序基本相同,因此该包装机大多设计成通用的结构形式,使之既可以用于真空包装,又可用作充气包装,也有的设计成专用型式。真空与充气包装机有多种类型。按包装容器及其封口方式分，真空包装机可分为卡口封口式、滚压封口式、卷边封口式和热熔封口式；真空充气包装则没有卡口封口式。卡口式真空包装系将食品装入真空包装用塑料袋后，抽出袋中空气，再用金属丝，通常用铝丝进行结扎封口。

充气包装机有真空充气包装机、瞬间充气包装机，而真空充气包装机又有喷嘴式、真空室式和喷嘴与真空室并用式之分（图7-17）。

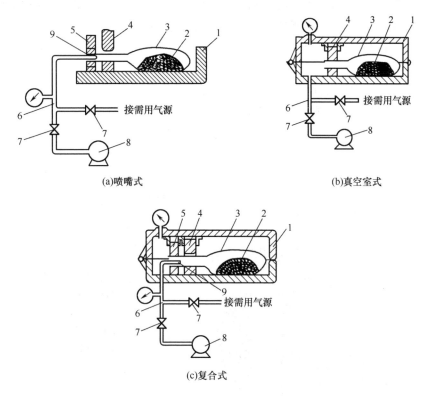

图7-17 真空与充气包装机工作原理图
1—真空室（工作台） 2—物料 3—包装袋 4—热熔封口装置 5—夹压头
6—气体流路 7—电磁控制阀 8—真空室 9—喷嘴

图7-17（a）所示为喷嘴式真空充气包装机工作原理图，喷嘴式扁头伸入袋口，用夹头夹住，借真空系统抽出袋内空气造成真空，转而充气，再用热熔封接压头对包装袋口实施热熔封口。

图7-17（b）所示为真空室式真空充气包装机，装填了食品的包装袋，置于真空室内，关闭真空室，包装袋封口部位处在热熔接封口压头之间，用真空泵抽出真空室和包装袋内空气，需充气时，转换到充气系统充入所要求气体，再进行热熔接封门、冷却、放气。最后开启真空室取出包装件。真空室式

包装机比喷嘴式包装机好,因为前者包装封口时袋内外真空度相等,热熔接封口中不易出现折纹,可保证密封性,且空气置换率较高。

图 7-17(c)所示为喷嘴与真空室并用式真空充气包装机。

瞬间充气包装机用卷筒薄膜在"成型制袋-充填-封口机"上制成袋,装填了内装物后,在进行封口前的瞬间,充进所要求的气体,以置换包装袋中空气,进行封口。这种充气包装的空气置换率比较低。

真空包装机及充气包装机都有半自动式、自动式、间歇式和连续式等类型,以适应多种生产情况的需要,一般情况下,小型茶厂或茶叶经营店使用半自动式或自动式真空包装机即可,而大中型茶厂则需使用间歇式或连续式真空及充气包装机。

2. 茶叶真空包装机械简介

(1)普通型真空包装机 普通型真空包装机是清香型乌龙茶贮藏保鲜最常用的贮藏保鲜设备,具有性价比高、方便耐用等优点,能一次完成抽真空、封口。真空包装机主要构件用不锈钢制作,由内桶、外壳、电气控制部分、真空泵、加热封口部分、热封温度调节装置、热封时间调节装置等组成(图 7-18)。常见的真空包装机类型及主要技术参数见表 7-2。

图 7-18 普通型真空包装机

表 7-2 真空包装机类型及主要技术参数

型号	抽气方式	真空室尺寸/(cm×cm×cm)	工作效率/(s/次)	抽气 25s 气压/MPa	额定功率/W	备注
HK-3 型(1.5kg)	内抽	33.5×14.0×24.0	35	-0.07	200	
HK-6 型(3kg)	内外抽	37.5×17.0×24.0	35	-0.07	500	

续表

型号	抽气方式	真空室尺寸/(cm×cm×cm)	工作效率/(s/次)	抽气25s气压/MPa	额定功率/W	备注
YL-1008加长型	内外抽	50.0×20.0×27.0	35	-0.08	550	
南丹B960	—	—	23	-0.08	700	7g小包装，每次30包

操作方法：将开关按钮调至"开启"处；设定真空度在"-0.06~-0.08MPa"范围；设定封口时间为2~3s，封口时间依真空袋的材料与厚薄而定；将装有茶叶的包装袋的袋口置于封口处，稍用力按下有机玻璃盖板，机器开始工作；工作结束自动打开盖板，顺次取出包装茶叶。

保养方法：使用中应保证加热丝座上下运动灵活，不得有卡、阻现象；保证耐热胶布平整，如有起皱现象应及时撕下拉平再黏装上，若有损坏应及时更换；长期工作时，应注意真空泵油箱内存油不得低于游标中心；机器闲置时应擦拭干净，盖好有机玻璃盖板，置于通风、干燥的场所。

（2）输送带式真空包装机　输送带式真空包装机是用输送带将包装袋逐步送入真空室自动抽气并热封，然后随输送带送出机外的一种包装机械，自动化程度和生产效率较高。其外形与工作原理如图7-19所示。

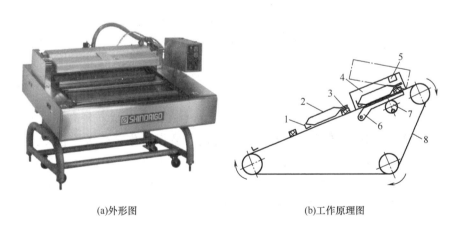

(a)外形图　　　　　　　　(b)工作原理图

图7-19　输送带式真空包装机

1—托架　2—包装袋　3—耐热橡胶垫　4—真空室盒　5—热封杆　6—活动平台　7—凸轮　8—输送带

工作时，将由人工或机器装好茶叶的包装袋，按袋口朝向真空室盒方向，放在输送带上的托架上，并使袋口在耐热橡胶垫上排列整齐。传送带带动包装袋进入到真空室盒下方，此时传动带自动暂停传动，真空室盒自动下降，将包装袋密闭在真空室盒内，并由真空泵抽真空。当真空压力达到-0.06~

-0.07MPa时,压在包装袋口上的热封杆受热,将包装袋口密封。此时,活动平台在凸轮作用下进行换气,真空室盒自动抬起,输送带继续向前输送,真空包装好的茶叶袋自动输出,而由人工或机器装好茶叶的包装袋继续按前述步骤抽真空、封口,从而实现真空包装的连续批量生产。

(3) 旋转式真空包装机　旋转式真空包装机是一种自动化程度非常高的多工位真空包装机(图7-20),其特点是在转盘上有多个间断旋转的真空室,分别完成从充填到抽真空的多道工序,因此生产能自动、连续、高效地进行,生产能力可高达40袋/min。主要适用于小包装茶叶的真空包装,如7g或9g的铁观音包装。

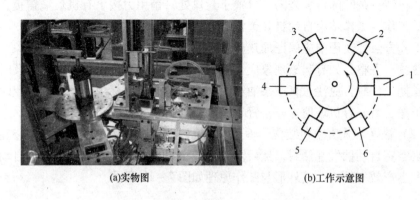

(a)实物图　　　　　　　　　(b)工作示意图

图7-20　旋转式真空包装机实物及工作示意图
1—开袋充填、灌装　2—转移　3—喷印日期　4—抽真空及热封口　5—冷却　6—出袋

旋转式真空包装机的工作过程如下:取袋→开袋充填、灌装→转移→喷印日期→抽真空及热封口→自然冷却→自动出袋→进入下一次循环。

该设备具有智能、自动、连续、高效等特点,但设备成本较高。目前,在漳州天福茶业有限公司及其子公司联合国内包装设备生产企业,根据企业需要,设计了10余条旋转式茶叶真空包装生产线,并在设备中导入茶叶内膜包装模块,具内膜袋的茶叶再在小包袋中抽真空,既可延长茶叶产品的保质期,又能提升产品档次,取得良好的经济效益。

实训内容

为了便于学生更好地掌握茶叶加工机械与设备的相关知识,编者收集、整理、设计了20个实验实训内容,共52学时,供实践课程使用,授课教师在实际授课过程中也可根据实际情况取舍或另外设计。

实训一　常见机械零件的识别

1. 实训目的与学时

(1) 通过常用的键、轴承、齿轮的识别,要求学生能够识别茶叶机械中的常用零件。

(2) 建议学时为2学时。

2. 材料与工具

(1) 普通平键、斜键、半圆键、花键与花键轴,滚动轴承和滑动轴承、卡尺等用具。

(2) 圆柱齿轮、圆锥齿轮等。

3. 方法步骤

(1) 分组进行。掌握常规用键和轴承规格、型号的识别方法。平键为长方形或正方形斜键为梯形,半圆键为半圆形,花键为齿轮形等。并用卡尺测量其规格尺寸,掌握其用途。

(2) 分组对常用齿轮进行识别,数出齿数,用卡尺测定齿距、齿高等常用参数,并掌握其用途。

4. 实训地点

指导老师指定的地点。

5. 作业

(1) 举例说明茶叶机械中常用键、轴承的种类和规格。

(2) 茶叶机械中常用的齿轮有哪些？用在何处？

实训二　工农 16 型喷雾器的拆装

本实训为选做内容。

1. 实训目的与学时

（1）通过对工农 16 型喷雾器的拆装，要求学生掌握工农 16 型喷雾器的基本结构、拆装知识和保养知识。

（2）建议学时为 1 学时。

2. 材料与工具

工农 16 型喷雾器、扳手、螺丝刀等工具。

3. 方法步骤

分组对工农 16 型喷雾器进行拆装，要求拆卸从外到内，零件放置有序；装配从内到外，动作准确，装配合理规范。

4. 实训地点

指导老师指定的地点。

5. 作业

叙述工农 16 型喷雾器的拆装步骤，并阐述该型喷雾器的工作原理。

实训三　修剪机、采茶机的基本结构与操作

1. 实训目的与学时

（1）了解茶树修剪机和采茶机的基本结构，掌握茶树修剪机和采茶机的启动、运行、停机等基本操作，熟悉修剪机、采茶机的工作原理及安全注意事项。

（2）建议学时为 2 学时。

2. 材料与工具

川崎公司生产的 SM110 型茶树修剪机和 SV100 型采茶机、卷尺、93 号汽油等材料。

3. 方法步骤

分组进行。了解 SM110 型茶树修剪机和 SV100 型采茶机的基本结构，正确按照说明书的操作要点，进行启动、运行、停机等操作，并观察修剪机和采茶机在结构上的异同。

4. 实训地点

指导老师指定的地点。

5. 作业
(1) 叙述茶树修剪机和采茶机的基本结构。
(2) 比较修剪机与采茶机工作原理的异同。

实训四 炒茶锅的基本结构与操作

1. 实训目的与学时
(1) 了解名优茶远红外电炒锅的基本结构，熟悉锅温的掌握方法。
(2) 建议学时为1学时。
2. 材料与工具
名优茶远红外电炒锅（平锅、斜锅）、米尺、螺丝刀、红外线测温仪等。
3. 方法步骤
分组进行。掌握名优茶远红外电炒锅的基本结构、工作原理、基本操作及维修拆卸方法，并利用手掌与红外线测温仪测定适宜杀青时的锅温。
4. 实训地点
指导老师指定的地点。
5. 作业
(1) 叙述名优茶远红外电炒锅的基本结构。
(2) 叙述红外线测温仪测得锅体底部加热处6点平均值，当锅温分别为160、220℃和260℃时，手掌分别离锅底10、20、30cm时的感觉。

实训五 滚筒杀青机的基本结构与操作

1. 实训目的与学时
(1) 滚筒杀青机的基本结构及正确的操作方法。
(2) 建议学时为2学时。
2. 材料与工具
电热式6CST-30型连续滚筒杀青机、电热式6CSP-60型瓶式炒茶机、秒表、米尺、红外线测温仪等。
3. 方法步骤
分组进行。掌握电热式6CST-30型连续滚筒杀青机和电热式6CSP-60型瓶式炒茶机的基本结构、工作原理及基本操作，测定转速、并利用手掌与红外线测温仪测定适宜时的筒温。
4. 实训地点
指导老师指定的地点。

5. 作业

(1) 叙述连续滚筒杀青机、瓶式炒茶机的结构特点。

(2) 比较连续滚筒杀青机、瓶式炒茶机在操作上的区别。

实训六　揉捻机的基本结构与操作

1. 实训目的与学时

(1) 了解桶式揉捻机、望月式揉捻机的基本结构，掌握其操作方法。

(2) 建议学时为10学时。

2. 材料与工具

6CR-25型和30型桶式揉捻机、望月式揉捻机、秒表、米尺等。

3. 方法步骤

分组进行。正确掌握揉捻机的基本结构与使用方法。测定揉捻机的转速、揉桶外径等技术参数。

4. 实训地点

指导老师指定的地点。

5. 作业

(1) 叙述桶式揉捻机的结构特点。

(2) 比较桶式揉捻机与望月式揉捻机的区别。

实训七　双锅曲毫机的基本结构与操作

本实训为选做内容。

1. 实训目的

(1) 了解双锅曲毫机的基本结构，掌握其操作方法。

(2) 建议学时为2学时。

2. 材料与工具

电热式双锅曲毫机、秒表、米尺、红外线测温仪等。

3. 方法步骤

分组进行。正确掌握双锅曲毫机的基本结构与使用方法。测定炒手的翻炒速度、炒锅直径、深度、锅温等技术参数。

4. 实训地点

指导老师指定的地点。

5. 作业

(1) 叙述双锅曲毫机的基本结构。

（2）阐述茶叶在双锅曲毫机内是如何形成卷曲形或圆形的？

实训八　烘干机的基本结构与操作

1. 实训目的与学时

（1）了解链板式自动烘干机、柜式烘干机、盘式烘干机的基本结构，掌握其操作方法。

（2）建议学时为2学时。

2. 材料与工具

电热式6CH-6型链板式自动烘干机、柜式烘干机、电热式6CH-941型碧螺春盘式烘干机、米尺等。

3. 方法步骤

分组进行。了解电热式6CH-6型链板式自动烘干机、柜式烘干机、电热式6CH-941型碧螺春盘式烘干机的基本结构，掌握其正确的操作方法及安全注意事项。

4. 实训地点

指导老师指定的地点。

5. 作业

（1）如何正确使用自动烘干机？

（2）链板式自动烘干机、柜式烘干机、盘式烘干机在工作效率上有何区别？

实训九　乌龙茶做青设备的基本结构与操作

1. 实训目的与学时

（1）了解乌龙茶常用的做青设备，掌握其操作方法。

（2）建议学时为2学时。

2. 材料与工具

电动机拉幕式遮阳网设施、晒青场、晾青架、滚筒式摇青机等。

3. 方法步骤

分组进行。了解电动机拉幕式遮阳网设施的组成及工作原理，了解晒青场建造的基本要求，掌握滚筒式摇青机的正确操作方法及安全注意事项。

4. 实训地点

指导老师指定的地点。

5. 作业
(1) 晒青场在建造中需要注意什么？
(2) 滚筒式摇青机是如何工作的？

实训十　乌龙茶包揉设备的基本结构与操作

1. 实训目的与学时
(1) 了解乌龙茶常用的包揉成型设备，掌握其操作方法。
(2) 建议学时为2学时。
2. 材料与工具
速包机、平板包揉机、松包筛末机等。
3. 方法步骤
分组进行。了解速包机、平板包揉机、松包筛末机的运行原理，熟悉它们的操作方法及安全注意事项。
4. 实训地点
指导老师指定的地点。
5. 作业
(1) 叙述速包机在速包过程的注意事项。
(2) 平板包揉机与揉捻机的工作原理有何异同？

实训十一　平面圆筛机的基本结构与操作

1. 实训目的与学时
(1) 了解平面圆筛机的基本结构，掌握其操作技能。
(2) 建议学时为2学时。
2. 材料与工具
平面圆筛机、秒表、筛网、米尺等。
3. 方法步骤
分组进行。了解平面圆筛机的工作原理，测定平面圆筛机的转速等技术参数。同时，测量不同孔号的筛网的大小，协助茶厂工人进行茶叶平面圆筛作业。
4. 实训地点
指导老师指定的地点。
5. 作业
叙述平面圆筛机的基本结构及操作注意事项。

实训十二　抖筛机的基本结构与操作

1. 实训目的与学时
（1）了解抖筛机的基本结构，熟练掌握其操作方法。
（2）建议学时为 2 学时。
2. 材料与工具
抖筛机、秒表、米尺等。
3. 方法步骤
分组进行。了解抖筛机的工作原理，测定抖筛机的抖动频率等技术参数，协助茶厂工人进行茶叶抖筛作业。
4. 实训地点
指导老师指定的地点。
5. 作业
（1）叙述抖筛机的基本结构及操作注意事项。
（2）比较抖筛机与平面圆筛机的工作原理。

实训十三　切茶机的基本结构与操作

本实训为选做内容。
1. 实训目的与学时
（1）了解齿切机的基本结构，熟练掌握其操作方法。
（2）建议学时为 2 学时。
2. 材料与工具
齿切机、秒表等。
3. 方法步骤
分组进行，观察齿切机的工作过程，了解齿切机的工作原理，并协助茶厂工人进行切茶作业。
4. 实训地点
指导老师指定的地点。
5. 作业
叙述齿切机的基本结构及操作注意事项。

实训十四　风选机的基本结构与操作

1. 实训目的与学时
（1）了解风选机的基本结构，掌握其操作方法。
（2）建议学时为 2 学时。

2. 材料与工具
抖筛机、台秤、计时器等。

3. 方法步骤
分组进行。了解风选机的工作原理，测定风选机的台时产量等技术参数，协助茶厂工人完成茶叶风选作业。

4. 实训地点
指导老师指定的地点。

5. 作业
叙述风选机的基本结构及操作注意事项。

实训十五　拣梗机的基本结构与操作

1. 实训目的与学时
（1）了解阶梯式拣梗机、静电拣梗机、茶叶色选机、乌龙茶专用拣梗机的基本结构，熟悉其操作方法。
（2）建议学时为 4 学时。

2. 材料与工具
阶梯式拣梗机、静电拣梗机、茶叶色选机、乌龙茶专用拣梗机、台秤、计时器等。

3. 方法步骤
分组进行。了解阶梯式拣梗机、静电拣梗机、茶叶色选机、乌龙茶专用拣梗机的工作原理，测定阶梯式拣梗机、茶叶色选机的台时产量等技术参数，协助茶厂工人完成茶叶的拣梗工作。

4. 实训地点
指导老师指定的地点。

5. 作业
（1）叙述阶梯式拣梗机的基本结构及工作原理。
（2）叙述静电拣梗机的基本结构及工作原理。
（3）叙述茶叶色选机的基本结构及工作原理。

(4) 叙述乌龙茶专用拣梗机的工作原理。

实训十六　匀堆装箱机的基本结构与操作

本实训为选做内容。

1. 实训目的与学时

(1) 了解滚筒式匀堆装箱机的基本结构，熟悉其操作过程。

(2) 建议学时为 2 学时。

2. 材料与工具

滚筒式匀堆装箱机、台秤、计时器等。

3. 方法步骤

分组进行。了解滚筒式匀堆装箱机的工作原理，观察滚筒式匀堆装箱机的工作过程，分析匀堆效果，并协助茶厂工人完成装箱作业。

4. 实训地点

指导老师指定的地点。

5. 作业

叙述滚筒式匀堆装箱机的基本结构及工作原理。

实训十七　花茶窨制设备与过程

本实训为选做内容。

1. 实训目的与学时

(1) 了解花茶窨制的主要设备，了解其操作过程。

(2) 建议学时为 4 学时。

2. 材料与工具

筛花机、斗式提升机等。

3. 方法步骤

分组进行。了解茉莉花茶窨制前的养花作业、筛花作业。并根据授课具体时间情况，观察窨花拼配过程，了解窨花过程中的温度变化，协助茶厂工人进行通花作业，以及完成茶花分离作业。

4. 实训地点

指导老师指定的地点。

5. 作业

花茶窨制前后的主要设备有哪些？

实训十八　茶叶深加工设备与操作

1. 实训目的与学时

（1）了解茶叶深加工的主要中试设备，了解其操作过程。

（2）建议学时为4学时。

2. 材料与工具

水处理系统、水加热装置、连续逆流浸提器、茶汁初步净化设备、陶瓷膜浓缩器、反渗透膜浓缩器、喷雾干燥器等。

3. 方法步骤

分组进行。了解茶叶深加工产品速溶茶的主要加工设备的基本原理及结构特点，了解其操作方法。

4. 实训地点

指导老师指定的地点。

5. 作业

（1）连续逆流浸提器的工作原理是什么？

（2）陶瓷膜与反渗透膜浓缩茶汁有何优点？

（3）喷雾干燥与传统茶叶干燥有什么不同？叙述其工作原理。

实训十九　茶叶包装设备与操作

本实训为选做内容。

1. 实训目的与学时

（1）了解茶叶的包装设备，了解其操作过程。

（2）建议学时为4学时。

2. 材料与工具

真空包装机、茶叶小包装袋包装生产线等。

3. 方法步骤

分组进行。了解茶叶包装的常用设备，了解带式真空包装机、旋转式茶叶小包装袋生产线的基本原理及结构特点，了解其操作方法，并根据生产情况，体验茶叶包装工作。

4. 实训地点

指导老师指定的地点。

5. 作业

（1）带式真空包装机的工作原理是什么？

(2) 旋转式茶叶小包装袋生产线是如何运行的?

实训二十　小型绿茶初制厂的设计

1. 实训目的与学时
(1) 按照制茶工艺要求,合理设计小型初制茶厂。
(2) 建议学时为 8 学时。
2. 方法步骤
根据卷曲形名优绿茶工艺(鲜叶→摊放→杀青→揉捻→初烘→复揉→复烘整形→烘干),设计一个年产 20t 的名优绿茶初制厂。要求首先进行茶厂整体平面设计与茶机的选型配套计算,并能根据设计要求,绘制车间布局平面图。
3. 作业
首先进行茶厂整体平面设计与茶机的选型配套计算,并根据设计要求,绘制车间布局平面图。

附录　国内部分茶叶加工机械生产企业名录

省份	企业名称	厂址	网址	生产茶叶机械主要类型
浙江	浙江上洋机械有限公司	衢州市经济开发区凯旋南路8号	www.cn-syjx.com	名优红、绿茶单机及生产线 茶叶精制单机及生产线
浙江	浙江春江茶叶机械有限公司（原杭州富阳茶机总厂）	富阳市受降镇中秋路18号	www.cjcyjx.cteaw.com	名优红、绿茶单机及生产线
浙江	浙江绿峰机械有限公司	衢州市北门外航头街	www.zjgreenpeak.com	名优红、绿茶单机及生产线
浙江	绍兴茶叶机械总厂	绍兴市袍江新区洋江东路38号	www.sxyuefeng.cn	名绿茶初精制加工单机及生产线
浙江	浙江川崎茶叶机械有限公司	杭州市余杭区瓶窑凤都工业园区羊城路16号	www.zjcqcj.com	茶树修剪与采摘机械
浙江	杭州落合机械制造有限公司	杭州市萧山经济技术开发区加贸路16号	www.china-ochiai.com	茶树修剪与采摘机械
浙江	浙江省武义县白洋茶机厂	金华市武义县经济开发区上邵向阳路21号	—	茶叶加工机械及金属环保热风炉
浙江	浙江恒峰科技开发有限公司	绍兴市新昌县澄潭镇工业区	www.hengfengcj.com	扁形茶机械

续表

省份	企业名称	厂址	网址	生产茶叶机械主要类型
福建	福建佳友机械有限公司	泉州市安溪县德苑工贸园（城厢光德村）	www.chayou.com	红茶、乌龙茶单机及生产线 茶叶精制机械
福建	福建安溪跃进茶叶机械有限公司	泉州市安溪县虎邱镇金榜村新街254~256号	www.yuejinjx.com	乌龙茶加工机械 茶叶包装机械
福建	安溪永兴茶叶机械厂	泉州市安溪县西坪镇安平路40号	www.yongxingjixie.com	乌龙茶加工机械
福建	福建安溪先锋茶叶机械有限公司	泉州市安溪经济开发区德苑工贸园	www.xianfengtea.com	红、绿茶，乌龙茶单机及生产线 茶叶精制机械
广西	南宁市创宇茶叶机械有限公司	南宁市东盟经济园区（武鸣里建）	www.teacy.com	名优茶单机及生产线
安徽	安徽郎溪县江南茶机厂	宣城市郎溪县十字镇	www.jncj.net	名优茶加工机械
安徽	安徽省绿峰机械有限公司	安庆市岳西县建设西路（原安昌工业区）	www.yxxqyw.com	烘青绿茶加工机械
安徽	安徽正远包装科技有限公司	合肥市阜阳路庐阳产业园汲桥路65号	www.zygdbz.com	袋泡茶包装机械 茶叶输送机械
安徽	合肥美亚光电技术股份有限公司	合肥市高新技术产业开发区望江西路668号	www.chinameyer.com	茶叶色选机
江苏	农业部南京农业机械化研究所	南京市玄武区中山门外柳营100号	www.nriam.com	微波杀青干燥设备及生产线
江苏	宜兴市鼎新微波设备有限公司	宜兴市新街街道陆平村	www.yxdxwb.com	微波杀青干燥设备
四川	四川省登尧机械设备有限公司	峨眉山市新平工业园	www.scdyjxsb.com	茶叶初、精加工设备及流水线
四川	雅安市名山区山峰茶机厂	雅安市名山区蒙顶山镇虎啸桥	www.sc-mssf.com	名优茶加工设备

参考文献

[1] 金心怡,陈济斌,吉克温. 茶叶加工工程[M]. 北京:中国农业出版社,2003.
[2] 浙江省杭州农业学校. 茶叶机械[M]. 北京:中国农业出版社,1994.
[3] 吕增耕. 茶叶加工与加工机械[M]. 北京:科学普及出版社,1989.
[4] 权启爱. 茶叶加工技术与设备[M]. 杭州:浙江摄影出版社,2005.
[5] 黄继轸,岳鹏翔. 茶叶深加工技术[M]. 漳州:天福茶学院,2010.
[6] 陈长生. 机械基础[M]. 北京:机械工业出版社,2012.
[7] 龚琦,潘克霓,胡景川. 茶叶加工机械[M]. 上海:上海科学技术出版社,1990.
[8] 邓修. 中药制药工程与技术[M]. 上海:华东理工大学出版社,2008.
[9] 许林成,彭国勋. 包装机械[M]. 长沙:湖南大学出版社,1989.
[10] 丁清厚. 筛分机理及筛网参数的选择[J]. 茶机设计与研究,1993(2):5~9.
[11] 汪有钿. 影响揉捻力的因子分析[J]. 茶机设计与研究,1991(1):5~8.
[12] 张明汉. 色选机在红茶精制加工中的应用[J]. 茶业通报,2007,29(4):169~170.
[13] 肖纯,张凯农. 台湾制茶机械概况[J]. 茶叶机械杂志,1992(1):4~7.
[14] 权启爱. 蒸汽热风混合型蒸青机的结构原理与应用[J]. 中国茶叶,2001(5):20~22.
[15] 刘金贤. 乌龙茶烘焙提香机:中国,CN03261705.4[P].
[16] 骆耀平,王永镜,张兰兰,等. 名优茶鲜叶原料分级机研究[J]. 茶叶,2012,38(1):27~33.
[17] 王则金,唐良生,吴秋儿. 6CLW-10型茶叶连续萎凋机的研制[J]. 福建农学院学报:自然科学版,1993,22(2):232~236.
[18] 何春雷,马荣朝,秦文. 滚筒式干燥机转速对茶叶感官品质影响的研究[J]. 食品与机械,2010,26(3):62~63,67.
[19] 权启爱. 茶叶杀青机的类别及其性能[J]. 中国茶叶,2006(4):12~13.
[20] 高学玲,岳鹏翔. 我国茶饮料发展现状[J]. 茶叶机械杂志,2001(2):1~2.
[21] 黄伟东,方桦. 速溶茶的真空冷冻干燥技术[J]. 冷饮和速冻食品工业,2001,7(2):21~23.
[22] 权启爱. 茶叶色选机的工作原理及选用[J]. 中国茶叶,2009(1):28~29.
[23] 萧桂新. 太阳能杀虫灯:中国,CN201020137661.6[P].
[24] 施金松. 智能太阳能杀虫灯:中国,CN200720068390.1[P].
[25] 农业部南京农业机械化研究所. 一种手工吸虫机:中国,CN201120402685.4[P].
[26] 农业部南京农业机械化研究所. 一种茶园修边机:中国,CN201120162360.3[P].
[27] 孙长应. 滚筒连续杀青机筒体结构的改进[J]. 茶叶机械杂志,2001(1):14~16.
[28] 吴卫国,谢昌瑜. 茶叶电热滚筒杀青机的研究[J]. 中国茶叶加工,2009(1):30~31.
[29] 《茶叶科技简报》编辑部. 绿茶杀青机讲座[J]. 茶叶科技简报,1975(1):13~18;1975(3):16~20;1975(7):12~16.
[30] 权启爱. 茶叶杀青机的类别及其性能[J]. 中国茶叶,2006(2):12~13.
[31] 殷鸿范. 揉切与发酵设备[J]. 茶叶,1989,15(2):52~56.

[32] 张方舟，张应根，陈林．乌龙茶加工机械［J］．中国茶叶，2002（6）：8~9；2003（1）：12~14．

[33] 茹利军，马兆林，许桂娥，等．新型扁形茶炒制机原理与使用技术［J］．中国茶叶加工，2005（2）：35~36．

[34] 刘新，权启爱，傅尚文，等．电脑控制型龙井茶炒制机的研究［J］．茶叶科学，2003，23（增刊1）：73~77．

[35] 李楚华．蒸青绿茶杀青机的研制［J］．中国茶叶，1995（5）：16~17．

[36] 王国海．6CZS30型蒸汽杀青机［J］．中国茶叶，2000（5）：16~17．

[37] 林和荣．茶叶蒸汽杀青机：中国，CN201020554377.9［P］．

[38] 权启爱．蒸汽热风混合型蒸青机的结构原理和应用［J］．中国茶叶，2001（5）：20~22．

[39] 赵祖光．茶叶热风杀青机简介［J］．中国茶叶，2005（2）：35．

[40] 权启爱，姚作为．微波加热技术在茶叶加工中的应用［J］．中国茶叶，2006（2）：10~11；2006（3）：14~16．

[41] 陈广德．茶叶微波杀青机：中国，CN02238460.X［P］．

[42] 国家发展和改革委员会．JB/T 6670—2007，机械行业标准 切茶机［S］．2007．

[43] 龚琦．茶叶初制机械讲座：第六讲——揉捻机［J］．茶叶，1989（1）：52~55．

[44] 国家发展和改革委员会．JB/T 9811—2007，机械行业标准 茶叶平面圆筛机［S］．2007．

[45] 权启爱．ZGJ-150型茶园中拼施肥机及其使用技术［J］．中国茶叶，1998（5）：8~9．

[46] 岳鹏翔，张桂银．茶叶揉捻机棱骨安装的优化参数［J］．茶叶科学，1994，15（1）：43~48．

[47] 金心怡．乌龙茶加工机械［J］．茶叶机械杂志，1997（1）：27~30．

[48] 国家发展和改革委员会．JB/T 7321—2007，机械行业标准 茶叶风选机［S］．2007．

[49] 权启爱．我国茶叶机械化的发展现状与展望［J］．中国茶叶，2006（6）：4~6．

[50] 国家发展和改革委员会．JB/T 6281—2007，机械行业标准 采茶机［S］．2007．

[51] 福建品品香茶业有限公司．茶叶揉捻机：中国，CN200920310851.0［P］．

[52] 孙成，殷鸿范．茶叶揉捻动态受力的测试与分析［J］．中国茶叶，1988（1）：16~17．

[53] 金鑫．一种茶叶连续揉捻机：中国，CN200910097017.2［P］．

[54] 邓如松．齿滚揉切机齿辊工作原理浅析［J］．茶叶，1987（4）：36~39．

[55] 国家发展和改革委员会．JB/T 9813—2007，机械行业标准 阶梯式茶叶拣梗机［S］．2007．

[56] 殷鸿范．红碎茶揉切机理的剖析［J］．中国茶叶，1984（1）：7~9．

[57] 陈加友，郑迺辉，陈济斌，等．乌龙茶茶叶压揉快速成型机：中国，CN201001 86878.0［P］．

[58] 国家发展和改革委员会．JB/T 9812—2007，机械行业标准 茶叶滚筒杀青机［S］．2007．

[59] 杨山虎．茶叶揉捻机：中国，CN92208212.X［P］．

[60] 国家发展和改革委员会．JB/T 9814—2007，机械行业标准 茶叶揉捻机［S］．2007．

[61] 权启爱．条形红茶加工设备及其使用技术［J］．中国茶叶，2011（6）：10~12．

[62] 国家发展和改革委员会．JB/T 10748—2007，机械行业标准 扁形茶炒制机［S］．2007．

[63] 张石城．从L.T.P.茶机试验看我国出口红碎茶的前景［J］．中国茶叶，1981（4）：2~3．

[64] 刘新．红碎茶转子揉切机介绍［J］．中国茶叶，1994（6）：32~33．

[65] 刘金贤．乌龙茶松包机：中国，CN03256974.2［P］．

[66] 国家发展和改革委员会．JB/T 5676—2007，机械行业标准 茶叶抖筛机［S］．2007．

[67] 王安全．水筛摇青机：中国，CN200710009912.5［P］．

[68] 刘文英．乌龙茶加工机械［J］．茶叶机械杂志，1996（3）：23~26．

[69] 马绍丰, 王成军. 梳齿式茶叶解块机设计 [J]. 农业机械, 2012 (3): 64~65.
[70] 权启爱. 我国红茶加工机械的研制与发展 [J]. 中国茶叶, 2012 (3): 8~10, 25.
[71] 浙江衢州上洋机械有限责任公司. 乌龙茶综合做青机: 中国, CN99246489.7 [P].
[72] 福建农业大学. 一种振动式乌龙茶做青机及乌龙茶做青方法: 中国, CN200510045436.3 [P].
[73] 刘新. 红碎茶发酵设备 [J]. 中国茶叶, 1988 (2): 36.
[74] 王汉生. 乌龙茶制造的生化原理: 第三讲 [J]. 广东茶业, 1984 (3): 35~41.
[75] 国家发展和改革委员会. JB/T 9810—2007, 机械行业标准 茶叶转子式揉切机 [S]. 2007.
[76] 陈尊诗. 绿茶炒干机讲座 [J]. 茶叶科技简报, 1976 (7): 13~19.
[77] 程玉明. 制茶用连续炒干机: 中国, CN200510050014.5 [P].
[78] 茹利军, 马兆林, 许桂娥, 等. 新型扁形茶炒制机原理与使用技术 [J]. 中国茶叶加工, 2005 (2): 35~36.
[79] 周忠. 一种阶梯连续理条机: 中国, CN200920150217.5 [P].
[80] 刘金贵. 往复式理条机: 中国, CN200520013566.4 [P].
[81] 封雯. 一种连续杀青理条机: 中国, CN200820085803.1 [P].
[82] 浙江上洋机械有限公司. 茶叶连续杀青理条机: 中国, CN201120002926.6 [P].
[83] 龚琦. 往复式槽型茶叶多用机性能分析 [J]. 中国茶叶加工, 1996 (1): 33~35.
[84] 张启利. 米棒子制作扁直形茶叶的技术优势和原理分析 [J]. 中国茶叶, 2012 (6): 28~29.
[85] 株式会社寺田制作所. 制茶精揉机: 中国, CN02104683.2 [P].
[86] 国家发展和改革委员会. JB/T 6674—2007, 机械行业标准 茶叶烘干机 [S]. 2007.
[87] 福建省蓝湖食品有限公司. 一种茶叶微波烘干机: 中国, CN201020140185.3 [P].
[88] 吴朝凯. 6CHF-16型茶叶沸腾式烘干机的性能和使用效果 [J]. 中国茶叶, 1989, (1): 34~35.
[89] 南宁市创宇茶叶机械有限公司. 茶叶双锅曲毫炒干机: 中国, CN200920141136.9 [P].
[90] 郭载德. 茶叶初制机械讲座: 第八讲——茶叶烘干机 [J]. 茶叶, 1989 (3): 51~53, 56; 1990 (1): 55~56.
[91] 黄仲佑. 茶叶筛选机的结构改良: 中国, CN200520108875.X [P].
[92] 杨申勇. 茉莉花茶窨制工艺及质量控制要求 [J]. 茶业通讯, 2012 (1): 35~36, 39.
[93] 郑国建, 陈积霞. 茶叶匀堆机理及匀堆机探讨 [J]. 中国茶叶加工, 1998 (2): 35~37.
[94] 夏涛, 时思全, 宛晓春. 陶瓷膜过滤茶汤的研究 [J]. 安徽农业大学学报, 200431 (2): 178~180.
[95] 张远志, 欧阳晓江, 逯河元. 反渗透膜浓缩绿茶汁的研究 [J]. 食品科学, 200425 (6): 127~129.
[96] 肖文军, 刘仲华, 龚志华. 茶叶深加工中浓缩技术研究 [C]. 中国茶叶学会2004年学术年会论文集, 2004: 63~68.
[97] 尹军峰, 袁海波, 许勇泉, 等. 膜除菌技术在茶饮料工业化生产中的应用 [C]. "2007中国国际饮料科技报告会" 论文集, 2007: 21~23.
[98] 付润华, 齐桂年. 清洁化茶厂规划 [J]. 茶叶科学技术, 2008 (1): 46~48.
[99] 周仁贵, 冯小辉, 郑树立. 茶叶安全清洁化生产与茶厂规划 [J]. 茶叶, 2011, 37 (1): 41~44.
[100] 权启爱. 茶厂建设程序与厂区的规划设计 [J]. 中国茶叶, 2008 (6): 10~11.
[101] 王国海. 滚筒匀堆机在茶叶拼配中的实践 [J]. 广东茶叶, 2003 (1): 31~32.

[102] 权启爱. 茶叶加工机械的选用与配备 [J]. 中国茶叶, 2008 (8): 12~13.
[103] 黄伟华, 方桦. 速溶茶的真空冷冻干燥技术 [J]. 冷饮和速冻食品工业, 2001, 7 (2): 21~23.
[104] 岳鹏翔, 吴守一, 陈钧, 等. 超临界流体萃取技术在茶叶加工上的应用进展 [J]. 江苏理工大学学报, 1997, 18 (5): 11~15.
[105] 胡景川. 金属热风炉的现状与发展趋势 [J]. 中国茶叶加工, 1993 (1): 24~27.
[106] 吴持海. 茶厂旋风分离除尘器的研究与设计实践 [J]. 茶机设计与研究, 1989 (1): 15~17.
[107] 丁清厚. 茶尘特性与风力除尘装置 [J]. 茶机设计与研究, 1993 (3): 12~14, 24.
[108] 权启爱. 名茶电炒锅的配备的使用 [J]. 中国茶叶, 1997 (1): 8~9.
[109] 权启爱, 姚可为. 小型茶叶专用冷库的建设 [J]. 中国茶叶, 1995 (3): 6~8.
[110] 国营南峰机械厂. 外袋密封袋泡茶包装机: 中国, CN92225470.2 [P].
[111] 胡祥文. 名优绿茶贮藏保鲜技术研究进展 [J]. 茶叶通讯, 2002 (2): 23~23.
[112] 郝志龙, 刘乾刚, 陈济斌, 等. 清香型乌龙茶贮藏保鲜关键技术及设备 [J]. 中国茶叶, 2007 (3): 16~17.
[113] 邵阳市电子仪器厂技术情报室, 湖南省涟源茶厂茶叶审评室. 高压静电拣梗机 [J]. 电子技术应用, 1976 (1): 65~68.
[114] 浙江省十里坪农场茶厂. 塑料静电拣梗机简介 [J]. 茶叶科技简报, 1974 (5): 4~6.
[115] 孙云, 吉克温, 杨江帆, 等. 清香型乌龙茶加工技术与配套设备 [J]. 中国茶叶, 2007 (3): 9–11.